U0192971

万川
reflections

一
步
万
里
阔

Dániel Margócsy

金钱、奇珍异品与造物术

[美]丹尼尔·马戈奇 著

李天蛟 译

Commercial Visions

荷兰黄金时代的科学与贸易

中国工人出版社

图书在版编目（CIP）数据

金钱、奇珍异品与造物术：荷兰黄金时代的科学与贸易 /
（美）丹尼尔·马戈奇著；李天蛟译. -- 北京：中国工人出版社，2024.3
书名原文：*Commercial Visions: Science, Trade, and Visual Culture*
in the Dutch Golden Age
ISBN 978-7-5008-7850-6

Ⅰ.①金… Ⅱ.①丹… ②李… Ⅲ.①科学技术－技术史－欧洲 Ⅳ.①N095

中国国家版本馆CIP数据核字（2024）第055348号

著作权合同登记号：图字01-2021-6136
Licensed by The University of Chicago Press, Chicago, Illinois, U.S.A.

金钱、奇珍异品与造物术：荷兰黄金时代的科学与贸易

出 版 人	董　宽
责任编辑	杨　轶
责任校对	张　彦
责任印制	黄　丽
出版发行	中国工人出版社
地　　址	北京市东城区鼓楼外大街45号　邮编：100120
网　　址	http://www.wp-china.com
电　　话	（010）62005043（总编室）（010）62005039（印制管理中心）
	（010）62001780（万川文化出版中心）
发行热线	（010）82029051　62383056
经　　销	各地书店
印　　刷	北京盛通印刷股份有限公司
开　　本	880毫米×1230毫米　1/32
印　　张	14.25
插　　页	8
字　　数	300千字
版　　次	2024年4月第1版　2024年4月第1次印刷
定　　价	98.00元

目 录

Chapter 1—乌芬巴赫男爵的旅行
国际科学的基础架构

"中午 11 点我们终于抵达了阿姆斯特丹。我们在当地尼文代克大街（Nieuwendijk）上的格鲁特·凯瑟霍夫酒店（the Groote Keyser-shof or the Emden Arms）的亨克尔（Henckel）餐厅吃了点东西。"[1] 扎哈里亚斯·康拉德·冯·乌芬巴赫男爵（Baron Zacharias Conrad von Uffenbach）在尼文代克大街上的住处吃了一顿午饭，开启了自己在阿姆斯特丹的长期旅居。今天，游客可以自中央火车站，沿着尼文代克大街一路步行至水坝广场上的市政厅。1710 年正是 29 岁的乌芬巴赫在北欧旅行的第二年。在弟弟约翰·弗里德里希（Johann Friedrich）的陪伴下，他们悠闲地周游了北欧地区。当年的尼文代克大街十分狭窄，满是商店，与今天别无二致。吃过午饭，乌芬巴赫便马不停蹄地赶到剧院，观看了一场当天下午 4 点开始的喜剧表演。乌芬巴赫抱怨这场演出的现场演奏质量低下。在接下来的几天里，他们在当地一位贵族的私人花园里用餐，购买旅行用品，还参观了水坝广场上的"新

图 1.1————阿姆斯特丹地图，显示了本书人物的住所（时间点不尽相同）以及当时和今天的主要景点。对于那些拥有多处住所的人物，地图只标注了一处住所（Mol, *Nieuwe Kaart van de Wydberoemde Koopstat amsteldam*, Amsterdam, 1770），地图由威廉·兰金绘制。

AMSTELDAM 阿姆斯特丹　　Barges for Haarlem 哈勒姆驳船　　Seba 塞巴

Train Station Today 今天的火车站　　Ten Kate 泰恩·凯特　　Frederik Ruysch 弗雷德里克·勒伊斯

Le Blon 勒·布隆　　Uffenbach 乌芬巴赫　　Town Hall 市政厅

Surgeon's Guild Anatomy Theater 医师协会解剖剧场　　Bourse 证券交易所　　Lairesse 莱雷瑟

Schijnvoet 希伊姆沃特　　Rachel Ruysch 雷切尔·勒伊斯　　East India Company House 东印度公司

Rembrandt House 伦勃朗宅邸　　Shipyards 船厂　　Bidloo 比德洛　　Botanical Garden 植物园

Leidseplein 莱顿广场　　Peter the Great 彼得大帝　　Merian 梅里安

教堂"（Nieuwe kerk）。他对"新教堂"讲坛上的木艺大加赞赏。

除游览之外，乌芬巴赫两兄弟在当地还探索了科学、艺术以及学习方面的内容。约翰·弗里德里希在尼古拉斯·菲斯海尔（Nicolaas Visscher）出售艺术品和地图的商店里买了很多"古代大师的美丽版画"，乌芬巴赫男爵则把目光投向了住处对面的一家商店。这家商店为游客提供"各种各样的奇珍异品"。[2] 按照旧有的刻板印象，他本以为会在这家店里看到各种廉价的蓝色代尔夫特（Delftware）瓷器小摆设，没想到这家商店居然是一座真正的宝库。商店货架上摆满了贝壳等天然物品、手工艺品、浮雕饰品、画作以及古董，不过店主对商品的定价过高。"一座由金属矿石制作的安德罗墨达雕像，约四英尺高，十分美丽，定价 100 荷兰盾。一座赫拉克勒斯石头雕像，17 荷兰盾。"乌芬巴赫抱怨道。乌芬巴赫男爵向来挥金如土，然而当下他只想谴责店主过于贪婪。最终，他购买了大量浮雕和古钱币。[3]

乌芬巴赫是现代早期欧洲典型的富有且博学的旅行者，他对古董、艺术品以及今天我们称为"博物学"的领域很感兴趣。[4] 1709 年至 1711 年旅行期间，乌芬巴赫在阿姆斯特丹、伦敦等主要城市居住了数月，并在一些小型城镇逗留了几天。这些小型城镇对于今天的游客来说，花半天时间就可以游览完毕。乌芬巴赫是一名接受过良好教育的美术品爱好者，同时是一名"自由思想家"、著名的书籍收藏家。他会花费大量时间沉浸在那些私人图书馆和公共图书馆，仔细地记录图书馆的藏书，并与当地的学者、业余科学工作者、商人以及手工业者交谈。他还会参观当地的天主教教堂以及新教教堂，甚至参加了阿姆斯特丹的一座葡萄牙犹太教堂的礼拜仪式，记录下这些仪式与德国犹太教传统之间的差别。回到本书的主题，乌芬巴赫同样经常出入植物园、解剖剧场以及奇珍室，了解人体解剖学方面的新发现。他还对荷兰人从东印度群岛与西印度群岛带回的各类贝壳、昆虫以及植物保持着浓厚的兴趣。

　　1711 年 2 月，乌芬巴赫走访英国之后回到阿姆斯特丹，拜访了著名博物学家玛丽亚·西比拉·梅里安（Maria Sibylla Merian）。梅里安在昆虫变态方面的开创性研究曾饱受赞誉。[5] 当时的梅里安已经 62 岁，乌芬巴赫认为她是一位"精神饱满、勤奋且彬彬有礼的女士，非常擅长水彩画"[6]。梅里安告诉乌芬巴赫，丈夫死后她便从纽伦堡来到了阿姆斯特丹（事实上，这对夫妇此前只是分居而已，梅里安的丈夫当时还活着）。她还告诉乌芬巴赫，自己曾经在苏里南（拉丁美洲的一块荷兰甘蔗种植园殖民地）居住过很长时间，不过由于忍受不了酷热的气候，一年半之后便匆匆离开了。令乌芬巴赫感到欣喜的是，在这次拜访中，他看到了梅里安绘制的大量殖民地动植物群图纸，还有她为博物学家格奥尔格·艾伯赫·朗弗安斯（Georg Eberhard Rumphius）的《安汶岛奇珍列志》（d'Amboinsche Rar-

iteitKamer）制作的设计图。该著作是一部图册，记录了荷属东印度群岛的贝壳以及其他海洋生物，[7] 书中的文本与插图于安汶岛完成。朗弗安斯的手稿在送往阿姆斯特丹出版商的漫长旅途中损坏了，因此出版商不得不雇用梅里安为作品补充了一部分丢失的插图。作为博物学家的梅里安表现出了高超的绘画技艺，令乌芬巴赫十分钦佩。于是他花 45 荷兰盾买了一部梅里安手绘版《苏里南昆虫变态图谱》（*Metamorphoses insectorum Surinamensium*），花 20 荷兰盾买了两部有关欧洲昆虫的插图著作，还购买了一些图纸原稿。这笔开销对于富裕的乌芬巴赫来说或许算不上什么，然而在当时，一名技术娴熟的工人一年若能赚到 400 荷兰盾就已经很兴奋了。[8]

乌芬巴赫被殖民地博物学研究所吸引，于是努力研究与朗弗安斯有关的内容。朗弗安斯在东印度群岛度过了自己的余生，此时已去世 8 年，不过他在阿姆斯特丹仍然是相关领域中极具代表性的人物。拜访梅里安两周之后，乌芬巴赫参观了让·胡巴克（Jean Houbakker）的奇珍室，记录下了这位收藏家自朗弗安斯本人那里购买的 36 瓶蛇、鸟以及鳄鱼等标本。乌芬巴赫还结识了上述朗弗安斯著作的阿姆斯特丹编辑西蒙·希伊姆沃特（Simon Schijnvoet）。希伊姆沃特自称为这部著作撰写了约 300 则条目，这为这部作品的真实作者的身份留下了疑点。不过希伊姆沃特收藏的贝壳和矿石确实非常美观，对称地摆放在特别设计的箱子里。

乌芬巴赫为这个箱子画了一幅素描图。[9] 乌芬巴赫了解到，一名收藏家曾经出价 2000 荷兰盾购买希伊姆沃特的 60 个贝壳，另外一名爱好者已经从希伊姆沃特手中购买了 300 屉昆虫。这些细节说明，乌芬巴赫本人主要通过个人审美眼光和其他爱好者的出价来决定一件收藏品的价值水平。[10] 当涉及艺术品和人体解剖学方面的作品时，乌芬巴赫同样使用价格与审美作为衡量标准。在阿姆斯特丹称重所（Waag）参观解剖剧场的时候，乌芬巴赫特别提到了一幅名为《著名解剖学家图皮乌斯的解剖图》(*Dissection of the Renowned Anatomist Tulpius*) 的画作。他没有提到作者是荷兰画家伦勃朗等信息，而是写道：这幅画作"相当迷人"，"一位市长出价 1000 荷兰盾"买下了它。[11]

解剖剧场非常值得参观，不过乌芬巴赫作为一名来自德国的游客，他对人体方面的了解主要来自那些私人奇珍室里的藏品。正如本书所述，在现代早期的荷兰，奇珍室是知识的主要来源之一。[12] 当时的荷兰还没有出现专业的科学机构，一些内科医生、外科医生以及博物学家经常在家庭环境中开展研究。植物学家约翰·弗雷德里克·格罗诺维厄斯（Johann Frederik Gronovius）曾经在自家后院里种植外来植物品种；著名的显微镜学家扬·斯瓦默丹（Jan Swammerdam）在遭到房东驱逐之前，甚至在卧室里直接对狗进行活体解剖。[13] 大多数荷兰科学工作者和普通市民都拥有至少一个塞满珍奇藏品的收藏柜。伦勃朗、那些阿姆斯特丹的市长以及当地的很多市民也会使用贝壳、大头针固定的蝴蝶模型、古钱币、西伯利亚服饰、干鳄鱼标本等物品装饰墙壁。当然，其中也少不了画作。[14] 在参观这些奇珍室的过程中，乌芬巴赫与奇珍室的主人广泛地探讨了相关内容。这些物品——或者说几乎每一件物品——拥有特定的历史，构成了博物学领域的信息来源。1711 年 3 月 13 日，乌芬巴赫拜访切石专家约翰内斯·劳（Johannes Rau）后，很不愉快。劳表现得十分"装腔作势"，不停地吹嘘自己的奇珍室，然而他的"湿标本"（保存在瓶子中的人体器官标本）其实非常廉价，保存液并没有完全覆盖标本。劳想省下购买昂贵酒精的开销，至少乌芬巴赫是这样推测的。[15] 这些人类骨骼、牙齿、睾丸以及肾结石等标本都是劳的研究兴趣，不过仍然值得一看。

奇珍室是科学知识的源泉，不过造价不菲，甚至可以为所有者带来收入。拜访劳之后，乌芬巴赫走访了勒伊斯（Ruysch）家族，见证了这个家族名副其实的声望。3 月 14 日，乌芬巴赫拜访了一位专注于鲜花以及其他自然静物的著名画家雷切尔·勒伊斯（Rachel Ruysch）。[16] 乌芬巴赫被两幅画深深地吸引了，这两幅静物画专为荷兰莱顿市的纺织业巨头德·拉·考特（de la Court）家族所作，画中展示了鲜花和水果，价值 1500 荷兰盾，超过了伦勃朗那幅解剖图的价格。两天之后，乌芬巴赫又去拜访了雷切尔的父亲——世界知名的解剖学家弗雷德里克·勒伊斯（Frederik

Ruysch）。勒伊斯的奇珍室是当时阿姆斯特丹的必看景点之一，大量解剖标本密集地塞满了 5 个宽敞的房间，令乌芬巴赫十分震惊。他不明白这位上了年纪的解剖学家如何腾出时间"亲手收集并制作如此大量的标本"[17]。勒伊斯使用自创的方法制作了这些标本。他通过一种不为人知的方法把蜡注入标本的循环系统，随后进行干燥保存，或者使用含酒精的制剂保存在瓶子里。勒伊斯自夸，把他的奇珍室里的器官组合在一起，可以组成 200 具尸体。乌芬巴赫十分幸运地旁听了勒伊斯的私人讲座。勒伊斯经常使用自己的收藏品给那些医学生、实习外科医生或者好奇的访客提供课程，8 周的课程收费 15.5 荷兰盾。[18]3 月 14 日，勒伊斯决定就男性生殖器官举办一期讲座。乌芬巴赫对这个话题非常感兴趣，因为只有顶尖的解剖学家才能做出效果良好的阴茎标本。勒伊斯的讲座枯燥乏味，标本成为讲座的亮点。讲座结束之后，乌芬巴赫看到了那个著名的年轻女孩头颅标本。勒伊斯向标本血管中注入了红色的蜡，因此标本面色红润、栩栩如生。不过这种做法令乌芬巴赫感到不适。他写道："这种做法对于我们来说很不自然，劳此前提到，他（勒伊斯）的藏品反复涂抹了大量染料和漆。"[19]勒伊斯是一位解剖学家，不过他就像他的女儿一样，堪称艺术家。他使用自己调配的化妆品来美化尸体。

乌芬巴赫是一位眼光敏锐的旅行家，同时是一位持有犀利观点的奇珍室评论家。对于那些毫无经验的游客来说，奇珍室所展示的鳄鱼、贝壳以及人类头颅或许与自然状态下别无二致，但乌芬巴赫发现，这些展示品通常只是一种象征性符号，与自然状态相差悬殊。比如一只别在大头针上的加勒比蝴蝶标本，可能会在运输过程中受到损坏丢失了几条腿，那些腿也可能被蛾子吃掉了。[20] 一条装在瓶子里的外来鱼，再也无法展示它那奇妙的色彩。[21] 再比如勒伊斯的解剖学标本，虽然看起来栩栩如生，但是仅因为他把红色染料注入了血管。

雅各布·克里斯托夫·勒·布隆（Jacob Christoph Le Blon）是一位微型画画家，同时是玛丽亚·西比拉·梅里安的侄孙。乌芬巴赫此前可能一直很想知道各种博物学彩色印刷方法之间的比较优势。[22] 梅里安的图册使用了刻版插图，不辞辛苦地手绘上色（彩色版本的价格相当于黑白版本的3倍），而此时的勒·布隆则刚刚发明了可机械复制的彩色印刷技术，有望消除手动上色，并因此获得了声望。今天我们已经知道，勒·布隆的印刷技术依赖于3块铜版，每块铜版各自使用三原色（红、黄、蓝）之一的颜料上色，印刷的时候把颜料叠加在一起做出不同的色彩效果。[23] 勒·布隆收集的石膏模型令乌芬巴赫惊艳，不过他最感兴趣的仍然是这项印刷技术。乌芬巴赫的弟弟约翰·弗里德里希是颜料手稿的狂热收藏者，针对这项技术向勒·布隆提出了很多问题。不过勒·布隆拒绝透露机密，并说道："这项技术是为那些大人物准备的，公布这项技术之前，这些人会向我支付大笔钱财。"[24]

游客可以购买勒·布隆的印刷品和微型画，但无法得知作品的制作过程。乌芬巴赫两兄弟发现，业余语言学家、数学家兰伯特·泰恩·凯特（Lambert ten Kate）同样不愿公开自己的发现。泰恩·凯特是勒·布隆的一位好友，他向乌芬巴赫两兄弟展示了自己的著名的石膏模型收藏品，其中包括了一组拉奥孔石膏像。随后泰恩·凯特又展示了自己的珍奇动物标本，与访客开始探讨透视的艺术。泰恩·凯特声称，透视可以简化为三条基本法则，但拒绝与乌芬巴赫分享这三条法则。因此今天的我们对这些法则的内容一无所知。[25]

　　金钱、奇珍异品与秘密发明，这三个主题深深地吸引了游历北欧的乌芬巴赫，同时构成了本书的主要论点。现代早期的欧洲人通过彩色印刷品、图册和标本来了解大自然，然而这些媒介无论具有平面属性还是立体属性，都是在国际奇珍异品市场中进行交易的奢侈品。那些极具企业家精神的博物学家、医生、刻版师以及工匠，制作、塑造并保存了这些产品，同时对自己的具有开创性且通常具有机密性质的生产方法主张所有权。最终，博物学、解剖学这两种以视觉为主的学科融合了商业利益，经济因素极大地影响了科学工作者描绘并表现自然的方式。那么，当科学界由企业家组成并被经济投资驱动的时候，我们应该如何进行科学实践、评估研究方法并对研究结果达成共识呢？又应该如何衡量一幅科学插图是否如实地描绘了特定的动植物呢？这些问题对于21世纪的科学来说至关重要，在资本主义的发源地——现代早期的荷兰，同样亟待解决。[26]

本书认为，企业竞争、商业机密以及营销策略等因素，把现代早期"书信共和国"（the Republic of Letters）那以荣誉和礼品为主的交换系统转变为竞争市场。现代早期的科学工作者没有为达成共识而通力合作，而是希望通过窥探竞争对手的发现与研究方法，进而在竞争中占据优势地位。贸易为荷兰乃至整个欧洲带来了科学辩论的文化，致使现代早期科学的视觉文化发生转变，变得支离破碎。现代早期以及启蒙运动时期的视觉文化未能统一为共同的认识论，相反，市场竞争引导科学工作者发明了带有竞争因素且互不兼容的视觉认识论。换句话说，市场竞争使科学界发展出了对立的哲学体系，进而促成了各类成像技术代表性观点的出现。在本书的后续章节中，经济动机引发了一场具有重要历史意义的"小册子战争"，争论的焦点是如何正确地表现人体解剖。另外，经济动机也导致了18世纪早期有关版画色彩使用理论的争论。荷兰的早期资本主义加深了科学、论证文化以及战略机密之间的鸿沟。可以说，今天的科学仍然身处这样的境地。本书的重点内容是乌芬巴赫旅行期间所接触的商业网络。这种商业网络由勒伊斯、勒·布隆、泰恩·凯特、梅里安以及朗弗安斯等荷兰科学工作者组成，他们的名字也将反复出现，贯穿全书。在荷兰共和国的黄金时代，这些科学工作者成功地为科学产品打造了国际市场，满足了那些腰缠万贯的客户［如乌芬巴赫、英国伦敦巧克力巨头汉斯·斯隆（Hans Sloane）、俄国沙皇彼得大帝等］的需求。乌芬巴赫曾遇到过一些国际联络人，他发现这些联络人同样具有荷兰博物学家身上那种典型的商业利益动机。比如在伦敦期间，乌芬巴赫拜访了詹姆斯·佩蒂弗（James Petiver）。佩蒂弗是朗弗安斯作品《安汶岛奇珍列志》英文版的出版商，也是一位收藏家。乌芬巴赫为佩蒂弗带来了一包鱼化石，这些化石发现于德国艾斯莱本（Eisleben），由法兰克福的一位"赖斯纳"（Rißner）邮寄而来。乌芬巴赫觉得佩蒂弗的拉丁语很差，贝壳很漂亮，态度则非常商业化。乌芬巴赫描述道，佩蒂弗每次收到新的标本，都会直接"刻在铜版上，然后送给……他的同胞或者外国人。受赠人则不得不支付他几个几尼"[27]，这使得受赠人牢骚满腹。同样令人尴尬的是，佩蒂弗还会向那些外国游客提供自己的出版物样本，价格高昂。[28] 不过佩蒂弗拥有从梅里安那里买来的昆虫标本收藏品，这些收藏品让乌芬巴赫不虚此行。

"书信共和国"

现代早期，科学交流的跨国网络被称为"书信共和国"。在过去的几十年里，诸如洛兰·达斯顿（Lorraine Daston）、安妮·戈德加（Anne Goldgar）、安东尼·格拉夫顿（Anthony Grafton）等历史学家认为，现代科学的出现是欧洲各地人文主义学者、博学的内科医生、古董收藏家、文物研究者以及自然哲学家共同努力的结果，他们组成了"书信共和国"这一知识网络，并通过自由的或互利的方式交流思想，进而对网络进行维护。[29]这段历史表明，现代科学并非来自那些孤立的杰出人物，而是随着科学期刊、印刷品以及信件加快了思想的交流，发展而来。近年来，众多学者把这一观点扩展到了世界范围，跨越了阶层、性别以及种族的边界。他们强调，那些穆斯林、英国"机械师"、贵族女性、工匠、书商以及被运送到大西洋彼岸的奴隶，通过特定的方式参与了思想的交流。他们不仅交换思想，还通过书籍、图像以及实物进行交易。[30]

　　本书参与了对这类内容的研究，把重点放在了知识交流行为的商业导向上，[31]缓和了贸易网络的商业气息与"书信共和国"那些以敬意、赠予为导向的知识理想之间的紧张关系。罗伯特·默顿（Robert Merton）以及其他社会学家持有的传统观点认为，科学家在工作过程中遵循自治和无私的原则，以合作的方式自由地交换知识，研究成果排除了经济与个人方面的既得利益。[32]以尤尔根·哈贝马斯为代表的历史学家在研究现代早期（尤其是 18 世纪）科学史的过程中同样采纳了类似的观点。[33]这些历

8

图 1.2—————阿姆斯特丹植物园的入园代币（1734 年）。

史学家认为，随着咖啡馆的兴起、科学院的建立以及印刷出版物的普及，形成了一种公共领域。自然哲学家在这种公共领域中自由对话并交换知识，毫不在意自己贡献的内容是否可以获得金钱回报。出于荣誉的激励（比如被任命为某科学院通讯院士），他们还会把自己的研究成果公之于世。[34]

从乌芬巴赫的角度来看，"书信共和国"的成员似乎没有遵循自治和无私的原则。他们没有把知识当作公共资源，而是当作商品。后续章节将详细说明，即便这些人有时会把标本作为礼物相互赠送，但这种赠送只是一种大型商业交易体系的一部分。1727 年，弗雷德里克·勒伊斯出任法国科学院外籍院士，填补了牛顿的位置。作为一名 89 岁高龄的解剖学家，勒伊斯很高兴，但仍然没有改变自己的商业行为和其他隐秘行为。1711年 1 月 11 日，乌芬巴赫来到莱顿大学参观了这里著名的植物园。

他询问园丁，这里是否与阿姆斯特丹的付费植物园定期交换植株，[35] 得到了否定的答复。在勒伊斯的影响下，阿姆斯特丹的那些园丁表现出了"嫉妒的情绪，而且把自身拥有的资源看得过于高贵"[36]。乘驳船穿越运河往来于莱顿与阿姆斯特丹之间，只需要 8 个小时。由于阿姆斯特丹的花园不愿与莱顿的植物学家进行合作，植物标本在短距离之内仍然无法实现交流。

乌芬巴赫参观莱顿解剖剧场的时候，同样发现了公共科学的局限性。1 月 21 日，他首次参观了这处解剖剧场。导游带领乌芬巴赫与其他外国游客快速浏览了各类藏品，但没有让游客仔细看清细节。于是乌芬巴赫又花荷兰盾预订了一次私人游览。1 月 23 日，一位名叫杰勒德·布兰肯（Gerard Blanken）的工作人员引领乌芬巴赫仔细观看了解剖剧场的各类藏品。在这次参观的过程中，乌芬巴赫按照一份印刷展览目录，四处核对了所有标本。翻到目录第 13 页时却没有看到对应的藏品。布兰肯是一个从不抱怨的人，此时也忍不住对着解剖学教授戈瓦德·比德洛（Govard Bidloo）发牢骚道："你还是把他们带回家上课去吧。"[37]原来比德洛把这些标本放在了家中供自己那些付费学生使用，没有面向大众进行展示。当时，付费是获取科学知识的必要手段。不过乌芬巴赫仍然很幸运，在解剖剧场看到了比德洛的一部分标本。他发现其中的肺部标本制作尤其出色，不过胚胎标本的质量似乎不及德国莱比锡的卡斯帕·尚伯格（Caspar Schamberger）

制作的标本。[38]

在现代早期的欧洲，具有商业气息的远距离科学知识交流之所以取得成功，原因是由商人打造的贸易路线、通信系统以及金融基础设施。尽管运费高昂，但是那些价格不菲的奇珍异品和博物学图册的流通仍然获得了增长。[39] 18 世纪初，很多科学产品已经变为商品，人们在世界范围内通过交易这些商品获得了利润。

在荷兰和英国旅行期间，乌芬巴赫以比较低廉的价格购买了古钱

图 1.3 ————《乌芬巴赫图书馆》(*Bibliotheca Uffenbachiana*) 卷首插图。乌芬巴赫的图书馆在整个欧洲范围内十分有名。远处右侧的书柜上摆放着学者日记，也就是乌芬巴赫本人的旅行日志。

币、印刷品以及科学仪器等物品。不过他本来可以在家乡法兰克福邮购。乌芬巴赫在阿姆斯特丹参观巴尔塔沙·谢德（Balthasar Scheid）的贝壳收藏品的时候，谢德解释道，他不仅交易贝壳，而且交易"鲜花，并向我们保证，法兰克福的埃伯哈德（Eberhard）在我这里购买了很多东西"[40]。乌芬巴赫同样可以像这位埃伯哈德那样，通过专业的奇珍商人轻松购买各类物品。本书将重现诸如谢德等荷兰科学企业家在欧洲各大城市打造贸易网络并投资建设基础设施，进而把那些来自各国的博物学家与收藏家转变为付费客户的过程。

1729 年，时年 46 岁的乌芬巴赫决定卖掉自己的图书馆。此时他也成为类似谢德的一名远距离科学商人。乌芬巴赫组织了一场拍卖，希望能够找到来自欧洲各地的买家。按照惯例，他在《莱比锡新报》(*Leipziger Neuer Zeitung*) 上刊登了一则广告，把自己要出售的书目印刷成拍卖目录进行了分发，每本书都标注了价格。[41] 目录上的一则特别说明为远距离买家制定了销售条款。买家即使无法亲自检查书籍，也无须担心。这些书状况良好，而且被妥善包裹了起来。只有在购买总价超过 50 或 100 帝国塔勒的情况下才有议价机会，来自其他国家的买家只能使用制定并公布了汇率的主要货币。有了这些信息，买家就不用亲自前往法兰克福。他们可以获取目录，书籍质量有保障，通过国际汇款支付后，书籍将以包裹邮寄的方式进行交付。

11

现代早期贸易的基础设施

荷兰是17世纪欧洲地区的主要商业中心，这一点在很大程度上归功于荷兰发展出了一套复杂的远距离贸易基础设施。法国历史学家费尔南·布罗代尔曾经说过，荷兰是欧洲的商贸集散地，来自各国的商品在此进行交易。[42] 来自北海和波罗的海的鲱鱼、谷物以及木材运送到荷兰，地中海国家也来到荷兰购买纺织品、服饰等商品。[43] 从16世纪晚期开始，荷兰在全球贸易舞台上同样扮演了重要角色。荷兰的殖民帝国自远东地区把香料输入本国，并进入了存在已久的亚洲贸易网络。亚洲贸易网络连接了东非地区、印度、中国、日本以及印度尼西亚。荷兰同样在西印度群岛生产蔗糖，还把奴隶从非洲送往美洲大陆，在残酷的奴隶贸易中扮演了举足轻重的角色。[44]

为了管理自有的商业体系，荷兰人对当时的企业与货币制度进行了一系列重要创新。阿姆斯特丹汇兑银行（the Amster-dam Wisselbank）成立于1609年，商人可以在这家银行通过账户之间的虚拟资金转移完成金融交易。1640年，米德尔堡（Middelburg）、代尔夫特、鹿特丹等地纷纷成立了类似的汇兑银行。[45] 汇兑银行起到了一种管控机制的作用，加强了金融交易中的信托机制。当地市政府规定，面值超过600荷兰盾的汇票必须通过汇兑银行账户进行交易。当时，劣币和假币是普遍存在的问题。账户交易不会接触真正的货币，因此帮助商人规避了这些问题。这些保障措施出现之后，汇兑银行账户里的 1 荷兰盾甚至超过了其真实货币的价值。[46] 犹太难民亚伯拉罕·范·伊达尼亚（Abraham van Idaña）在谈及荷兰商业体系的成功之处时曾说道："几乎从未动用现金，他们对现金另有安排。每个债权人在银行账户上占据了带有编号的特殊的一页，上面记录着存款金额。"[47] 18 世纪 20 年代，阿姆斯特丹汇兑银行已经拥有了超过 2900 名账户持有人，总存款很快达到了 1500 万荷兰盾。玛基林特·哈特（Marjolein 't Hart）指出，当时阿姆斯特丹汇兑银行已经与"世界范围内所有的主要金融中心"达成了互换协议，把烦琐的国际转账转变为既定的日常操作。[48] 如果说当时的人们通过汇兑银行完成了货币交易，那么阿姆斯特丹证券交易所管理着数百种商品的证券交易。当时，农作物通过 1617 年成立的谷物交易所进行交易。除了商品的日常交易与期货交易，证券交易所在海上保险与房地产合同方面同样发挥了至关重要的作用。为了提升透明度、促进信息流通，所有专业经纪人必须在 11 点到中午之间的交易时间内待在交易所现场，交易所每周还会公布当前的股票价格。[49]

当时的远距离海上贸易是一种高风险贸易，船只很有可能遭遇海难沉入海底，使得商人的投资血本无归。为了促进远距离海上贸易的发展，荷兰的一些城市制定了各种制度框架来分散风险，为投资者的个人投资提供了保障。[50] 按照当时的标准操作，船只所有权与货物所有权在不同的商人与投资者之间进行了划分，一旦发生海难，各方所面临的损失将得到分散与减少。在分散风险方面，这里有一则极具代表性的事例：17世纪早期，股份制公司开始涉足荷兰与东印度群岛之间的贸易，当时几乎所有荷兰人都可以自由投资那些自荷兰前往亚洲与美洲地区的舰队。荷兰东印度公司（VOC）于1602年特许成立，垄断了欧洲与东亚地区之间的贸易。1621年荷兰与西班牙休战结束之后，荷兰西印度公司（WIC）同样垄断了美洲地区的贸易，除了进行正常贸易，还对西班牙船只与港口进行掠夺。荷兰西印度公司主要涉足奴隶、糖以及毛皮等方面的贸易，1628年抢夺了一支西班牙白银舰队，17世纪30年代至1654年占领了一部分葡萄牙巴西殖民地。荷兰东印度公司自海外进口了数百万吨的香料、瓷器以及其他亚洲商品，并把大量欧洲人送到了远东地区。其中的很多欧洲人在航行过程中丧生，或者参与了荷兰与当地主权国家以及其他对立殖民势力的战争。这段时期，东印度公司与西印度公司的估价一直上下波动，不过这两家公司一直经营到了18世纪的最后10年。

13   1709年至1711年旅行期间，乌芬巴赫亲身体验了人员与货物远距离运输基础设施所带来的便利。当时那些风靡一时的旅行指南为游客和商务旅行者提供了旅行基础设施方面的各类信息，其中不仅包含欧洲城市的主要景点，而且提供了信誉良好的旅馆、汇率以及大小城市之间长途马车与驳船的时间表。[51] 住

图 1.4————在荷兰，由马匹拖曳的驳船是一种常规交通工具，在每个城市都有固定的出发时间和到达时间。泰恩·霍恩，《准确的班次书》（*Naeuwkeurig Reysboeck*）卷首插画。

在阿姆斯特丹期间，乌芬巴赫下榻的格鲁特·凯瑟霍夫酒店出现在扬·泰恩·霍恩（Jan ten Horne）1689 年版本与 1729 年版本的《班次书》（*Reys-boek*，现代早期版本的《米其林指南》）之中。[52] 这部指南首次出版于 1679 年，此后频繁再版，不同版本还为旅行者提供了日常祷告、简短的簿记课程、如何把自己的手当作日晷进行使用等内容，甚至包含了一部万年历。乌芬巴赫在旅行期间同样借助了类似的旅行指南，其中包括克劳德·约尔丹（Claude Jordan）的多卷本《欧洲历史之旅》（*Voyages historiques de l'Europe*）。[53] 乌芬巴赫意识到，为了顺利完成在阿姆斯特丹和伦敦的科学购物之旅，还需要借助完善的国际银行转账系统与航运系统。抵达伦敦之后，他首先来到交易所，从自己的经纪人那里取得了现金，还在阿姆斯特丹雇用了一名商人来处理书籍的运输问题。[54] 荷兰的关税异常高昂，他花费了大量精力躲避行李关税。乌芬巴赫发现荷兰的学生可以在全国范围内免费运送行李，为了节省运费支出，他的弟弟来到莱顿大学注册，从而获得了学生身份。

同样重要的是，有了东印度公司和西印度公司的贸易网络，乌芬巴赫才得以领略荷兰当地奇珍室中的异域风情。这两家公司通过船只把世界各地的动植物以及其他奇珍异品带回了荷兰。朗弗安斯在安汶岛工作期间，同样借助贸易网络参与了荷兰科学界的发展。当时东印度公司的船只会定期地（虽然不甚可靠）把他的信件、标本以及手稿送回阿姆斯特丹。很多荷兰博物学家曾在受雇于东印度公司期间，因研究工作而获得声望，保罗·赫尔曼（Paul Hermann）就是其中之一。17 世纪 70 年代赫尔曼曾在亚洲地区度过了 6 年，在此期间他所收集的植物标本一直保存到了今天，随后赫尔曼又出版了享誉世界的植物百科全书《天堂巴塔夫斯》（*Paradisus Batavus*）。1711 年赫尔曼已经离世，乌芬巴赫拜访了他的儿子小保罗（Paul Jr.）。小保罗生活贫困，为了赚钱，把父亲的大部分藏品送给了莱顿大学，每年可获得 300 荷兰盾的收入。

企业家

商业网络不仅为远距离科学交流提供了基础设施，并且塑造了科学研究的开展方式。本书认为，那些贸易公司和企业家直接促进了博物学与解剖学的发展，并在此过程中改变了这些学科的实践方式和学术观点。胡椒、肉豆蔻等香料在东亚贸易中占据着主导地位，东印度公司出于利己动机参与了博物学的发展。[55] 荷兰药剂师和医生深入地探索了荷兰殖民地的植物群与动物群，并逐渐掌握了当地原住民的医学知识。东印度公司促进了这一类知识的传播，与此同时对植物学和医学方面的信息进行了严格管控。该公司禁止通过官方以外的渠道进口外来植物，然而活跃的走私活动大大弱化了管控所造成的影响。当时，荷兰有时会对东亚博物学题材的著作进行审查，其中最著名的是朗弗安斯的《安汶岛植物标本馆》（Herbarium Amboinense），朗弗安斯离世 40 年后这部著作才得以出版。[56] 尽管存在种种限制，但是外来科学知识与物品仍然大量涌入荷兰，并以荷兰人为媒介传播到了欧洲其他地区，其中最著名的包括茶、菠萝以及针灸疗法等。外来动物和花卉实用性较低，却仍然受到追捧。东印度公司和西印度公司经常会干劲儿十足地广泛收集能够体现大自然多样性与趣味性的昆虫和贝壳。17 世纪上半叶，郁金香出现在哈勒姆（Haarlem）、恩克赫伊曾（Enkhuizen）以及阿姆斯特丹等城镇富裕居民的花园里。特殊的郁金香球茎售价不菲，1637 年金融危机暴发之前，郁金香价格一度上涨到令人震惊的程度。[57] 然而面对金融危机，荷兰人依旧广泛开展外来商品交易。博物学家本杰明·施密特（Benjamin Schmidt）曾经指出，即便在殖民帝国崩溃之后，荷兰仍然乐此不疲地出售关于亚洲、非洲以及美洲的知识。[58]

荷兰国内取得的发展同样刺激了商业、收藏、科学之间的相互作用。1609 年出现的望远镜饱受争议且未能申请到专利，[59] 不过荷兰仪器制造商此后仍然发明了全新的科学仪器用来观察自然界，并开发了相关技术，把这些仪器推销给更为广泛的大众群体。17 世纪 60 年代，列文虎克（Leeuwenhoek）完善了显微

16

镜，当时出现不久的《哲学汇刊》（*Philosophical Transactions*）充斥着他对微生物世界的各种描述。为了维护自身在该领域中的地位，列文虎克拒绝出售自己的仪器，同时拒绝透露透镜的具体制作方法。[60] 乌芬巴赫怀疑列文虎克的保密行为是为了在他死后给女儿提供一个收入来源，这样他的女儿就能以更高的价格出售显微镜。17 世纪末，来自荷兰莱顿的米森布鲁克（Musschenbroeks）家族成为欧洲最主要的仪器制造商之一。为了满足远方客户的需求，米森布鲁克家族开发了一种先进的包装技术，可以保证诸如气泵等复杂仪器即便运往遥远的圣彼得堡也能完好无损。[61] 米森布鲁克家族还为欧洲各地的客户提供了印刷品形式的销售目录。1711 年乌芬巴赫拜访米森布鲁克家族时，就在商店里买了一本这样的目录。[62]

荷兰本土的一系列发现同样推动了博物学与医学的发展。博物学家、药剂师以及医生对荷兰低地的动植物进行了认真分类，开发了可以用来保存并展示动植物与人体器官的新技术。与此同时，他们发明了可以远距离销售标本并进行展览的一系列先进方法。[63] 博物学家对于收藏的热情不仅限于外来的郁金香，他们同样热衷于搜寻、记录并描绘那些躲藏在荷兰运河岸边草丛里的蝴蝶、蜘蛛以及水生动物。医学作家斯特凡努斯·布兰卡特（Stephanus Blankaart）在当地一家茶馆后院方便的时候，甚至借此空当儿收集了一些毛毛虫。[64] 随着温室技术的改进，1700 年橘子和菠萝开始广泛出现在荷兰。一些博物学家在自己的花园中成功地栽培了橘子和菠萝，随后便卖给那些富裕的客户获取利润。在解剖学领域，全新的制备和保存方法使人们终于看到了从未见过的人体器官。解剖学家和爱好者受到收藏文化的影响，开始出售或者交换人体器官插图与标本。自此，解剖学标本在历史上首次被贴上了价签。

图像之争

本书的内容主要集中在荷兰博物学家、解剖学家在科学领域和商业领域中作出的创新。他们不仅扮演了把奇珍异品出售给欧洲客户的经纪人角色，而且发明了用来展示动植物和人体器官的新方法。其中包括制作标本进行保存，以及使用其他媒介制作图像进行展示。

17　　当时的基础设施可以把视觉图像与实物转化为可移动商品，随着这些基础设施的出现，"表现"（representation）的概念发生了变化。17 世纪与 18 世纪早期，收藏文化渗透入科学领域。在此期间，博物学家和解剖学家制作了大量以各种形式呈现动植物与人体的商品，希望把这些商品出售给奇珍异品以及科学书籍的狂热爱好者，或者作为新奇的室内装饰品卖给那些富人。他们与制版师、画家、纺织工等工匠展开合作，制作了插图版百科全书、单张印刷品、纺织地毯、干植物标本、干解剖标本、湿解剖标本，以及水果、花卉和人体的蜡质模型。随着这种表现手法的激增，科学工作者开始讨论自己实际上传达了怎样的实际信息和科学证据。这些奇珍异品以及科学图像是否对事实进行了可视化呈现并提供了有关自然的确凿证据？或者只是一种被制造者的双手和想象力玷污之后存在谬误的人为表现手法呢？[65]

当时乃至今天的科学插图制作者，有时会希望自己的表现手法体现的是视觉事实（visual facts），也就是根据大自然的真实状态提供的模拟描述。[66] 由于格式紧凑，所以人们有时会认为视觉表现所包含的重要性和意义一眼就可以识别。不过正如学者们广泛讨论的那样，事实和视觉表现永远无法完全脱离其创作的理论背景和社会背景。这些视觉表现包含了复杂的视觉认识论，反映了创作者在哲学、性别以及种族方面拥有的预设前提。[67] 现代早期的博物学家与 21 世纪的学者类似，他们同样质疑对视觉事实的简单化理解。他们认为，倘若一个人想破解一幅植物版画所包含的真实内容，目光就必须足够专注，此外还需要具备高超的解释技巧，来评估一个干标本或者湿标本针对人体特征所表达的特定观点。18 世纪早期的一名博物馆讲解员曾经说过，观察自然需要比观察艺术品或者古董花费更多时间。[68] 至少可以这样讲，视觉事实与复杂的科学理论或者艺术品相比，在理解和诠释方面具有同等的难度。

本书认为，就视觉事实在博物学和人体解剖学中所占据的认识论地位而言，商业化在相关争论的产生方面发挥了重要作用。近年来，哈罗德·库克（Harold Cook）在一本书中通过极其广泛的角度提出，荷兰资本主义通过限制科学工作者对经验主义事实验证的关注，刺激了科学共识的发展。[69] 本书的观点与之相反，本书认为商业资本主义仅促进了可用于传播事实、图像与实物的一体化基础设施的发展。一旦涉及评估事实或物品所具有的内在价值、重要性以及经济价值，商业就无法起到任何指导性作用。因此，商业其实引发了对相关问题的观点分歧。

商品化对视觉文化产生了尤为重大的影响，这种现象主要出于两个方面的原因。其一，视觉表现的生产流程在现代早期具有高昂的成本。我们将在后续章节中针对这个问题展开详细探讨。所有出版过作品的作者都可以证明，即使在 21 世纪，图像也会使一本书的价格大幅上涨。1700 年前后，即便对于适量采用插图的图书而言，刻版图像同样会使这本书的价值翻倍。[70] 油画、水彩画尤其是织锦画，由于材料和人工成本高昂，会使图书更加昂贵。另外正如乌芬巴赫所述，湿解剖标本需要使用价格不菲的酒精进行保存，这就使得诸如劳这样的吝啬解剖学家望而却步。所有种类的视觉表现都具有高度的经济价值，因此商业思维在生产与分销等环节中占据了主导地位。

其二，商业竞争使得这段时期中的各类表现技术出现了扩散。工匠、艺术家以及科学工作者相互竞争，发明了各种成像技术。这些技术为视觉世界提供了更好的新奇视角，揭示了当时人们未曾注意的各类细节。各类表现技术的开发者之间的竞争，并不总是处于和平状态。博物学家、解剖学家以及制版商通常会像企业家那样，激烈地争夺那些愿意购买奇珍异品的客户群。在荷兰共和国，皇室与贵族的资助十分有限，科学工作者和艺术家需要设计出能在当时的国内与国际市场上出售的商品来谋生。最终，他们对一种特定的成像技术产生了既得利益、商业利益以及认识论利益，并且对选择了其他表现手法的科学工作者持有高度怀疑的态度。

在这本书里，我们将看到一些有关成像技术的功能与限制的讨论，这些技术是企业家涉足的领域。一份完成制备的标本是否是对自然界透明且直接的模拟表现呢？还是一种腐败的、从根本上缺乏生命力且错误的生命再现方法？在制作彩色印刷解剖图的时候，是否需要遵循牛顿或者亚里士多德的色彩理论？相关的辩论话题涉及深刻的哲学问题，这些问题对于今天的视觉科学研究仍然十分重要，不过当时同样充斥着人身攻击现象。参与相关辩论的人士表现得既不像彬彬有礼的绅士，又不像那些体面的"书信共和国"成员。这里举一个例子：来自莱顿大学的比德洛教授认为解剖学制备工作无法显示人体真正的运行方式，因此他把勒伊斯的解剖学标本奇珍室称为"墓地"。

从更加宽泛的角度来审视，人们往往可以发现这类哲学辩论以及私人争辩背后的商业原因。当科学工作者在视觉表现方面持有特定立场的时候，受到威胁的不仅是他们的职业操守，而且他们需要回收制作这些作品时投入的资金。赢得一场辩论在当时可能意味着获得科学信誉以及经济方面的收益。

因此本书认为，现代科学中的经验主义事实文化自最初便充满了矛盾。当时虽然出现了大量视觉事实，但是在评估其有效性方面并不存在被普遍接受的规范。那些从事奇珍异品交易的博物学家对于无私合作、探索真理丝毫不感兴趣。他们不想与同行达成共识，只希望能够争取到对相关争论足够好奇进而购买商品的客户。荷兰企业家丝毫不关心共识的问题，他们关心的是如何为自己的科学产品打造一种时尚及市场。

种类繁多的表现方法

乌芬巴赫曾经见证了成像技术在科学领域中的扩散，同时见证了科学工作者在经济利益的驱使下彼此揭穿的情形。我们在前文中曾经提到，乌芬巴赫特别留意了约翰内斯·劳对勒伊斯那过度艺术化的标本制备方法提出的批评，他还认真地倾听了劳与勒伊斯在阴囊纵膈方面的过节。根据劳的说法，勒伊斯谎称自己享有发现阴囊纵膈的优先权，然而此前有 6 名作者对阴囊纵膈进行了描述。另外，劳指责这种膈膜其实根本不存在，不过是勒伊斯的臆想。[71] 劳经过认真解剖发现，阴囊内部的两个腔体其实并非通过膈膜进行分割，而是在内部有两个独立的袋子，每个袋子包裹着一颗睾丸。

除了阴囊解剖方面的新技术，乌芬巴赫还见识了改进后的标本制备方法、全新的光学仪器、版画、图册、手工着色插图，他甚至见到了石头画——一种把经过打磨和上色的石头粘在一起的独特艺术形式，这种艺术品相比于纸张和画布而言，更能经受时间的摧残。[72] 实际上，乌芬巴赫对于所有表现模式具有的广泛兴趣，有助于纠正科学史学者的关注点。这些学者在讨论科学视觉文化的时候，往往倾向于主要探讨印刷插画和绘画。出于市场竞争的原因，这段时期中的企业家同样发明了各种表现方法，其中包括挂毯、纸浆模型等。

自文艺复兴开始，织锦画就频繁地作为异国文化的华丽展品而出现。17 世纪晚期，荷兰艺术家为拿骚的约翰·毛里茨亲王（Johann Maurits）和路易十四制作了巴西自然场景织锦画，法国博韦（Beauvais）的挂毯工厂还为皇家动物园制作了奢华的珍奇动物织锦插图。[73] 纺织品并非是诞生于现代早期的一项发明。我们将在后面的章节中讲述 18 世纪 20 年代神秘莫测的勒·布隆如何开发了全新的科学手段来制作织锦画。勒·布隆是玛丽亚·西比拉·梅里安的侄孙，梅里安同样使用各种媒介进行过实验。梅里安曾经写出了有关珍奇昆虫的百科全书，她在昆虫学方面的早期著作同样是织锦画作品的典范。[74] 在版画领域，工匠们发现雕刻版不仅可以在纸张上印刷图像，同样可以用于丝绸。莱顿出版商彼得·范·德·阿（Pieter van der Aa）于1734年通过印刷的方式制作了一幅纺织品荷兰地图。[75] 对于博物学来说，自然版画具有非常特别的重要性。据传，自然版画技术的发明者是莱昂纳多，他直接给植物叶片涂上墨水，然后按压在纸上制成了图像。这样一来，叶片结构就可以在未经艺术家干预的情况下直接完成可视化，这是一种完美重现大自然的备选方案。[76] 在乌芬巴赫的时代，很多可视化技术都曾应用于科学领域。在英国，玛丽·德拉尼（Mary Delany）在《德拉尼植物群》（*Flora Delanica*）中使用了纸艺马赛克技术。她把彩色纸张进行了剪切和粘贴，创造了令人惊艳的博物学画作。作品中的每一片叶子、花瓣以及其他器官均由独立的纸片构成。[77] 1708年，德国"梅森"（Meissen）破解了中国瓷器的秘密。几十年之后，来自丹麦的约翰·克里斯托夫·拜耳（Johann Christoph Bayer）使用梅森瓷器，为他的皇室客户设计并制作了一套精美的瓷器餐具，名为"丹麦之花"（*Flora Danica*）。这套餐具中的每个杯子、碟子和碗装饰着一种特定的物种图案，并且使用林奈生物分类法和双名法在餐具底部对物种名称进行了标注。[78]18世纪的解剖学领域出现了彩色人体蜡像立体模型。这种模型由来自意大利博洛尼亚的埃尔科莱·莱利（Ercole Lelli）、安娜·莫兰迪·曼佐利尼（Anna Morandi Manzolini）以及佛罗伦萨的费利切·丰塔纳（Felice Fontana）制作，曾在哈布斯堡帝国用于医学院的解剖学教育课程。[79]出于助产士教育的目的，安热莉克·勒·布尔西耶·杜库德雷（Angélique Le Boursier du Coudray）发明了一种临产女性造型的纸质人体模型，并且对模型进行了彩色印刷。[80]

这些全新的成像技术是发明者的谋生手段，同时有望对现代早期科学领域的视觉认识论进行改革。有了这些技术，就可以通过恰当的特定视觉表现模式来解答特定的科学问题。帕梅拉·史密斯（Pamela Smith）曾经提到，16世纪，灌模陶土模型特别适合用来展示两栖动物。因为根据当时的理论，这类动物由土、火以及其他元素混合生成。诸如文策尔·雅姆尼策（Wenzel Jamnitzer）、伯纳德·帕利西（Bernard Palissy）等工匠通过在窑炉里加热陶土，对这些动物产生所需的自然条件进行了重现，这些模型不仅与动物的外形相似，而且具有相同的产生过程。[81]近年来，伯特·范德罗默（Bert van de Roemer）在一部以弗雷德里克·勒伊斯为主角的著作中指出，勒伊斯发现蕾丝和刺绣特别适合用于自己的解剖学作品。勒伊斯认为，人体包含了由交错的血管组

21

成的复杂网络，这与纤维相互连接组成的纺织品极为相似。因此他的解剖学装置以模糊了纺织品与人体之间的界限为特色，比如模仿人体血管结构编织而成的餐巾等。[82] 表现技术的选择在当时通常标志着特定科学理论在认识论和经济方面的应用。

商品化与知识流通

本书通过荷兰科学企业家的事例，探讨了视觉事实如何通过知识商业流通进行生产、营销和竞争。最晚自20世纪80年代以来，商业网络对于事实稳定化所起到的作用得到了广泛研究，很多史学研究都集中于地方性知识如何被广泛接受。哈里·柯林斯（Harry Collins）、彼得·加里森（Peter Galison）、马里奥·比亚吉奥利（Mario Biagioli）、史蒂文·沙宾（Steven Shapin）以及西蒙·谢弗（Simon Schaffer）等学者开发了复杂的技术，使其他科学家接受了他们的学术主张。[83] 这些学者提出了大量有关社会、物质以及文学方面的技术，使地方性知识得以流传到更大范围的科学群体。对于这些知识在科学实践方面的应用而言，拉图尔（Latour）的"行动者网络"理论集中于研究事实如何通过完整的网络体系得到明确，并且其真实性为人们所接受。最终需要对认知闭合或者"事实黑匣子"作出解释。正如拉图尔那句名言所述——科学产生了不可逆转的移动物体。这里的移动物体指的是在广泛的背景下得到广泛承认的知识片段。[84]

在过去二十年里，针对达成科学真理共识的学术目标已经被重新表述为知识如何在广泛的背景中进行传播的问题。越来越多的学者认为，认知闭合往往是暂时的，甚至事实可能也不具备普遍有效性。最终，学者转向了另外一个问题，即思想和物体从一种文化背景传播到另一种文化背景的时候，如何获得全新的意义。[85] 在人类学以及（程度较低的）诠释学经典著作的启发之下，这种学术趋势开始研究某一个群体的地方性知识如何得到另一个群体的应用，成为另外一种地方性知识。[86] 至此，知识不再具有所谓的普遍性，不同地区之间只存在部分关联。

达成科学共识的关注点出现了转移，这种现象可能与历史学家对科学社团的兴趣减弱有关。在历史上，科学社团往往经官方认证或者自封为真理与共识的仲裁者。用拉图尔的话来说，社团是一种"运算中心"。然而后来的研究表明，在其自身的高墙之外，这些科学团体的力量十分有限。这些团体可以推广或者呼吁人们注意特定类型的知识观点，但无法强行征得其他科学工作者的认可。乌芬巴赫拜访英国伦敦格雷沙姆学院（Gresham College）的时候，惊奇地发现日后著名的皇家学会处于非常低迷的状态。乌芬巴赫饶有哲理地评价道：

不过，所有的公共社团皆是如此。创始人和第一批成员竭尽全力地努力工作，这些社团会在短暂的时间内呈现出繁荣景象，随后便开始遭遇各种挫折。[87]

乌芬巴赫发现，公立学院和图书馆与其所享有的关注度无法匹配，而且这些机构保留了否认其成员达成共识的权利。欧洲各地的科学工作者也在密切关注英国皇家学会或者法兰西科学院的动向，随后便开始自行判断是否应该认可这些社团对实验结果作出的解读。18世纪下半叶，荷兰才出现了官方科学院和学会，因此荷兰似乎无法声称曾达成科学共识。[88]

23　　在本书涉及的商业交易研究中，我建议把关注的重点放到商品化过程上。商品化过程可以作为一种手段，对普遍知识生产的早期研究与后来的知识流通不稳定性研究之间的紧张关系进行平衡。个别的荷兰科学工作者可能认为自己的视觉事实理应获得广泛认可，但荷兰科学工作者并没有共同努力建立相关机制来达成相关共识；相反，他们把精力主要集中在了生产可以广泛出售的商品，并相互合作维护基础设施，使得科学商品的远距离贸易成为可能。这些企业家自行设计了图册、印刷品以及标本，以便可以接触到整个欧洲乃至欧洲以外地区的客户。当伦敦、阿姆斯特丹以及圣彼得堡同时认可了这些产品在美学和科学方面的价值，并且这些城市中的药剂师、富裕市民以及贵族全部认为这些商品是价格不菲的奇珍异品，这些产品才能取得成功。为了使自己的产品得到普遍传播，博物学家开发了一系列复杂的营销技术，其中包括广告宣传、邮购目录、使商品经久耐用的保存技术，以及安全的运输方法。正如早期皇家学会践行的文学术语"虚拟见证"（virtual witnessing）以及拉图尔描述的"铭文程序"（inscription procedures），就需求而言，这些营销技术使商品获得了普遍性。

然而，商品所具有的普遍吸引力并未转化为生产者知识主张的普遍被接受。各类营销方案只能把科学知识转化为商品，无法保证知识的有效性得到所有科学界成员的接受。可以说，科学企业家的主要受众是客户，并非他们的同行和竞争对手。因此科学企业家可能在商业动机的驱使下隐瞒信息，而这些信息恰恰可以促使外界认可其知识主张的有效性。用来制作视觉表现产品的成像技术就是一个很好的例子。这些技术曾是商业机密，公开传播可能会危及生产者的垄断地位，[89]因此相关技术逐渐具有了只能通过金钱进行交易的知识产权。[90]然而，在不了解这些视觉表现的生产方法的情况下，同时代的科学界就无法验证这些产品如实地反映大自然，还是对自然现象进行了扭曲。史蒂文·沙宾和西蒙·谢弗指出，皇家学会的自然哲学家们曾经试图向外界提供自己的实验程序复制方法的详细说明，以便提升实验的可信度。[91]企业家与之相反，他们更注重防止复制，因此丧失了科学方面的可信

24

度。荷兰的企业家擅长出售商品化知识和视觉事实，即便距离遥远也可以进行交易。不过科学知识只能私下进行金钱交易，因此这种产品没有在公众层面得到普遍接受。

经济人类学家一直通过其他交换系统的角度研究商品化过程，其中最值得注意的是马塞尔·莫斯（Marcel Mauss）首先针对赠予系统进行的分析。[92] 在赠予系统的框架内，那些似乎具有中性属性的金钱商品交易转变为对社会、政治以及情感的投资。[93] 从这种层面来看，商品化与赠予没有差别。转化为科学研究领域的商品化现象并不处于科学研究范围之外，只不过科学家完成一部分内容之后，由销售人员完成其他工作。相反，商业交易系统包含了科学家工作、出版作品、与同行和大众进行互动的内容。近年来，沃里克·安德森（Warwick Anderson）以及科里·海登（Cori Hayden）等科学人类学家详细地展示了商品化与其他交换系统，把巴布亚新几内亚和墨西哥的当地原住民知识，转化为新自由主义资本主义可移动商品的过程。或者说，从事实上来讲，这些系统首先对当地知识进行了构建，随后将其转化为商品。[94] 这些案例的研究重点是西方科学如何利用边缘地区的植物标本和解剖标本，不过其中产生的见解同样可以用来研究西方科学的产生。在相关内容方面，本书展示了科学革命以来商品文化价值观注入博物学以及解剖学的过程。[95]

乌芬巴赫的荷兰联络人

　　织锦画、石头画、瓷器、蜡质模型以及纸浆模型等，现代早期成像技术具有众多分类。本书只能针对科学知识商品化的少部分例证进行分析。插图百科全书、解剖学标本和珍奇动物标本以及彩色版画等内容，可以印证现代早期的二维与三维表现之间的补充与竞争情况。这些奇珍异品来自由荷兰科学工作者和工匠组成的紧密网络，乌芬巴赫对这种网络相当熟悉。在接下来的章节中，我们将反复看到玛丽亚·西比拉·梅里安、弗雷德里克·勒伊斯、戈瓦德·比德洛、雅各布·克里斯托夫·勒·布隆、兰伯特·泰恩·凯特等名字。他们彼此相识，不过他们之间并不总是存在良好的个人关系。他们会相互竞争，争夺乌芬巴赫这样的客户。在后续的其他章节中，我们还会看到这些科学工作者与英国、法国以及俄国进行交易的情况。

　　下一章我们将回顾诸如佩蒂弗、梅里安以及朗弗安斯等科学工作者，在现代早期如何建立博物学标本远距离贸易基础设施。航运价格不菲，因此标本的远距离贸易属于成本高昂的业务领域。与四足动物或者鸟类相比，植物、贝壳以及昆虫标本体积较小，因此贸易更加频繁。即使很小的标本也可以进行远距离贸易，前提是存在能够在通信过程中对这些标本进行识别的可靠系统。本章认为，现代早期的博物学百科全书发挥了参考指南或者"邮购目录"的作用，可供博物学家订购特定物种。[96]这些百科全书促进了标本贸易的发展，同时促成了自身的转变。百科全书的条目变得越来越短，插图侧重于依靠少数显著特征来对标本进行分类和识别。换句话说，分类学著作在这里替代了文艺复兴早期的博物学作品。

在第三章中，我们将通过阿尔伯特·塞巴（Albertus Seba）的《自然宝藏》（Thesaurus）来探索博物学百科全书业务领域。乌芬巴赫没有提及自己是否拜访过塞巴，不过他肯定走访过位于哈勒默梅尔（Haarlemmersdijk）的塞巴的阿姆斯特丹药店。这家药店里摆满了奇珍异品，距离乌芬巴赫下榻的酒店只有几个街区的距离。《自然宝藏》分为4卷，包含了塞巴个人藏品的大量详尽说明以及400幅版画。这部著作陆续出版于18世纪30年代至60年代的30年间。塞巴于这部著作出版的早期阶段离世，因此后续工作由大量工作人员共同合作完成，其中包括制图师、雕刻师、作家、翻译家、印刷商以及出版商等。后期编辑人员在工作过程中的大量往来信件得以保存，由此我们才能够看到这部著作的出版充斥着经济利益。编辑雇用写手完成了《自然宝藏》中的条目，不过由于这些写手无法接触到塞巴的原版标本，因此最终的作品十分怪异，而且可信度很低。塞巴的案例说明，现代早期的插图百科全书是资本密集型项目。那些具有逐利倾向的出版商为了吸引客户，往往优先考虑版画在美学方面的吸引力，从而损害了其中的科学准确性，使得很多善于观察的读者都对博物学的事实主张持有怀疑态度。

在有关标本和插图博物学百科全书的两章内容之后，本书的后半部分将提供三种用于表现人体且具有竞争关系的技术的案例研究，其中包括注蜡标本制备法、刻版解剖学图册以及"美柔汀"彩色铜版印刷。第四章描述了 17 世纪 50 年代荷兰解剖学家发明了把蜡注入人体循环系统来制备并保存尸体的方法。这种方法的发明者是来自小贵族阶层的洛德韦克·德·比尔斯（Lodewijk de Bils），这种方法的主要支持者是著名医生弗雷德里克·勒伊斯，乌芬巴赫非常仰慕他的奇珍室。对于这些解剖学家来说，解剖标本的制备工作为透明地表现人体器官提供了可能性，注蜡技术可以消除人工操作的误差，让大自然进行自我展现。为了宣传特定制备工作的美学价值和科学价值，这些解剖学家转而涉足出版业。勒伊斯的作品并非实验报告，而是为了帮助读者复制他的科学发现。这些作品突出地表现了作者的科学发现和注蜡技术的强大视觉效果，并且提供了客户想要购买的所有标本目录，因此作品销量得到了提升。德·比尔斯和勒伊斯希望自己的制备方法维持垄断地位，因此作品内容从未披露标本的具体制作方法。这些作品的流通未能促进实用知识的公开交流。

17 世纪 90 年代，莱顿大学教授戈瓦德·比德洛对勒伊斯的标本制备方法进行了猛烈抨击，前者主张解剖学图册可以更好地表现人体。比德洛认为，注蜡会扩张血管，因此勒伊斯的方法会在标本制备过程中引入人为因素；正确的人体图像只能在纸质解剖图册中进行展现，可以理性地重现鲜活人体的真实面貌。这场辩论看起来可能富含哲理，其实也与商业存在关联。关于这一点我们将在第五章中详细说明。勒伊斯和比德洛拥有属于自己的制备方法，不过勒伊斯的标本才能被称为真正的商品。1716年，勒伊斯的藏品价格为3万荷兰盾，相当于阿姆斯特丹6栋房屋的价格。相比之下，比德洛只有少量标本藏品，他把主要精力投入了一部豪华图册。比德洛希望通过贬低与其形成竞争关系的标本表现媒介来推广这部图册。

第六章描述了雅各布·克里斯托夫·勒·布隆发明的机械可复制彩色印刷，后来他利用这种方法出版了几张解剖图。勒·布隆对自己的发明以及一般性印刷艺术进行了概念化，转化为一套可传达的数学定律的正确应用，并未把相关内容保留为隐性实体知识。[97]根据这一章的内容，勒·布隆认为数学定律易于传播，他担心有人直接剽窃，于是通过商业机密和专利的方式对自己的发明进行了保护。这就是勒·布隆拒绝与乌芬巴赫兄弟分享技术细节的原因。从勒·布隆的保密策略和雅克·法比安·戈蒂埃·达戈蒂（Jacques Fabien Gautier d'Agoty，达戈蒂最终剽窃了勒·布隆的技术）的观点来看，我认为勒·布隆的发明标志着科学成像技术向知识产权转变迈出的重要一步。18世纪，视觉事实及其生产方法均成为商品。

　　总而言之，这些章节提供了现代早期博物学市场中视觉表现产品竞争体系的概况。本书在各个案例中阐述了科学企业家如何协调自己的认识论主张与商业利益之间的关系。对并存的各种表现模式的强调，旨在纠正近年来试图把现代早期科学视觉文化封装进统一认识论的学术研究倾向。洛兰·达斯顿和彼得·加里森认为，这段时期的主导思想为"归真客观性"（truth-to-nature objectivity），即一种创造理想化与抽象化自然图像的倾向。布赖恩·奥格尔维（Brian Ogilvie）与戴维·弗里德伯格（David Freedberg）指出，16世纪下半叶，理想化与抽象化的分类学表现手法取代了自然主义。而芭芭拉·斯塔福德（Barbara Stafford）则认为，现代早期视觉文化的转变发生于1700年前后。她写道，当时以耶稣会为主的巴洛克艺术遭到了一种理性且文本化启蒙运动的清除。[98]这些描述主要集中于认识论的巨大分歧，并没有充分捕捉到相互竞争的视觉体系多样性，更重要的是，这些观点往往忽略了有关现象所包含的商业基础。本书对于现代早期存在的抽象的分类学图像没有异议，但是认为其他表现模式起到了同等重要的作用。在商业文化中，科学企业家不愿对自己的成像技术进行限制。只要客户感兴趣，任何东西都可以出售。

　　《利维坦与空气泵》（*Leviathan and the Air Pump*）一书总结了20世纪80年代以来科学研究的主要观点："知识问题的有效

解决取决于社会秩序问题的解决。"[99] 几年之后，马里奥·比亚吉奥利针对伽利略的研究提出了一个推论：只有通过专制统治者的干预才能实现普遍共识与认识论闭合。[100] 美第奇公爵是霍布斯笔下"利维坦"在现实中活生生的例子。在美第奇公爵的帝国里，只有他才能决定什么样的内容是有效的知识。因此，在荷兰共和国的背景下，特别适合研究商品化过程。在没有君主的情况下，共和国的决策机制依赖于国家经济和政治所必需的最小程度的共识，以及官方对不同意见的容忍，而这些不同意见在其他中央集权欧洲国家中是难以存在的。在这样的社会与政治环境下，荷兰科学企业家的成像技术没有得到普遍认可，科学辩论未曾终结，或许也就不足为奇了。不过他们的视觉表现和成像技术成为商品，流入贸易，正如所有那些在黄金时代使共和国保持强大的消费品。

　　现在想象一下，你是 18 世纪 30 年代圣彼得堡的一名博物学家。你对植物学非常着迷，希望用一些来自大不列颠群岛的外来植物品种装点自己的花园。你写信联络英国伦敦的熟人，请他为你寄一些种子，尤其是那些叫……的品种。是的，那个品种叫什么名子？即便你知道名称，你的英国朋友也会这样称呼那种植物吗？他会不会把这种名称的植物当作另外一个品种呢？你怎样确保自己可以收到想要的那种植物？在林奈的双名法广泛传播之前，你应该如何建立通用的交流系统来确保你的欧洲联络人能够理解你所指的植物呢？

　　约翰尼斯·安曼（Johannes Amman）在圣彼得堡科学院担任植物学与博物学教授期间遇到了相同的问题。这位瑞士博物学家于 1733 年来到俄国，当时年仅 26 岁。安曼像 18 世纪典型的博物学家那样周游世界，在事业发展的过程中四处旅行，与此同时建立了跨国联络网。18 世纪 20 年代，安曼在荷兰莱顿接受了著名医师赫尔曼·布尔哈夫（Hermann Boerhaave）的培训。18世纪30年代早期他来到了英国伦敦，管理富有的医生、英国皇家学会主席汉斯·斯隆（Hans Sloane）的私人收藏品。斯隆离世之后，这些收藏品构成了大英博物馆。来到圣彼得堡之后，安曼为科学院建立了植物园，并且迎娶了丹尼尔·舒马赫（Daniel Schumacher）的女儿伊丽莎白。在后续章节中我们可以看到，丹尼尔·舒马赫曾于1713年为俄国沙皇安排购买了阿尔伯特·塞巴的奇珍异品。为了把植物园打造成严肃的科学研究场所，安曼需要主动参与植物种子和植株的国际交流。早年间的旅行经历为他积累了很多人际关系。安曼是荷兰植物学家约翰·弗雷德里克·格罗诺维厄斯的联络人，格罗诺维厄斯在莱顿的住所有一处小型私人花园。安曼还与牛津大学谢里丹（Sherardian）植物学教授约翰·雅各布·蒂伦尼乌斯（Johann Jacob Dillenius）、英国伦敦商人收藏家彼得·柯林森（Peter Collinson）等人保持日常通信往来。这些联络人为安曼提供了从自家花园或者其他途径获取的种子，最远抵达美国弗吉尼亚。作为回报，他们希望安曼能够提供俄国帝国辽阔疆域内的各种奇珍异品。

比如，安曼曾与当时居住在荷兰的瑞典学者卡罗勒斯·林奈（Carolus Linnaeus）[1]交换了几封信件，林奈非常希望获得一些俄国植物。1737年，他请安曼邮寄一些"带有干花的角果藜属烟杆藓（Ceratocarpus Buxbaumi）"[2]，这个名称看起来似乎使用了林奈的双名法，然而事实并非如此。1753 年林奈的《植物种志》（*Species Plantarum*）才出版，同时他提出了双名法。角果藜属烟杆藓的拉丁语名称意为"巴克斯鲍姆的角果藜属植物"，也就是说，圣彼得堡博物学家约翰·克里斯托夫·巴克斯鲍姆（Johann Christoph Buxbaum）曾在自己的著作《植物新属》（*Nova Plantarum Genera*）中对这种植物进行过描述和命名。[3] 林奈与安曼通信时还不存在通用的专有植物名称。按照林奈的要求，安曼前往图书馆使用历史速记法，打开巴克斯鲍姆的著作找到角果藜属植物列表，然后根据其中的描述为林奈寄去了对应的植物。

安曼顺利地完成了任务，回复林奈的同时寄去了这种植物，并且询问林奈是否还需要俄国的其他开花植物。对于其他植物，安曼同样没有建议林奈使用专有名称，而是指导林奈打开巴克斯鲍姆的《百人纪》（*Centuriae*）或者自己的著作《新论》（*Novi Commentarii*），根据其中的条目找出想要的植物品种。这两部著作收录了大量俄国植物。[4] 这样一来，安曼收到林奈回复的时候就可以从书中找到对应条目，阅读描述并查看插图，随后从科学院的植物园中找到相应的植物进行打包，通过最早的船舶航班运往荷兰。

安曼还与其他人通信。除了林奈，18 世纪的国际奇珍异品 31 市场上还活跃着很多博物学家、收藏家、医师、富有的绅士以及药剂师。相关的奇珍异品包括解剖学制品、外来水果、药用植物、抛光贝壳、蝴蝶标本、牛黄石、中国服装以及古钱币等。这些物品是博物学的研究对象，可以唤起人们的好奇心、开阔眼界，并且能够印证上帝创造璀璨世界的无限创造力。此外，这些物品同样是身份、地位的象征，反映了收藏者的崇高社会地位，而且具有潜在的实用性。[5] 奇珍异品可能在农业、医学、制造业或者教育等领域发挥实用价值，因此罕见的物品吸引了各界收藏家。比如菠萝属于外来物种，在 18 世纪早期的欧洲从奇珍异品转变为少见但常规种植的水果。博物学家在温室中种植菠萝，随后卖给贵族客户获取利润。

为了寻找类似的奇珍异品，安曼曾经与英国伦敦的柯林森保持着通信往来。在这些信件中，他同样依赖于百科全书式出版物来说明自己需要的英国植物品种。1738 年，柯林森提出自己可以向圣彼得堡邮寄一些产自英国的球茎，但是不知道安曼具体想要哪些品种。他认为安曼手里肯定有"帕金森的著作《花园》（*Flower Garden*），你可以从这部著作中选出有英文名称的品种，最好附加所在页码，这样我就可能帮你找到这些品种"[6]。如果安曼和柯林森都拥有同一卷著作，就可以将其作为可靠的编码系统来识别植物品种。安曼在书中找到特定的植物，记下页码和其他信息，将这些信息寄往英国。柯林森收到信件之后就可以打开同一卷著作，查找条目进行识别。这种编码系统看起来可能有些麻烦，不过相较于林奈那具有颠覆性的分类学而言，柯林森显然更喜欢这种方法。林奈的方法使用植物的生殖器官来识别物种。虽然这种方法在理论上可能有助于对物种的属进行更高级别的划分，但大多数收藏家其实无法仔细观察标本的繁殖器官。柯林森曾写道，通过繁殖器官进行识别的方法缺乏实用性，因为"大多数人通过叶子、嫩芽、尺寸、表皮、颜色等了解植物，而林奈的系统把重要特征限制在了那些鲜为人知的部分，并且只能在特定季节进行观察"[7]。进行通信联络的时候，你可以肯定对方能够准确地了解某种植物的叶片颜色和形状，但无法确定他们是否能够准确地测出各种标本的雄蕊和雌蕊数量。

通过安曼参与植物交流的经历可以看出，18 世纪早期的收藏家依靠博物学图册和百科全书来促进相关领域的国际贸易的发展。这些收藏家里的很多人最终都会亲手写一部分类百科全书，利用自己持有的收藏品设计出更巧妙的系统，使博物学方面的交流和交易更顺畅。我在这一章使用了有点过时的"百科全书""图册"等术语，指代那些也可以被称作"汇编"或者"目录"的印刷作品，这些作品收录了大量配有插图的对物种形态的简短描述。[8]汇编的目的在于通过一些特定的外部特征对物种进行识别和分类，而识别和分类在长途贸易中十分关键。事实上，这些作品对林奈双名分类系统的发展同样起到了至关重要的作用。博物学家同样可以把林奈的系统视为 19 世纪的一种汇编。

我认为，这些汇编最先对 16 世纪植物的交流起到了规范作用，直到17世纪才开始被广泛用于贝壳和昆虫方面的贸易。这些汇编逐渐取代了文艺复兴早期的博物学，不过后者的内容并不局限于形态描述。从博物学到汇编的转变清晰地反映在植物学、贝类学以及昆虫学领域，不过在动物学的其他领域中表现得就不那么明显了。鸟类、鱼类尤其是四足动物等大型动物的远距离交流在这一时期遭到了严重限制，仅是因为运输成本过高。因此，这些动物学领域对于分类汇编不存在明确的需求。为了了解商业交易如何促进分类学思想的发展，我们需要研究长途运输标本所需的物质条件。

邮件中的大自然

16世纪和17世纪的博物学标本交流大幅提升了人们对自然界的认知，并且在科学事实文化的发展过程中发挥了重要作用。[9]不过几乎未曾有人注意到，这些交流大多仅涉及小型植物学标本，尤其是植株、水果以及花卉标本。文艺复兴时期的医生曾经来到城镇周边的山丘和山谷中搜寻具有医疗效果的植物品种。大学、医院以及私人收藏家打造了植物园，在园中培育具有药效的植物根系、怡人的花朵以及美味的水果。整个欧洲的贵妇、药剂师和博物学家都在收发药用植物、柠檬或者橙子。16世纪

33

末，来自土耳其、美洲乃至东印度群岛的珍奇花卉、植物球茎以及坚果涌入了博物学市场。[10]1637 年的"郁金香狂热"并非偶发事件，整整一百年之后，欧洲又爆发了一场不那么夸张的"风信子热"。[11] 在安曼、蒂伦尼乌斯、柯林森的时代，植物及其药用和烹饪特性方面的知识早已流传了几个世纪之久。

当时，邮寄信件和包裹的费用很高，因此植物在尺寸和重量方面的适中程度，促进了植物的流通。从国际费用水平来讲，就算只邮寄一张纸也要花费大量钱财，博物学家对此抱怨不已。荷兰与英国伦敦之间的往来信件需要花费 4 个斯图弗①，最快也需要 4 天才能送达。[12] 距离越远邮费越贵。来自但泽②的著名博物学家约翰·菲利普·布雷内（Johann Philipp Breyne）要求柯林森把信件转交给汉斯·斯隆的时候，柯林森果断地表示对这一要求持保留意见。当时的邮费由收件人承担，因此柯林森接收信件的时候必须为富裕的斯隆承担国际通信费用。柯林森尖刻地回应布雷内，称跨越了波罗的海以及北海的信件，"信封里的其他信件、每一封信件的封面以及信封里的纸张都要支付双倍邮费，价格接近两先令"[13]，这笔钱在当时是一笔庞大的数目。布雷内听到这些琐碎的抱怨之后愤怒地进行了回应，并威胁将不再与柯林

---

① 斯图弗（stuiver），荷兰旧时货币。——译者注。本书页下注均为译者所作。
② 今波兰格但斯克。

森通信。由此可见，当时的邮费可能会对友谊和学术网络造成损害。

在通信费用高昂的情况下，植物学相较于动物学和矿物学而言，表现出了经济方面的优势。大多数植物种子都很小，可以包在纸里像普通信件那样邮寄。这一类种子以及压平的小型植株、花朵和果实，可以通过相对较低的成本进行远距离交流。荷兰业余博物学家约翰·弗雷德里克·格罗诺维厄斯曾经写信给当时居住在伦敦的安曼，列出了一长串植物名称，英国本土与境外物种共计 102 种植物，并要求为自己的这些收藏品专门设立机构。一年之后，格罗诺维厄斯向安曼寄出了一封感谢信。显然，安曼答应了他的要求。安曼定居圣彼得堡的时候，作为回报，格罗诺维厄斯告诉他："目前我在弗吉尼亚有特别好的联络人，我从那里得到了稀有植物的好种子，植物生长出来以后我可以为你制作干标本。你安顿下来之后可以联络我，我这里有一些你在当地见不到的植物品种。"[14]

34　　　另外一个原因同样促进了种子的流通：博物学家收到种子之后可以在花园里种出整株植物，而动物标本则无法进行培育。一部分种子在长途运输过程中可能会丧失养分，但其他种子通常仍然可以进行种植。格罗诺维厄斯曾欣喜地告知布雷内，他从宾夕法尼亚获得的种子没有发芽，不过弗吉尼亚的种子长势很好，这些美洲植物几乎"侵吞"了他的整个花园。[15]布雷内同样获得了类似的成果，最终经营了一家成功的企业种植外来植物，并把这些植物卖给了俄国客户。1759 年，布雷内为俄国宫廷提供了 5 种菠萝、6 种仙人掌，甚至还有一棵昂贵的日本樟树。所有这些物种都来自他的温室。[16] 事实证明，具有潜在实用价值的奇珍异品同样可能演化为一家真正的植物学企业。布雷内的一部分种子没有发芽，但有些种子的生长能力却可以保持几个世纪。2006 年，一批英国植物学家使用 1806 年自南非寄往荷兰的种子，成功地种植出几个植物品种。[17]

相比之下，矿物尤其是动物的贸易特别烦琐。1739 年，安曼请柯林森寄给自己两盎司磷。磷是一种易挥发的活性物质，1669 年由亨尼格·布兰德（Hennig Brand）首次发现并销售。[18] 磷在运输过程中需要特别的保护措施，柯林森不确定能否邮寄成功，不过后来他在信件中声称："我无法通过信件的方式邮寄磷，但我从汤普森（Thompson）船长那里意外得到了机会，并且很高兴能够满足你的要求。我先按照你的指导把磷放在了锡盒里，然后按照维格尔（Vigor）先生的指导，把锡盒放进了另一个盒子。维格尔先生与船长很熟，他承诺会仔细保管这些磷。"[19]

如果两盎司的磷在穿越北海和波罗的海的运输过程中相当麻烦，那么动物物种的运输就会面临更严重的问题。动物，尤其是活体动物，与植物种子或者干植物标本比较起来运输难度更大，费用也更高。而且当时的欧洲博物学家没有能力繁殖培育大多数动物物种。英国药剂师詹姆斯·佩蒂弗曾在信件中沮丧地向殖民地博物学家表示，运输大型禽类跨越大西洋几乎没有可行性，因为即使对于特别富有的收藏家来说，费用也过于昂贵。不过"如果无法邮寄完整的动物躯体，能够寄出头部、腿部或者翅膀也是可以接受的"[20]。由于运输成本的原因，即使残缺不全的动物躯体在欧洲同样极具价值。由于受各种条件的限制，大规模长途动物贸易直到 17 世纪才开始起步，落后于植物学交流。[21]继香料和丝绸之后，荷兰以及英国印度公司的货船上开始出现了猴子、鹦鹉以及鸵鸟蛋。[22]截至 1628 年，莱顿解剖剧场已经拥有了一只狒狒的完整骨架和两只猫鼬，但只能零星地展示大型外来动物的某些部位。当时参观解剖剧场的游客只能看到一头驯鹿的鹿角和一头西伯利亚狍的毛皮，至于犀牛和大象则只能看到头部。[23]当一只活体野兽侥幸被带到欧洲后，即便能够在艰苦的运输过程中活下来，随后也要在巡回展览中展出，吸引欧洲各地的付费游客。16 世纪，大象"伊曼纽尔"沉重的步伐遍及荷兰、比利时、卢森堡等低地国家以及神圣罗马帝国的大部分地区，随后便在展出过程中死亡。伦勃朗画作所纪念的大象"汉斯肯"于 17 世纪 20 年代同样经历了"伊曼纽尔"的遭遇。18 世纪中叶，犀牛"克拉拉"对于欧洲来说同样是罕见的，仅是由此一只动物组成的展览足以使整个欧洲的看客欣喜不已。[24]

大型四足动物的运输成本极高。一名中等收入水平的博物学家可能偶尔购入一枚外来贝壳，而大象、犀牛以及鸵鸟则由皇室保管。哈布斯堡皇帝鲁道夫二世曾于 1604 年自北非订购了两只鸵鸟，随后又花费了一笔巨款把鸵鸟运回布拉格。这两只鸵鸟通过海路抵达威尼斯，然后在四名仆人的护送下历经 18 天的陆路与水路运输最终到达了目的地。这 18 天的运输花费了鲁道夫 140 荷兰盾，这个数目足以支撑一个农民家庭将近一年的生活开销。[25] 在接下来的近 200 年时间里，运输成本没有出现明显的变化。1795 年法国人占领荷兰之后，随即把奥兰治亲王的动物群通过水路运到了法国。这些动物曾由阿诺特·沃斯梅尔（Arnout Vosmaer）监管。事实证明，运输大象的过程非常困难，首先需要花费 1.5 万法郎建造一辆特殊的马车，革命政府随后又拨出 6 万法郎作为大象在法国境内巡回展览的费用。[26]

或许高昂的成本限制了其他外来四足动物在现代早期欧洲的流通。17 世纪晚期，欧洲博物学家只知道 150 种四足动物，在林奈的时代，这个数字仅上涨到 300 种。与动物相比，林奈的植物学知识储备显然更加丰富，他的《植物种志》对大约 6000 种植物进行了分类。[27]1485—1827 年，欧洲大陆从未出现过长颈鹿。同一时期只有一只河马出现在佛罗伦萨的美第奇宅邸，两件填充标本出现在那不勒斯。这些动物引起了画家彼得·保罗·鲁本斯（Peter Paul Rubens）的兴趣。[28] 其实在那个时代，即便对于具有实用价值的动物来说，运输条件同样十分有限。荷兰东印度公司曾在船上圈养肉猪作为水手的肉食来源，同时还为士兵配备了马匹。不过他们仍然在尽一切可能节省相关成本。荷兰在好望角建立殖民地后不久，殖民地总督扬·范·里贝克（Jan van Riebeeck）曾多次向阿姆斯特丹的东印度公司总部请求配备欧洲马匹，始终没有得到批准，最终从爪哇岛运来了几匹马。[29]欧洲宫廷经常自中东地区进口马匹，甚至用这些马与当地品种进行杂交，不过这些珍贵的品种只有皇室和贵族才能负担得起。英王詹姆斯一世曾经为了购买传奇的马卡姆阿拉伯马，支付了超过150英镑。[30]

那些来到欧洲的珍奇四足动物往往会被出售换取大量钱财。1683年来到英国伦敦的那头犀牛以2320英镑的价格售出，不过卖家后来违约了。[31]在17世纪的法国，猴子的价格高达480里弗①。在同时代的阿姆斯特丹，即使体型较小的凤头鹦鹉的价格也能达到五六十荷兰盾。[32]鉴于这些物种的价格很高，拥有动物学兴趣的博物学家和收藏家开始倾向于专门研究便于运输和储存的小型动物，其中以贝壳和昆虫最受欢迎。这些物种体型很小，不会腐烂，而且几乎没有运输难度，因而成为17、18世纪欧洲最重要的外来物种之一。[33]稀有的贝壳可以卖到很高的价

---

①里弗（livre），古代法国货币单位。

格，18 世纪 20 年代，一枚海军上将芋螺被以 1020 法国里弗的价格卖给了一名阿姆斯特丹商人。[34] 不过大多数贝壳的价格都要低一些，中等收入水平的博物学家也能负担得起。在东印度群岛，人们能够以几荷兰盾的价格买到鹦鹉螺壳，这个价格仅是鹦鹉价格的一小部分。不过鹦鹉螺壳在欧洲市场上的价格同样没有高出太多。[35] 贝壳最终成为阿姆斯特丹奇珍室中最常见的物品，在其他欧洲国家同样广受欢迎。英国贝壳专家马丁·利斯特（Martin Lister）于 1698 年走访巴黎的时候听到了有关奥尔良公爵那非凡藏品的报告。此外他还私下走访了布科先生（Monsieur Buco），参观了他的奇珍室，看到了 60 屉贝壳；参观了约瑟夫·皮顿·德·图内福尔（Joseph Pitton de Tournefort）的藏品，看到了 20 屉贝壳，以及莫兰先生（Monsieur Morin）和查尔斯·普鲁米尔神父（Father Charles Plumier）规模较小的贝壳收藏品。[36] 18 世纪，贝壳成为法国巴黎最时尚的奇珍异品之一。[37]

　　如果贝壳类收藏品在动物学领域存在竞争对手，那么这个对手肯定是昆虫。[38] 昆虫体型适中，易于保存，成为节约运输成本的理想选择。佩蒂弗在信件中表达过对运输大型鸟类和四足动物的担忧，不过他也曾欣喜地对联络人表示，大多数"甲壳虫、蜘蛛、草蜢、蜜蜂、黄蜂等"都可以：

　　　　抓到后全部浸泡在小型阔口瓶或者装有半瓶酒的小瓶

子里，放进衣服口袋随身携带。不过所有的蝴蝶和飞蛾翅膀上都有粉末，手指可能会抹掉翅膀上的色彩，因此抓虫的时候必须像保存植物标本那样夹到小型书籍里。[39]

昆虫被塞进瓶子、夹进书里，运往大西洋彼岸。昆虫很接近布鲁诺·拉图尔"不可逆转的移动物体"的定义：易于保存、便于运输，甚至被书本压平堕入二维世界。[40] 由此也就不难理解，为什么17世纪的奇珍室里塞满了各种昆虫标本。玛丽亚·西比拉·梅里安曾在《苏里南昆虫变态图谱》中写道，荷兰所有的主要奇珍室，其中包括弗雷德里克·勒伊斯、莱维努斯·文森特（Levinus Vincent），甚至阿姆斯特丹市市长尼古拉斯·维特森（Nicolaes Witsen）的奇珍室，通通展示了数不清的昆虫。[41] 17世纪晚期的动物学主要研究这些体型微小的物种，出现这种现象的原因是昆虫易于流通，而不仅是显微镜的发展。[42]

协商交流

很多收藏家都抱有商业心态，因此运输成本对于奇珍异品的交易来说至关重要，影响了博物学收藏品所包含的内容。即时利润可能并不总是他们最关心的问题，但他们不愿在交易标本的时候遭受经济方面的损失。历史学家历来强调"书信共和国"跨国使用礼物交换知识的方式。不过至少在博物学领域，物物交换与现金交易在调节博物学奇珍异品远距离贸易方面都发挥了重要作用。

以詹姆斯·佩蒂弗的信件为例，1706 年他曾在信中要求布雷内提供一些植物。或许是出于对现今已遗失的布雷内回信的回应，佩蒂弗引用了弗朗西斯科·埃尔南德斯（Francisco Hernandez）关于墨西哥博物学著作中的内容，称如果"荨麻指的是埃尔南德斯著作中的那种植物，那么我将很高兴看到它的枝条"[43]。在这封信中，佩蒂弗明确提出了奇珍异品和书籍的交易规则：

> 我愿意在不涉及金钱的情况下，使用价值对等的书籍与你进行物物交换，这些书籍是那些奇珍异品爱好者通常进行复制或者便于获取的书。如果无法获取，我将为你联络书商。也就是说，我将通过物物交换的方式向你提供你的父亲、你本人满意的发表于但泽或邻近地区的书，或者提供价值不至于过于贵重的自然收藏品或其他奇珍异品。[44]

这里提出的物物交换可能非常适合布雷内以及但泽的书商，不过佩蒂弗在与加勒比联络人沟通的时候提出了现金交易。起初，佩蒂弗提议在出版作品中提及供应商作为回报。如果对方不满足于纯粹的荣誉或者科学信誉，佩蒂弗就打算为"每个装满小鸟的阔口夸脱瓶"支付 5 先令。此外，他也会为"每一桶土壤、河水或者海贝"以及"每一百只蝴蝶、飞蛾或者类似的昆虫"出价 5 先令。[45]

虽然奇珍异品曾作为礼物进行流通，但是很多博物学家仍然通过出售这些物品获得了可观的收入。我们在前文中看到，德国旅行家扎哈里亚斯·康拉德·冯·乌芬巴赫男爵曾于 1711 年造访阿姆斯特丹，见证了当地繁荣的奇珍异品贸易，有专门的商店向游客和其他客户出售贝壳等物品。科内利斯·德·曼（Cornelis de Man）曾在 17 世纪中叶创作了《奇珍异品商人》(*The Curiosity Seller*)，这幅画可以带我们领略这些商店的面貌。画中一名留着八字胡、戴着耳环的外国人模样店主正在向两位穿着优雅的女士推销商品。商店内摆满了各种物品，屋顶上挂着干鳄鱼、巨大的鱼以及鹿角，墙上和货架上摆满了异国物品、剑鱼、稀有的蛋以及很多贝壳。一名年轻的男学徒为坐着的女士提来满满一篮子海螺，这位女士打算买一只条纹鹦鹉螺。显然，这家商店专营那些易于运输的中等尺寸物品。除了那只象征着商店地位的鳄鱼，其他大型动物商品都处于不完整的状态。

阿姆斯特丹的大多数奇珍异品商店都已经消失得无影无踪。不过我们很幸运，至少能找到参与相关贸易的人名。阿尔伯特·

塞巴曾经为德国和俄国客户提供贝壳、解剖学标本以及其他外来物品，在业内相当活跃。博物学家玛丽亚·西比拉·梅里安定期向佩蒂弗等客户提供标本，甚至考虑拍卖自己所有的昆虫和蛇类收藏品，用以偿还苏里南旅行期间欠下的债务。[46]

涉及自然物品的业务领域要求人们必须具备正确识别的能力。只有当客户与销售人员就交易标本达成一致的时候，远距离贸易才能进行下去。如果你订购了一种稀有且昂贵的贝壳，肯定不希望收到另外一种不值钱的常见贝壳。不过面对潜在的、未知的外来动物或者不知道能长出何种植物的种子，人们显然无法总是作出正确的识别。收藏家收到礼物的时候总会欣喜地接受这些奇珍异品。一旦涉及支付金钱，他们就倾向于阐明要求。不过在缺乏通用命名法的情况下，很难做到精准。即使在 21 世纪，科学命名法仍然绝非完美。2010 年，根据科学家的估计，已有记录的 100 万植物品种里大约有 60 万已知物种采用了其他名称，出现了重复或者三重复的现象。[47] 在林奈的系统出现之前（林奈去世多年之后才开始出现国际科学组织），相关情形更加混乱。人们亟须找到切实可行的解决方案来解决阿姆斯特丹药店与圣彼得堡科学院之间的交易问题。在博物学家约翰·雷（John Ray）和弗朗西斯·威洛比（Francis Willoughby）的帮助下，自然哲学家约翰·威尔金斯（John Wilkins）开发了一种全新的通用语言，其中包括植物学与动物学命名法。威尔金斯希望人们能够普遍接受通用语言①，从而"促进世界上几个国家之间的商业贸易，提高对全部自然知识的掌握"[48]。

不过威尔金斯的通用语言从未真正流行起来，博物学家不得不自行开发字典，对来自俄国、英国、意大利或东、西印度群岛的收藏家所操持的语言进行翻译。植物学领域的相关需求尤为迫切，于是卡斯帕·鲍欣（Caspar Bauhin）于 1623 年出版了《植物界图览》（*Pinax*），这部著作发挥了通用语的作用。[49]鲍欣根据自己收集的植物，查阅了当时全部植物学百科全书，并且尝试在各种作品之间开发同义词。尽管鲍欣付出了巨大的努力，《植物界图览》仍然很快就过时了。植物学家必须亲自编写自己的植物名称词典，以确保对物种进行正确识别。比如，莱顿大学教授赫尔曼·布尔哈夫曾任塞巴斯蒂安·瓦扬（Sebastien Vaillant）《巴黎植物学》（*Botanicon Parisiense*）的编辑。布尔哈夫在自己的《巴黎植物学》所有条目上，以手写的方式认真地标注了大量同义词。[50]还有一些勇于接受挑战的博物学家曾试图编写全新的《植物界图览》，替代鲍欣的著作。威廉·谢拉德（William Sherard）曾于土耳其士麦那担任英国领事，他为该编写项目付出了巨大的心血，但作品未完成便离世了。随后，谢拉德的门徒、牛津大学

---

①约翰·威尔金斯在发表于1668年的 *"An Essay towards a Real Character and a Philosophical Language"* 中，提出了一种哲学语言，试图组织和涵盖人类全部想法。

植物学家约翰·雅各布·蒂伦尼乌斯接手了项目，努力编写了十多年。蒂伦尼乌斯离世时，《植物界图览》共有 16 卷手稿，但仍然未完成。

通用语言和词典的尝试双双失败之后，博物学家必须找到其他方法来准确识别自己涉及的诸多动植物品种。他们意识到仅使用名称来识别物种具有局限性，于是开始把各种插图百科全书作为远距离交易的工具。[51] 虽然这种方法可能同样存在漏洞，但是现代早期的博物学家仍然希望每个人都能在插图百科全书的帮助下准确识别动植物。如果插图配有描述物种外貌的简单叙述，会有更好的效果。因此他们向联络人订购标本的时候，转而使用了本章开头提到的方法。柯林森相信每个博物学家都拥有一本帕金森的《花园》，于是就让安曼借助书中的条目来表达自己需要的植物。

我们可以看出，博物学家对插图百科全书寄予的希望和信任对博物学的发展产生了重要影响。总体而言，博物学家自文艺复兴著作转而编写分类百科全书，他们发明了各种分类系统，希望以此对生命世界进行分类。这些系统里的每一个物种都可以通过一些显著特征来进行识别。植物是第一种大量交流的物种，因此它最先进入了分类体系，随后又出现了贝类学和昆虫学。不过大型动物方面的研究一直到 18 世纪都没有出现分类。为了理解分类学的转变，我们需要回顾一下分类成为首要课题之前博物学的运行方式。

改造人文学科

1500 年前后，博物学成为一门人文学科。在印刷技术出现后的第一个十年里，全新版本的《保健园地》(*Gart der Gesundheit*)、《健康花园》(*Ortus sanitatis*) 等中世纪草药著作陆续出版。不过诸多学者越来越倾向于编写迪奥斯科里季斯 (Dioscorides)、泰奥弗拉斯图斯 (Theophrastus)、普林尼等古代博物学家手稿的可靠印刷版本。[52] 第一代人文主义博物学家主要集中于植物学研究。他们并非仅对当时欧洲已知的植物种类进行简单地编目，而是把目标定位于通过文献学和第一手观察的双重实践，对古代文本与知识进行修复。在把古代知识应用于解决当代问题的过程中，植物学家主要研究了药用植物，以此验证古人关于植物疗效的推断。在动物学方面，第一部主要的博物学著作——瑞士学者康拉德·格斯纳 (Conrad Gesner) 的 5 卷本巨著《动物史》(*Historiae Animalium*)，在 16 世纪 50 年代才面世。[53] 随后出现的是乌利塞·阿尔德罗万迪 (Ulisse Aldrovandi) 的多卷本百科全书。阿尔德罗万迪离世后，他的著作直到 17 世纪上半叶才得以出版。这两部动物学著作通常被视为文艺复兴时期学术研究的缩影。格斯纳和阿尔德罗万迪系统地汇编了历史上大多数有记录的动物的所有已知信息，并且对文本来源进行了详细地文献研究。从荷马到波伊提乌，每一位古代学者针对普通物种发表了观点，因此诸如牛或者马等条目往往长达数百页。比如，阿尔德罗万迪关于牛的条目共有 300 页，他在其中回顾了所有相关的古代资料，探讨了牛的外貌、食性、在农业中的应用、是否用于战争、在不同宗教中具有怎样的仪式功能、各个时代都出现了哪些畸形的牛等，煞费苦心地评估了各种记录。亚里士多德、瓦罗（Varro）以及索提翁（Sotion）在公牛应该在什么年龄阉割的问题上无法达成共识，而阿尔德罗万迪也很难决定究竟采纳谁的观点。[54]

在这些文艺复兴著作中，外来动物的条目通常比常见的家养动物条目简短。对于那些珍奇动物，学者不得不通过博学旅行者的描述、报纸等印刷品以及私下交谈获取信息，补充古人留下的匮乏资料。

阿尔德罗万迪针对犀牛的描述长达 11 页，根据塞缪尔·珀 44 切斯（Samuel Purchas）、马丁·弗罗比舍（Martin Frobisher）、托马斯·伯顿（Thomas Burton）、彼得·马特（Peter Martyr）、雅克·沙尔捷（Jacques Chartier）等人的旅行记录写成。[55] 大多数旅行家没有足够的时间来了解动物的其他信息，因此这些记录通常集中描写动物的外部特征。不过阿尔德罗万迪尽最大努力对条目进行了补充。此外，他很乐于描写如何捕捉鸵鸟、一旦捕捉

Cap.32. proponerent, qua de re in Deuteronomio legimus : *Videns autem populus , quod moram facere* ſecendendi de monte Moyſes, congregatus aduerſus Aaron, ait : *Surge , fac nobis deos , qui* nos præ dant. Moyſi enim huic viro, qui nos eduxit de terra Aegypti, ignoramus quid acciderit ei . Diuit ad eos Aaron. Tollite inaures aureas, de vxorum filiorumque & filiarum veſtrarum auribus, & p- te ad me. Fecit populus , qua inſſerat, deferens inaures ad Aaron. Quas cum ille accepiſſet , form opere fuſorio ex eis vitulum conflatilem. Dixeruntque : *Hi ſunt dij tui Iſrael qui te eduxeru* terra Aegypti. Quod cum vidiſſet Aaron , ædificauit altare coram eo , & præconis voce clamant *ſens : Cras ſolemnitas domini eſt. Surgentesque mane, obtulerunt holocauſta* & *hoſtias pacificas,* ſedit populus manducare & bibere , & ſurrexerunt ludere. De grauitate peccati huiuſce idolol- *Idololatriae peccati grauitas.* ſic diſſerit Toſtatus: *Fecerunt ſibi vitulum conflatilem.* Hic (inquit) declaratur in ſpe- peccatum, ſcilicet quod peccatum Iſraelitarum non fuit in aliquo paruo , ſed in maximo facit- contra primum mandatum fabricando deum , & fuit iſte deus vitulus conflatilis, ideſt , fictum- conflatilem in forma fuſorio auro liquido immiſſo, de quibus omnibus rationes ſupra aſſignu- ſunt. *Et adorauerunt.* Hic explicat deus per ſingula grauitatem huius ſceleris , vt videatur hui- ſi magis dignum puuitione. Fuit enim prima culpa ſiue gradus, quia fecerunt ſibi vitulum conſi- tilem : nam dato quod hoc ſolum factum fuiſſet , erat grauis culpa , & contra primum mandu- tum, ſed nec hoc ſolum manſit, quoniam ſecuta eſt alia culpa ſecunda, ſcilicet quia adorauer- eum, inclinantes ſe coram eo , tanquam coram deo ſuo vero : quod adhuc grauius culpa prio- eſt : nam primum , ſcilicet fabricatio vituli, vel eiuslibet alterius ſtatuæ non erat peccatum , n- ſecundum , quod ad adorandum fiebat : ergo ipſa adoratio in ſeipſo grauior erat. Si ergo- mox vt vitulum fabricauerunt pœnitentes de iniquitate ſua inchoara , & concepta eum non- luiſſent comminuentes in puluerem , vel flammis exurentes , licet peccatum præcedens magn- ret, remediabile tamen erat. Nunc autem quia adorauerant grandi erat effecta iniquitas. - *immolantes.* Iſtud eſt tertium grauamen peccati , ſcilicet quod immolauerunt illi vitulo : nam adoratio erat quædam exhibitio reuerentiæ facta illi vitulo ſuperioſta tamen aliquando ſit hon- bus, licet differat ab effectu exhibentis, vtrum ſit latria , vel dulia. Et ideo hoc exiſtente adhu-

图 2.1————埃及公牛神阿匹斯（Apis）。这里设置插图的目的并非识别物种，而是为了展示动物的宗教意义。选自阿尔德罗万迪著《所有四足动物的历史》（*Quadrupedum omnium bisulcorum historia*）。

成功应该如何烹饪等内容。由此可见，文艺复兴时期的博物学家超越了物种识别方面的主题，齐心协力对各个物种进行了详尽地描述。

阿尔德罗万迪的动物学著作的最后几卷在 17 世纪 40 年代才得以出版。当时，分类百科全书已经成为植物学领域的全新流派。很早以前，植物及其种子、果实和花朵已经大量流通，这些百科全书能够通过显著的外部特征辅助识别植物，因此收藏家对于插图百科全书的需求出现了增长。这种发展态势使得学者逐渐达成了一种共识——植物在视觉方面的可识别特征对于特定物种来说是恒定的，因此可以作为定义物种的基础。[56] 随着植物贸易的发展，收藏家发现人文主义博物学作品所涉及的广泛主题与"页码和条目"的参考目的无关，他们开始转向新的图册——提供关于大量物种的外貌与地理起源的简洁文本与视觉信息。这些图册的条目相比于文艺复兴时期作品短得多，通常不超过几段，而且仅挑选了一些便于对相关物种进行区分的外部特征。在分类工作的帮助下，标本的远距离交易更加便捷。与此同时，分类学也成为一门严肃的学科。

米歇尔·福柯在《词与物》(Les mots et les choses) 中主张，博物学的这种转变是一种从文艺复兴时期的表现手法到启蒙运动分类学的认识论变化。[57] 历史学家通常对福柯的时代划分观点持有批判态度，但是在这一点上与福柯的意见一致。近年来，布里安·奥格尔维（Brian Ogilvie）、大卫·弗里德伯格（David Freedberg）、楠川幸子（Sachiko kusukawa）以及劳伦特·皮侬（Laurent Piñon）对福柯这位法国思想家最初观察的内容进行了提炼和细化，并且扩展到了植物学和动物学百科全书的视觉世界。[58] 最初，福柯只是简单地针对启蒙运动分类学在各学科中并存的现象提出了假设，他认为这种现象或许源于欧洲心态的转变。近几年，学者开始针对这一发展态势展开了广泛讨论。分类学来自建立植物自然秩序的哲学愿望，还是源于必须对大量新发现植物进行编目的实用主义考量呢？[59] 正如本章所述，与标本相关的远距离贸易、商业交易以及礼品赠予行为对这一转变起到了重要作用。如果没有这些全新的百科全书式目录为交流提供帮助，就无法正常开展自然科学方面的交易活动。[60] 这种唯物主义方法不仅为认识的转变提供了现实的、基础的诠释，而且解释了向分类学的转变并没有像福柯所说在各个学科同时发生的原因。由于运输成本与运输难度，商业化对植物学产生的影响比动物学早得多。

这种发展的最早痕迹出现于植物学家莱昂哈特·富克斯（Leonhart Fuchs）于 1542 年编写的《植物志》（*Historia stirpium*）中。[61] 富克斯对这部百科全书中的条目按照字母顺序进行了编排，这表明对于一部参考性著作来说，搜索的便捷性比自然哲学顺序更重要。与阿尔德罗万迪的针对牛的 300 页条目相比，富克斯的

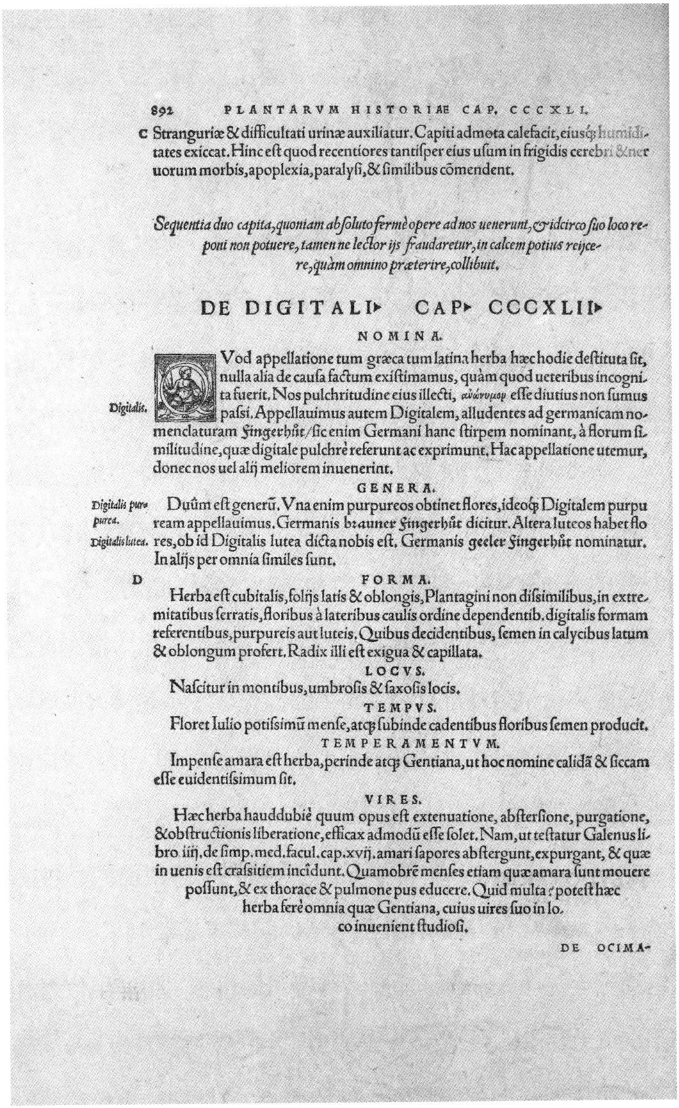

c Stranguriæ & difficultati urinæ auxiliatur. Capiti admota calefacit, eiusꝗ humidi-
tates exiccat. Hinc est quod recentiores tantisper eius usum in frigidis cerebri & ner
uorum morbis, apoplexia, paralysi, & similibus cōmendent.

*Sequentia duo capita, quoniam absoluto fermè opere ad nos uenerunt, &idcirco suo loco re-
poni non potuere, tamen ne lector ijs fraudaretur, in calcem potius reijce-
re, quàm omnino præterire, collibuit.*

DE DIGITALI▸ CAP▸ CCCXLII▸

NOMINA.

Digitalis,

Vod appellatione tum græca tum latina herba hæc hodie destituta sit,
nulla alia de causa factum existimamus, quàm quod ueteribus incogni-
ta fuerit. Nos pulchritudine eius illecti, ἀνώνυμον esse diutius non sumus
passi. Appellauimus autem Digitalem, alludentes ad germanicam no-
menclaturam ƒingerhůt, sic enim Germani hanc stirpem nominant, à florum si-
militudine, quæ digitale pulchrè referunt ac exprimunt. Hac appellatione utemur,
donec nos uel alij meliorem inuenerint.

GENERA.

*Digitalis pur-
pureæ.*
Digitalis lutea.

Duûm est generů. Vna enim purpureos obtinet flores, ideoꝗ Digitalem purpu
ream appellauimus. Germanis bʀauner ƒingerhůt dicitur. Altera luteos habet flo
res, ob id Digitalis lutea dicta nobis est, Germanis geeler ƒingerhůt nominatur.
In alijs per omnia similes sunt.

D
FORMA.

Herba est cubitalis, folijs latis & oblongis, Plantagini non dissimilibus, in extre-
mitatibus serratis, floribus à lateribus caulis ordine dependentib. digitalis formam
referentibus, purpureis aut luteis. Quibus decidentibus, semen in calycibus latum
& oblongum profert. Radix illi est exigua & capillata.

LOCVS.

Nascitur in montibus, umbrosis & saxosis locis.

TEMPVS.

Floret Iulio potissimũ mense, atꝗ subinde cadentibus floribus semen producit.

TEMPERAMENTVM.

Impense amara est herba, perinde atꝗ Gentiana, ut hoc nomine calidã & siccam
esse euidentissimum sit.

VIRES.

Hæc herba hauddubiè quum opus est extenuatione, abstersione, purgatione,
& obstructionis liberatione, efficax admodũ esse solet. Nam, ut testatur Galenus li-
bro iiij. de simp. med. facul. cap. xvij. amari sapores abstergunt, expurgant, & quæ
in uenis est crassitiem incidunt. Quamobrē menses etiam quæ amara sunt mouere
possunt, & ex thorace & pulmone pus educere. Quid multa ? potest hæc
herba ferè omnia quæ Gentiana, cuius uires suo in lo.
co inuenient studiosi.

DE OCIMA-

46

图 2.2————————文本被清晰地分为不同段落，表明了植物的名称、属、形状、生长地点、开花时间、
特性以及功效。选自富克斯的《植物志》第 892—893 页。

条目简短得多，最多只有几页。他把每个条目划分为相同的段落，首先列出了植物的各种名称，随后探讨了这种植物的形状和外部特征。这些内容正是日后的分类学家的主要兴趣所在。为了便于识别，条目还附带了插图。富克斯在条目的其他部分探讨了植物的生长地点、生长季节以及所需的气温条件。在最后一段，富克斯引用了古代学者的有关观点，其中包括迪奥斯科里季斯、盖伦、普林尼，有时甚至出现了埃提乌斯（Aetius）、保卢斯（Paulus）以及西梅翁·塞斯（Simeon Seth）。富克斯是一位优秀的人文主义者，而不是一位受过专业训练的分类学家。因此即便引用的内容会使作品篇幅增加，他仍然对古人的观点保持兴趣。与富克斯同时代的博物学家瓦勒留斯·科尔都斯（Valerius Cordus）对植物学人文主义和描述方法具有不同的侧重点。科尔都斯离世之后的作品版本由格斯纳进行了编辑，作品包含了一卷针对迪奥斯科里季斯的广泛评论，以及一部对大量植物进行简洁形态学描述的单独插图汇编。[62]

富克斯与科尔都斯对植物外部特征的关注使他们有可能协助解决远距离交易方面的问题。1564 年，格斯纳收到了陌生的"约翰内斯·丰克（Johannes Funck）"寄来的包裹。格斯纳依据科尔都斯的著作，识别出包裹里的植物为细辛樟脑（*hepatica alba*），古人几乎未曾提及这种植物。他回信道："你寄给我的植物，根据瓦勒留斯·科尔都斯的著作《植物描述》第 2 卷第 115 章的内容，名为细辛樟脑。"[63] 不过在格斯纳的很多信件里，他仍然希望人们仅使用希腊语名称，而且他认为没有必要具体指出哪部百科全书包含了相应物种的正确描述和插图。

48

16 世纪末，日益活跃的商业活动和越来越多的植物数量最终使这个希望破灭了。植物学语言陷入了巴别塔的困境，诸如卡罗勒斯·克卢修斯（Carolus Clusius）等植物学家不得不借助百科全书条目与联络人确定罕见植物。克卢修斯曾经向莱顿大学植物学教授佩特鲁斯·帕奥（Patrus Paaw）寄送了一包种子，克卢修斯按照拉丁语名称，对比较常见的植物种类进行了识别，针对罕见的高山柳穿鱼（*linaria alpina minima*）则注明，可以参照"克卢修斯《潘诺尼亚观察》"（Clus. in Pann. Obser.），也就是克卢修斯的作品《在潘诺尼亚观察到的一些罕见种族传统的历史》（*Rariorum aliquot stirpium per Pannoniam observatarum historia*）。[64] 克卢修斯在繁华的海路商贸中心荷兰定居之后，其他联络人用相同的方法识别并寄来了植物。佛兰德医师安塞尔默斯·德·博特（Anselmus de Boodt）向年长的博物学家克卢修斯讲述了自己在摩拉维亚地区的旅行经历，他寄给克卢修斯的一些植物球茎——"马蒂奥利（Matthioli）的著作中记载的摩拉维亚当地山区的黄花荟葱"，使用的就是克卢修斯的植物名称速记法。德·博特借助马蒂奥利的经典著作来确保克卢修斯能够识别这种植物，进而决定是否需要这些球茎。[65]

克卢修斯不仅收到了来自摩拉维亚的植物和来自匈牙利的种子，他在荷兰引进郁金香的过程中也发挥了重要作用，此后荷兰便与郁金香结下了不解之缘。17 世纪早期，荷兰园艺家已经种植了几十种色彩各异的郁金香，稀有栽培品种的转手价格越来越高。郁金香贸易于 17 世纪 30 年代末达到顶峰，当时的收藏家需要花费几千荷兰盾才能买到一株"永远的奥古斯都"（semper augustus）或者"总督"（viceroy）。很多郁金香交易都在冬季进行，避开了花期。客户不加深究地购买了郁金香球茎，却无法确定这些球茎在第二年春天会绽放怎样的花朵。因此当时急需一种可靠的识别系统来对郁金香进行辨别。毕竟一株白色附带纵向红色条纹的"豪达"（Gouda）郁金香价格高达 1500 荷兰盾，而一株白色附带纵向红色条纹的"罗特根斯将军"（admiral Rotgans）郁金香却仅值 805 荷兰盾。[66] 为了满足辨别郁金香的需求，市场上出现了郁金香图书，其中包括印刷图书和手抄本。伊曼纽尔·史维特斯（Emmanuel Sweerts）于 1612 年出版的《群芳谱》（*Florilegium*）或许堪称该领域的先驱。这是一部广告目录，收录了各种花卉，其中也包括史维特斯本人在法兰克福展会上出售的郁金香。这类目录以及郁金香方面的图书通常很少配有文字，取而代之的是大量华丽的插图，通过细节图像来展现各类花卉品种的外观特征。

相应的文本资料通常局限于品种名称，有时还会出现在售球茎的重量与价格方面的信息。[67]

　　这些郁金香图书可能就是全新的植物学分类法促进 17 世纪植物贸易发展的最早案例。文艺复兴时期人们对古代物种资料的兴趣有所减弱，取而代之的是植物外观方面的视觉表现和文本表现。整个 17 世纪，博物学家开发了大量分类系统用于植物的分类与识别。[68] 对于佩蒂弗、斯隆以及布雷内来说，最具有影响力的分类百科全书或许是《植物历史》(*Historia plantarum*)，作者是他们共同的朋友约翰·雷（John Ray）。[69] 雷比其他博物学家

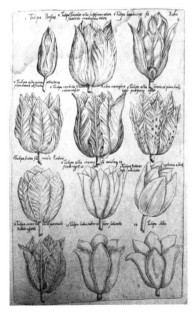

49

图 2.3————图片没有进行手工着色，而是通过配文来表明每种郁金香的色彩。
选自史维特斯的《群芳谱》。

年长一代，他经常自埃塞克斯的乡村庄园向伦敦发送报告，在早期的皇家学会中扮演了重要的角色。雷曾经参与了约翰·威尔金斯的通用语言项目，希望通过一本价格低廉且可靠实用的百科全书为所有博物学家消除植物学方面的混乱。《植物历史》就是这样一部作品。雷在这部作品中尽最大努力使内容清晰易懂，帮助欧洲各地的博物学家理解书中的内容。《植物历史》的开篇是一个术语表，对各种术语进行了定义。随后，雷把数千种植物整理为结构复杂的分类树，每个物种使用了独立条目，以此帮助读者对植物进行识别。各个条目仅使用术语表中的词汇，对植物的形态、原产地以及有别于类似物种的具体特征进行了简短系统的描述。雷本来希望出版一部附带插图的《植物历史》，但由于缺乏资金而未能如愿。这部作品收录了大量物种，虽然没有插图，篇幅同样达到了三卷之多。即便如此，《植物历史》的篇幅仍然比文艺复兴时期的很多早期百科全书简短。

雷希望通过简洁的分类来取代早期植物学著作，把相关作品中的广泛信息浓缩到一本书里。他曾经向斯隆解释道，他的目标并非"取代任何得到认可的植物学著作"，而是为了纠正其中的错误、澄清晦涩的语言，并且"为那些买不起很多书的人减轻各类负担"。根据雷的观点，简洁的分类将：

通过对植物进行分类，对属作出确定且明显的注释，从而在缺乏指导和演示的情况下帮助人们了解植物方面的内容。这样一来，所有人都能打开这本书查看相关描述，轻松且准确地识别自己能够获得的植物。在图像的辅助下可以取得更好的效果。[70]

雷特别强调了与联络人交换植物时进行识别的重要性。这 一点主要来自他借用或出借、赠予或受赠标本时的经验。作为一名博物学家，雷的收入处于中等水平，因此他的联络范围通常仅限于英国境内，主要通过礼品的方式赠予或受赠本地常见的植物品种。雷意识到，国际植物网络会发挥完全不同的功能。医师坦克雷德·罗宾逊（Tancred Robinson）走访威尼斯期间曾向雷写信讲述，在他出价 20 个皮斯托尔①的情况下，乔瓦尼·马里亚·费罗（Giovanni Maria Ferro）的继承人仍然不愿把费罗的植物标本卖给他。[71] 罗宾逊还告诉雷，阿拉伯商人为了维护自己的垄断地位，只向外国客户出售无法发芽的咖啡豆，"他们通过水煮或者炙烤的方式，小心翼翼地破坏咖啡果或者咖啡豆的发芽能力，与荷兰人出售马鲁古群岛肉豆蔻时的做法别无二致"[72]。全球层面的植物学是一种严肃的交易，礼物经济在此完全行不通。

17 世纪晚期，《植物历史》并非唯一一部旨在成为唯一系

---

①皮斯托尔（pistole），西班牙古金币。

Chapter 2　运输成本、标本交易以及分类学的发展　075

统性百科全书的作品。其他相关作品同样试图取代旧著作并获得普遍认可。在当时的法国，约瑟夫·皮顿·德·图内福尔（Joseph Pitton de Tournefort）正在编写《植物学元素》（*Elémens de botanique*）。这部作品的插图仅展示了可以进行准确识别的植物器官，打破了展示植物整体的插图传统。在英国，伦纳德·普拉肯内特（Leonard Plukenet）即将出版《植物图集》（*Phytographia*）。这部作品是《植物历史》的有力竞争对手，特别是该作品包含了数百幅插图，描绘了将近 3000 种植物，每幅插图使用简单的图像展示了若干种植物。普拉肯内特把相似的植物放在同一页面上进行了展示，使读者更容易进行区分。他采用了与德·图内福尔类似的做法，展示了植物的部分器官，有效地缩减了作品的篇幅与成本。《植物图集》并非一部使用精美图像来取悦贵族的精装图册，而是一种价格适中的视觉分类辅助工具。为了便于识别，各个条目的插图附有简短的形态描述、同义词以及参考资料，以铭文的形式刻在了铜版上。

　　或许有人认为，随着这些分类百科全书的推广，1700 年前后对植物进行识别变得简单了。

　　在某种程度上确实如此。两名博物学家如果达成一致，就可以在交流植物标本的时候参照雷、普拉肯内特或者德·图内福尔作品中的条目。不过，选择参照作品其实具有相当的难度。当时，各种百科全书之间并没有就物种边界达成一致。植物的发现数量

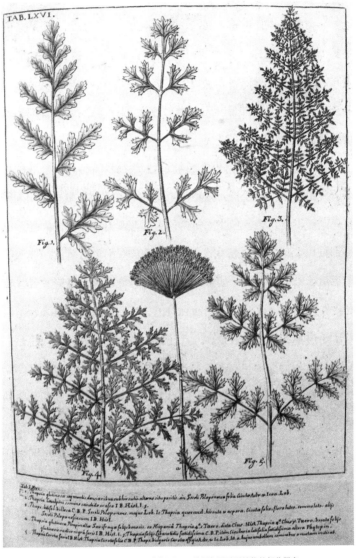

图2.4—————普拉肯内特的《植物图集》图66，该图仅展示了植物的部分器官。

不断增长，这些作品也没有就植物的命名和分类方法达成一致。比如，雷和普拉肯内特是朋友，雷却对后者的作品极为不满，并且私下致信斯隆称："我发现书中有很多语言错误和希腊语名称拼写错误。肯定有很多人参与了这本书的写作。一个完全依赖于植物干标本的人（即便从未如此奸诈），不可能如此频繁地出现这种错误。"[73]

雷通过对自己果园中的植物进行第一手观察和到各处旅行来研究植物学，而普拉肯内特仅通过自己的植物标本进行相关研究。这使得雷认为普拉肯内特的研究方法具有很严重的问题。雷特别指出了普拉肯内特在牙买加蕨类植物分类方面存在的问题，指责后者错误地把自己的各个标本当作独立品种。斯隆曾经长期居住在牙买加，此时他刚刚回到英国，对雷的批评观点表示了认可。不过雷和斯隆都清楚，向普拉肯内特提出这种问题，将是一场旷日持久的战斗。雷曾经指出，普拉肯内特"徒有虚名"。斯隆和普拉肯内特同住在伦敦，而且都是牙买加植物方面的著名博物学家，两人始终无法就牙买加植物分类达成共识。[74] 在这里，植物观察方法的差异及个性差别，导致出现了经济学家所谓的协调问题。[75] 博物学家无法就单一的植物分类系统达成共识，因而同时使用了若干种分类系统，提高了远程沟通与信息交换的成本与难度。他们在百科全书的选择方面往往依情形而定，涉及新植物的时候可能会作出更改。

1726 年，蒂伦尼乌斯曾走访威尔士寻找草药。在旅行过程中，他同样遭遇了协调问题。蒂伦尼乌斯的一部日记手稿曾经在他的朋友之间流传，通过日记我们可以看出，蒂伦尼乌斯在旅行过程中同时参考了伦纳德·普拉肯内特的《植物图集》，以及自己拥有的一部约翰·雷的《概要》（*Synopsis*）。[76] 比如 7 月 17 日，蒂伦尼乌斯写道："我们在上坡对面的布伦特要道（Brent Down）寻找普拉肯内特作品第 342 页上的高山马兜铃等植物，最终在要道中段后面南侧和西侧的石头上找到了很多。"第二天，蒂伦尼乌斯等人参考普拉肯内特作品时遇到了困难，转而通过雷的作品找到了一些植物。蒂伦尼乌斯在日记中写道，他们"根据普拉肯内特作品的内容，花了 3 个小时在韦斯顿（Weston）一带寻找蓼属细叶弹簧草，但是只找到了雷在《概要》中提到的雀舌草。普拉肯内特博士可能在蓼属植物的内容上出现了错误"[77]。为了方便识别植物，蒂伦尼乌斯同时查阅了两部植物学百科全书，当两部作品在植物识别方面不一致的时候，蒂伦尼乌斯作出了自己的判断。

收藏家的贝壳与昆虫分类 54

16、17 世纪，随着植物交易量的增长，植物分类学应运而生。我们同样可以看到动物学分类与动物交易之间的类似的关联发展，不过时间上出现了明显的延迟。出现这种延迟现象的原因是动物学标本的体积一般都超过了除树木以外的植物标本，对于现代早期的欧洲来说，运输难度很大。[78] 一系列报纸、旅行报告以及百科全书对动物方面的信息进行了广泛传播，但真正的动物标本很少进入商业交易。不过其中有两个例外。我们在前文中提到，贝壳和昆虫尺寸适中，便于运输，因而成为17世纪收藏家的最爱。因此，第一批动物学分类百科全书的内容主要集中在贝类学，其次是昆虫学。

意大利学者阿尔德罗万迪著名的文艺复兴百科全书对贝壳和昆虫进行了有别于其他动物的处理。他在1602年的《昆虫类动物》（*De animalibus insectis*）和1606年的《论动物》（*De reliquis animalium*）中对贝壳和昆虫进行了探讨。[79] 通常其他大型动物的插图来源各异，这两部作品中的插图主要来自阿尔德罗万迪对自己收藏品的观察以及实地考察时的亲手绘制。这两部作品采用了详尽的语言风格，对相关的文本、环境以及历史方面的内容进行了描述。不过他主要探讨了如何通过仔细观察外部特征对相似物种进行辨别，与其他有关鸟类、鱼类或者四足动物的作品相比，这两部作品的内容通常比较简短。当时的读者不仅需要了解古人对贝壳的看法，而且要学会对不同的贝壳进行区分。

昆虫方面的分类学著作始于1634年托马斯·莫菲特（Thomas

Moffett）的《昆虫剧场》（*Theatre of Insects*），这部作品建立在康拉德·格斯纳的观点之上，后来英国学者马丁·利斯特于 17 世纪 80 年代撰写了大量作品，大大推进了昆虫分类学著作的发展。[80] 贝类学百科全书的全盛时期同样出现在 17 世纪 80 年代，意大利耶稣会士菲利普·博南尼（Filipp Buonanni）出版了《眼睛和头脑的再创造》（*Ricreatione dell'occhio e della mente*），同一时期，利斯特完成了《贝类学历史》（*Historiae conchyliorum*）。这两部作品表明收藏家和交易商对于准确识别交易标本的兴趣提升了。博南尼是阿萨内修斯·基尔舍（Athanasius Kircher）的学生，同时是一名亚里士多德学派天主教徒。他一直坚持文艺复兴时期的古代文献研究传统，并且试图通过实验证据来证明古代学者的观点。博南尼上述作品的第一卷和第三卷，针对海洋贝类在自然栖息地的生存与繁殖，特别是如何使用贝类生产染料展开了哲学研究。[81] 与瓦勒留斯·科尔都斯的 16 世纪植物学著作类似，博南尼对作品中的分类学与哲学内容进行了区分，分别为第二卷和第四卷。第四卷收录了第二卷描述并识别的 400 多个物种的插图。第二卷中的条目主要依据了博南尼担任馆长的基尔舍博物馆的标本藏品，再版时删除了哲学讨论，被收入《基尔舍博物馆》（*Musaeum Kircherianum*），作为博物馆目录使用。[82] 这家博物馆收藏了来自世界各地的贝类。[83] 博南尼拥有广泛的收藏家、商人以及耶稣会传教士人际关系，藏品来自荷兰、锡拉库扎、葡萄牙、

55

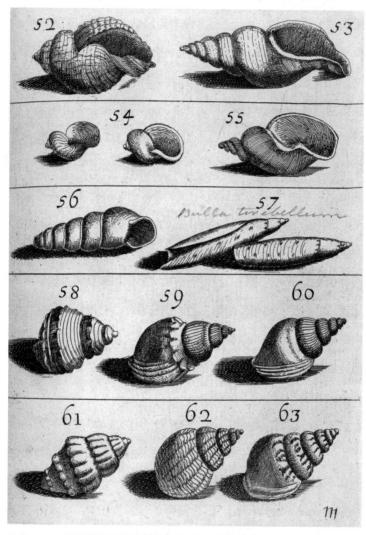

图 2.5————现代早期的贝壳插图无法始终如一地准确表现贝壳的螺旋空间特性。

选自博南尼的《眼睛和头脑的再创造》第 3 卷第 15—18 页。

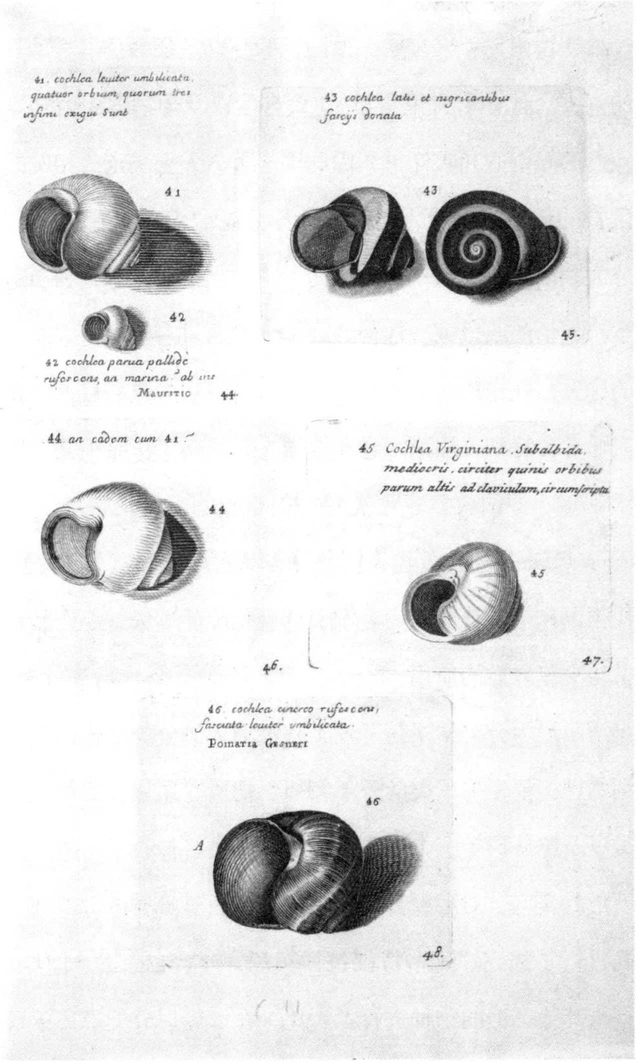

图 2.6—————图中的简洁文字直接使用铜版进行了印刷。
选自利斯特的《贝类学历史》图 41—48。

巴西以及东印度群岛等地。

最初博南尼就已表明，他的目标受众是那些从事奇珍异品交易的商人。他在引言里写道："大自然以及动物方面的知识激发了人们的好奇心和求知欲，因此很多著名人士决定为相关领域投入宝贵的精力、时间、金钱以及各类成本。"[84] 博南尼之所以使用意大利语进行书写，可能是为了让作品接触到意大利当地不太熟悉拉丁语的收藏家。他曾经鼓励读者通过参观博物馆来了解真正的标本，并在第一卷末尾列出了值得参观的藏品目录。真正的读者通常会特别关注第二卷和第四卷，忽略了作品中充满争议的哲学观点。德国收藏家迈克尔·伯恩哈德·瓦伦蒂尼（Michael Bernhard Valentini）曾经为博南尼作品中的条目制作了一份包含古代德语和当代德语的命名索引，进一步促进了这部作品在标本分类与交流方面的应用。[85]

博南尼为分类学书籍开发了一种简单的分类系统，帮助人们识别物种。他根据贝类的外部特征，把所有条目分为单壳类、双壳类以及螺旋形等三个主要类别，每个条目包含了一张图片和一段简短的文字，对那些有利于在物种层面对贝类进行识别的外部特征进行了描述。这些特征包括颜色、形状、图案、原产地等，并且与其他类似的物种进行了对比。在螺旋形分类中，条目十五则声称这种贝类"与条目一的贝类没有差别，只不过贝壳呈梨形"。

56 这种贝类"来自印度洋，贝壳精致易碎，可以通过散布着酒色或者肉色杂乱斑点的网状优雅图案进行区分"。下一种贝类则"雪白，看起来类似纸张质感，但不够坚韧"，可以通过"小型半圆凹槽，几乎平坦的凹槽里装饰着金色斑点来进行区分"。[86] 通过作品中频繁出现的"区分"和"区别"可以看出，博南尼的分类系统的主要目的是把一些看起来相似的贝类区分为不同物种。因为收藏家获得大量标本之后，可能会受到特征相似的贝类的困扰。为了进一步帮助收藏家，博南尼还探讨了某些贝类的罕见程度，以此帮助读者判断获得特定标本的可能性。[87] 插图的主要作用也是区分。光源位于插图图像右上角，相似的贝壳摆在一起以便区分细微差别。博南尼表示，这些图像"不具备任何特别的美感"，因为他的分类无法囊括所有细节。[88]

马丁·利斯特的《贝类学历史》是那个时代分类学精神更为纯粹的例证，从根本上背离了文艺复兴时期动物学历史的传统。[89] 这部作品以简短的介绍和一棵"分类树"为开端，"分类树"也对作品中的条目进行了分类。正文包含几百张贝类插图，但相关的文字内容很少。利斯特没有使用凸版印刷，而是选择直接在印版上刻字。这些铭文只有一两行，简单地标注了贝类的拉丁文名称、形状、颜色以及原产地。对外在特征的重视取代了早期人文主义者对各类特征的广泛关注。

由于缺乏文字注解，我们很难判断《贝类学历史》的确切的写作目的。不过利斯特在其他出版作品中直言，这些作品的目的是帮助博物学收藏家对标本进行识别和区分。正如罗伯特·昂温（Robert Unwin）所说，利斯特作品中的视觉体系从早期开始就带有一种分类学倾向。[90] 在讨论蜗牛的时候，利斯特曾经宣称比较法是博物学分析的最佳方法。十年之后，他在作品《英国蜘蛛》（English Spiders）里发表了同样的观点。利斯特希望通过对大量物种进行分类和区分，找到"事物之间的相似之处与差别"。

在《英国蜘蛛》的条目里，利斯特认为蜘蛛的卵囊和眼睛是特别重要的特征。比如条目十四中的八眼蜘蛛的卵囊"像一粒扁豆，颜色微红"。条目十五中的蜘蛛的5颗卵"包裹在很小的卵囊里，卵囊形状像一粒小扁豆，材质像是白色薄膜或一种类似亚麻质地的材料"。另外，这种蜘蛛"中间有四只眼……以四边形的方式排列，两两之间距离相等。左右两侧分布着另外两对眼睛，眼睛之间距离较近"。条目十六中的蜘蛛的8只眼睛"只能通过显微镜进行观察……而且像琥珀一样闪闪发光"。[91] 在利斯特的蜘蛛分类体系中，其他外部特征包括腿部和腹部的形状、躯体颜色以及其他特殊图案等。

在制作《英国蜘蛛》插图的过程中，利斯特着重注意了特殊差异的视觉表现。在与绘图员沟通的过程中，利斯特指出："我会强调那些我最希望描绘的物种特征"，这些特征可以"让其他人更容易且更准确地"区分物种。[92] 完成插图之后，绘图员会再次表现显著特征。利斯特曾在信中写道，他计划把插图设计得足够大，以"满足你的特定历史研究需求，并且有足够的空间来表现眼睛排列以及卵囊特征"。他还在信中附加了提交批准的草图。[93] 因此，《英国蜘蛛》的插图主要集中表现一些特定的显著特征，按照属对这些特征进行分类，强调了其中的相似性和差异性。当涉及无关紧要的细节时，插图的精确程度会有所降低。利斯特的作品与普拉肯内特的《植物图集》类似，描绘了蜘蛛的重要分类器官。不过利斯特的作品同样包含动物的整体图像。利斯特的《贝类学历史》采用了《英国蜘蛛》的视觉表现原则，插图初稿和最后的刻版都集中在少数显著特征方面。插图手稿尺寸较小，而且没有上色，通过寥寥几笔来表现形状。最终出版的作品遵循了手稿的表现方式，提供了特定标本的摘要版本插图。由此可见，分类学不仅缩减了百科全书的文字、插图，而且改变了视觉系统。

即便在 17 世纪晚期，昆虫学和贝类学著作也并非全部集中于分类学。昆虫繁殖的复杂机制吸引了很多博物学家，马尔切洛·马尔皮吉（Marcello Malpighi）、扬·斯瓦默丹、安东尼·范·列文虎克等学者开始使用显微镜进行细致研究。[94] 在贝类学方面，德裔荷兰学者格奥尔格·艾伯赫·朗弗安斯的《安汶岛奇珍列志》详细地描述了安汶岛周边海洋生物的各方面内容。其中的插图手稿最先在东亚地区的博物学群体中流传，历尽重重困难，最终于 1705 年由西蒙·希伊姆沃特发表。[95] 尽管一部分读者通过《安汶岛奇珍列志》识别物种，但这部作品并没有把重点局限于物种分类。塞巴为身处苏黎世的约翰尼斯·舍赫泽（Johannes Scheuchzer）寄送贝壳包裹的时候，本来打算使用这部作品为对方进行物种识别。但由于识别任务漫长且繁重，塞巴无法腾出时间，最终没有为各种贝壳分别贴标签，而是通知舍赫泽自行识别。[96]

还有一些读者发现厚重的《安汶岛奇珍列志》不适合用于自己的工作内容，于是出于商业目的，决定对这部作品重新设计。

当收藏家只希望通过各类物种的外部特征基本信息为交易提供便利的时候，关于贝类栖息地的冗长描述就几乎没有什么作用了。因此，身处伦敦的柯林森在通信中几乎没有提到朗弗安斯，而是把利斯特的《贝类学历史》称为贝壳贸易界的公认权威。他写道："巴黎的那些爱好者根据这部作品来布置奇珍室。"[97]佩蒂弗在荷兰旅行期间曾经买了一部朗弗安斯的作品，他遗憾地表示："书中的插图确实做得很不错，包含了超过60张图表。不幸的是，书中的描述和历史内容使用的是荷兰语，而我几乎不懂荷兰语。"[98]于是佩蒂弗打算制作一份英文译本。直至今天仍然留存着《安汶岛奇珍列志》的部分英文手稿，只不过手稿只有前28章的内容。[99]英文手稿不完整可能是因为佩蒂弗的翻译辞职了，不过原因更有可能是佩蒂弗意识到朗弗安斯的作品对于识别和交换标本来说，无法起到实质性作用。因此他没有继续翻译，而是决定出版作品中的插图和描述了各类物种俗称的少量文字。[100]当朗弗安斯为了促进交易而要求再版的时候，佩蒂弗认为没有必要像博南尼的《眼睛和头脑的再创造》那样进行相同的编辑工作。佩蒂弗曾经记录了运输情况："博南尼先生的贝壳于 3 月 27 日抵达，1704/5。"佩蒂弗在这里使用了"页码与编号"的方法来识别自己获得的标本，他写道，第一个贝壳是"尖角江珧蛤，博南尼 101 页，图 24"[101]。

佩蒂弗是一名商业药剂师，也曾计划出版自己的贝类学商业指南。1706 年他在给布雷内写信的时候提到，自己正在准备一部英国软体动物目录。这部作品将不仅包含目录，佩蒂弗希望能够"附带真正的贝壳"[102]。购买目录的客户将收到一套来自不列颠群岛海岸的贝壳。佩蒂弗的目录将作为这套贝壳藏品的姊妹篇，指导读者如何对自己获得的标本进行识别和分类。在这里，贝壳的分类方法将不再作为一门独立学科而存在，而是成为商业产品的一部分。

分类学不只在私人通信交换贝壳的过程中起到帮助作用。一名富有的收藏家去世之后，专业交易商通常会组织一些拍卖活动来处理他的收藏品。这类交易活动在奇珍异品贸易中扮演了很重要的角色，通常会使用广告目录印刷品进行国际宣传。下一章我们将针对有关内容进行详细探讨。潜在买家会浏览这些目录，然后请当地代理商帮助自己购买所需拍品。

図 2.7————阿诺特·沃斯梅尔对标有字母"O"的贝壳进行了切割（见图 2.8）。
选自朗弗安斯的《安汶岛奇珍列志》图 34。

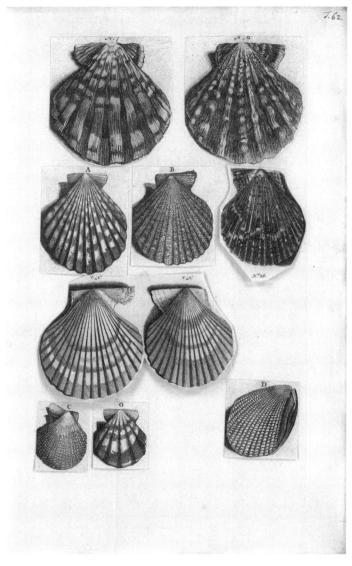

图 2.8———————沃斯梅尔对朗弗安斯的这部百科全书进行了仔细地切割与重新排列，随后粘贴在空白纸张上。选自 18 世纪沃斯梅尔的《测试系统》（*Systema testaceorum*）图 62。

来自但泽的收藏家约翰·菲利普·布雷内曾经为英国伦敦的汉斯·斯隆寄去了一份已故克里斯托夫·戈特瓦尔德博士（Dr. Christoph Gottwald）的博物馆销售目录。然而这份目录寄到斯隆手上的时候，这位英国博物学家表示"距离目录扉页上的销售日期已经过去很久了，否则我肯定请你帮我买一些藏品"[103]。俄国沙皇彼得大帝的代理买走了这些藏品，用于填充圣彼得堡最新建立的奇珍异品博物馆。对于持有拍卖目录的人们来说，正确识别在售物品至关重要，来自遥远国度的买家必须确定自己把钱花在了什么地方。另外，印刷描述详细、配有插图的条目的成本很高，因此销售目录同样需要对物品进行识别。1757 年，法国巴黎交易商赫勒与雷米为近期去世的 M 先生组织了一场拍卖会。这两名交易商通知 M 先生的读者，他们"按照达根维尔先生（Monsieur Dargenville）的作品《贝类学》（Conchyliologi）中的页码和编号对拍品进行了识别，在某些情况下同样用到了朗弗安斯的作品"[104]。

在设计这种广告目录的过程中，朗弗安斯的《安汶岛奇珍列志》再次经历了转变。我们已经看到，18 世纪的商业收藏家对于这部冗长的描述性百科全书怀有一种矛盾的态度。塞巴在原则上很希望使用这部作品，柯林森往往更倾向于使用利斯特和博南尼那些更倾向于分类的作品。安托万 - 约瑟夫·德扎利尔·达根维尔（Antoine- Joseph Dézallier d'Argenville）的《贝类学》

于 1742 年问世之后，法国收藏家开始越来越多地使用这位法国学者的作品。佩蒂弗则更进一步，出版了《安汶岛奇珍列志》的缩略版本用于识别标本。朗弗安斯的这部作品在业余博物学家、奥兰治亲王动物园园长阿诺特·沃斯梅尔的手中经历了类似的转变。18 世纪 50 年代，沃斯梅尔根据贝壳的一部分外部特征开发了自己的分类系统。在开发过程中，沃斯梅尔还制作了一个手写册子，描述了该分类系统中 32 个类别的显著特征。[105] 每个类别附有一页描述性文字和几张相应的物种插图。沃斯梅尔没有按照自己收藏的标本来描绘插图，而是选用了朗弗安斯的作品以及迈克尔·伯恩哈德·瓦伦蒂尼《东印度群岛历史》（*History of the Indies* ）中的插图。他略过了《安汶岛奇珍列志》中的众多文本内容，使用一把剪刀剪下了作品中的插图。这部作品本来在一幅插图中收录了若干种贝壳，沃斯梅尔把这些贝壳分别剪了下来，重新排列之后粘贴在了手稿上。出于分类目的，朗弗安斯的《安汶岛奇珍列志》得到了重新编辑。

　　沃斯梅尔的贝壳分类法并非单纯地为了探索自然秩序，而是为了促进奇珍异品交易的识别。1764 年，沃斯梅尔首次发表了自己的作品，该作品被收入了他的一位不知名朋友的贝壳收藏品拍卖目录。[106] 这部目录的开头部分是沃斯梅尔的"分类树"和 32 种贝壳类别的简单描述，随后按照沃斯梅尔的分类体系列出了在售贝壳标本，每种贝壳标注了名称和简介，对应了朗弗安斯作品中的插图。沃斯梅尔作为一名荷兰博物学家，显然希望买家能够采用自己的分类方法。买家浏览标本列表的时候可以参照《安汶岛奇珍列志》中的插图进行识别，但没有看到该作品中的文字内容。一旦发现了自己感兴趣的拍品，买家就可以登记拍品和出价。

大型动物：分类不重要

贝类学和昆虫学紧跟植物学步伐的同时，动物学的其他领域出现了落后现象，[107] 其中以四足动物的相关研究最具有代表性。这类动物通常体型过大、运输成本高昂，因此现代早期欧洲的外来四足动物稀少，并且往往由皇室所有。四足动物几乎没有进入那些具有分类学发展需求的商业流通，因此文艺复兴时期的博物学传统在四足动物领域得到了长期保留。1660 年，罗伯特·洛弗尔（Robert Lovell）的著作《全动物学》（*Panzooryktologia*）依靠格斯纳、普林尼、尼坎德（Nicander）、普鲁塔克等学者的作品，讲述了四足动物、鸟类、鱼类以及蛇类的详细历史，其中没有涉及洛弗尔本人的观察。沃尔夫冈·弗兰齐乌斯（Wolfgang Franzius）等学者则转而研究《圣经》，进而寻找证据证明四足动物在道德和神学方面的重要性。[108] 在缺乏真实标本的情况下，这些学者依靠《圣经》和古代文献讲述了四足动物的详细故事。

随着时代的发展，有限的流通也对新的动物学分类的发展产生了影响。当时的动物学领域还没有出现分类学，不过针对特定种类四足动物的专题研究却繁荣起来，对文艺复兴时期的动物历史研究起到了补充作用。博物学家即使仅见到一头四足动物也十分兴奋，他们根据自己的第一手观察写下了长篇描述，针对标本的外观、行为模式以及解剖构造展开探讨。不过在这段时期，他们没有为相关物种作出一般性定义。这些博物学家还遵循了西蒙·谢弗和史蒂文·沙宾的"虚拟见证"惯例，在描述中加入了很多观察细节，进而提升了可信度。"信任"在四足动物研究领域中是一个很重要的问题，因为其他博物学家无法通过观察自己的收藏品来对作者的描述进行验证。然而在植物学、贝类学和昆虫学领域，学者随时可以查看收藏品。

这里有一个相关的早期案例。尼古拉斯·蒂尔普（Nicolaes Tulp）曾发表过一篇有关猩猩的著名报告，内容为奥兰治亲王弗雷德里克·亨德里克（Frederick Hendrick）所拥有的珍贵物种的历史逸事。有趣的是，这些内容出现在蒂尔普的作品《医学观察》（*Observationes medicae*）中。这部作品收录了各种医疗案例研究报告，每个案例描述了特定患者的特殊病程，借此提醒读者没有任何两名患者的病情完全相同。蒂尔普在《医学观察》中提到过荷兰医生戈西努斯·哈利乌斯（Gosinus Hallius）因牙痛最终丧生的故事，也提到过一名来自阿姆斯特丹的船长因患上严重肺病而咳出大片肺叶的案例。[109]一个案例提到一名来自荷兰格尔德兰（Gelderland）的 5 岁男孩体重达到 150 磅的有关情况，在这个案例的后面，蒂尔普沿用了自己典型的特殊主义手法，探讨了有关猩猩的问题。[110]蒂尔普在这里讲述了一个有趣的故事：一只猩猩使用水瓶喝完水之后，像一名老道的大臣那样擦了擦嘴。但他并没有对这种猩猩的所属物种作出一个概要性定义。[111]在缺乏其他猩猩标本的情况下，蒂尔普把自己的观察情况与荷兰旅行家塞缪尔·布洛马特（Samuel Bloemaert）、普林尼、维吉尔、圣杰罗姆等人的描述进行了对比，按照文艺复兴传统完善了自己的作品。

随着比较解剖学的出现，这种针对特定动物的专题论文于 17 世纪后期迎来了全盛时期。[112]很多医生追随了盖伦的脚步，认为解剖四足动物可以为研究人类器官的功能和用途提供重要信息。[113]爱德华·泰森（Edward Tyson）是英国皇家学会的代表性博物学家之一，他曾经写了一份关于针对所有动物进行比较研究的程序性提案，用来诠释造物奇迹与人体的运作方式。泰森曾希望针对所有物种的反复观察和解剖也能推进动物分类学的发展，但很快他的愿望就破灭了。[114]解剖学家维萨里曾解剖过数百具人类尸体，但作为英国博物学家的泰森却满足于解剖一只海豚。泰森的比较性研究提案曾经是他解剖学专题论文的前言。他必须承认，这篇文章基于"一次观察，同时是第一次解剖"[115]。

唯一一次观察很快就显现了局限性。泰森解剖的海豚重96磅，
与约翰·丹尼尔·梅杰（Johann Daniel Major）解剖的124磅的
海豚大致相符，但与简·约翰斯顿（Jan Jonston）的重达1000磅
的海豚出入极大。[116]这些相互矛盾的实验案例，使对物种的定
义和分类在动物学的大多数研究领域成为一种乌托邦梦想。1699
年，泰森在作品《红毛猩猩》（*Orangoutang sive homo sylvestris*）
中试图建立类人猿分类学，但这次也只能解剖一只黑猩猩。为了
对这次观察进行补充，泰森承认："只能利用其他学者针对类人
猿和猿猴作出的分类，并且频繁地引用他们的描述来补充我的叙
述。因为我不具备对这些动物进行解剖和比较的条件，只能让读
者看到我所参照的其他权威理论。"[117]

利斯特和博南尼的作品包含了简洁且高度视觉化的纲要，为
标本交易提供了便利。而泰森的论文则成为文献学作品，对同时
代的蒂尔普与荷兰旅行家雅各布·邦提乌斯（Jacob Bontius）作
品中引用的论据进行了评估，并对古典作品进行了评价。

通过观察单只四足动物所获得的一手资料来报道四足动物
的惯例，很快在整个欧洲流行起来。路易十四那壮观的动物园
为克劳德·佩罗（Claude Perrault）等法国学者提供了得天独厚
的条件，他们在法国科学院对各种动物进行了解剖，其中包括
同一物种中的多只个体。[118]通过佩罗的著作《动物博物学回忆

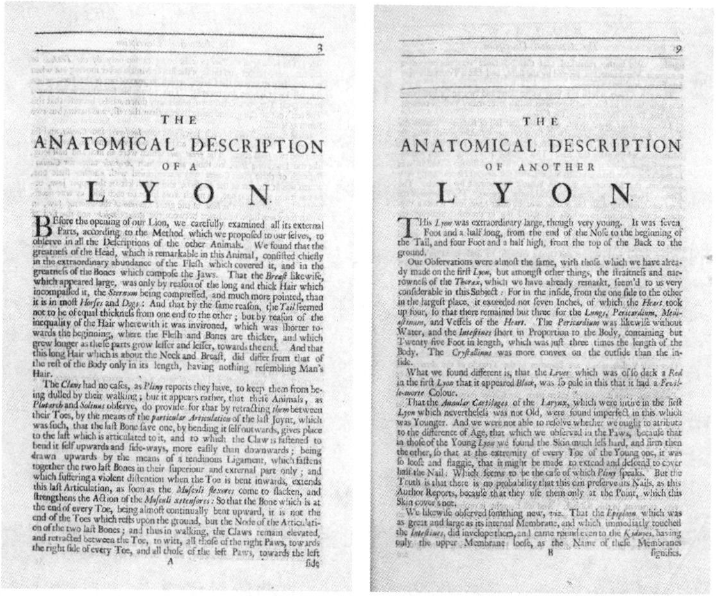

3

THE

ANATOMICAL DESCRIPTION

OF A

LYON.

BEfore the opening of our Lion, we carefully examined all its external Parts, according to the Method which we propoſed to our ſelves, to obſerve in all the Deſcriptions of the other Animals. We found that the greatneſs of the Head, which is remarkable in this Animal, conſiſted chiefly in the extraordinary abundance of the Fleſh which covered it, and in the greatneſs of the Bones which compoſe the Jaws. That the *Breaſt* likewiſe, which appeared large, was only by reaſon of the long and thick Hair which incompaſſed it, the *Sternum* being compreſſed, and much more pointed, than it is in moſt *Horſes* and *Dogs*: And that by the ſame reaſon, the *Tail* ſeemed not to be of equal thickneſs from one end to the other; but by reaſon of the inequality of the Hair wherewith it was invironed, which was ſhorter towards the beginning, where the Fleſh and Bones are thicker, and which grew longer as theſe parts grow leſſer and leſſer, towards the end. And that this long Hair which is about the Neck and Breaſt, did differ from that of the reſt of the Body only in its length, having nothing reſembling Man's Hair.

The *Claws* had no caſes, as *Pliny* reports they have, to keep them from being dulled by their walking; but it appears rather, that theſe Animals, as *Plutarch* and *Solinus* obſerve, do provide for that by retracting *them* between their Toes, by the means of the *particular Articulation* of the laſt Joynt, which was ſuch, that the laſt Bone ſave one, by bending it ſelf outwards, gives place to the laſt which is articulated to it, and to which the Claw is faſtened to bend it ſelf upwards and ſide-ways, more eaſily than downwards; being drawn upwards by the means of a tendinous Ligament, which faſtens together the two laſt Bones in their ſuperiour and external part only; and which ſuffering a violent diſtention when the Toe is bent inwards, extends this laſt Articulation, as ſoon as the *Muſculi flexores* come to ſlacken, and ſtrengthens the Action of the *Muſculi extenſores*: So that the Bone which is at the end of every Toe, being almoſt continually bent upward, it is not the end of the Toes which reſts upon the ground, but the Node of the Articulation of the two laſt Bones; and thus in walking, the Claws remain elevated, and retracted between the Toe, to witt, all thoſe of the right Paws, towards the right ſide of every Toe, and all thoſe of the left Paws, towards the left

A ſide

9

THE

ANATOMICAL DESCRIPTION

OF ANOTHER

LYON.

THis *Lyon* was extraordinary large, though very young. It was ſeven Foot and a half long, from the end of the Noſe to the beginning of the Tail, and four Foot and a half high, from the top of the Back to the ground.

Our Obſervations were almoſt the ſame, with thoſe which we have already made on the firſt *Lyon*, but amongſt other things, the ſtraitneſs and narrowneſs of the *Thorax*, which we have already remarkt, ſeem'd to us very conſiderable in this Subject: For in the inſide, from the one ſide to the other in the largeſt place, it exceeded not ſeven Inches, of which the *Heart* took up four, ſo that there remained but three for the *Lungs*, *Pericardium*, *Mediaſtinum*, and Veſſels of the *Heart*. The *Pericardium* was likewiſe without Water, and the *Inteſtines* ſhort in Proportion to the Body, containing but Twenty five Foot in length, which was juſt three times the length of the Body. The *Cryſtallinus* was more convex on the outſide than the inſide.

What we found different is, that the *Liver* which was of ſo dark a *Red* in the firſt *Lyon* that it appeared *Black*, was ſo pale in this that it had a *Feuille-morte* Colour.

That the *Annular Cartilages* of the *Larynx*, which were intire in the firſt *Lyon* which nevertheleſs was not Old, were found imperfect in this which was Younger. And we were not able to reſolve whether we ought to atribute to the difference of Age, that which we obſerved in the Paws, becauſe that in thoſe of the Young *Lyon* we found the Skin much leſs hard, and firm then the other, ſo that at the extremity of every Toe of the Young one, it was ſo looſe and flaggie, that it might be made to extend and deſcend to cover half the Nail: Which ſeems to be the caſe of which *Pliny* ſpeaks. But the Truth is that there is no probability that this can preſerve its Nails, as this Author Reports, becauſe that they uſe them only at the Point, which this Skin cover's not.

We likewiſe obſerved ſomthing new, *viz.* That the *Epiploon* which was as great and large as its internal Membrane, and which immediatly touched the *Inteſtines*, did invelope them, and came round even to the *Kidneys*, having only the upper Membrane looſe, as the Name of theſe Membranes

B ſignifies.

图 2.9————————分别使用独立的章节探讨解剖的狮子标本。

选自佩罗的《动物博物学回忆录》第 3、第 9 页。

录》(*Memoir's for a Natural History of Animals*)可以看出，他逐渐意识到，解剖两三个标本仍然无法为对物种作出一般性描述或者建立复杂分类系统提供足够的证据。他写道，这部回忆录“因而仅限于对作者具有一定了解的某些特定现象的叙述”，并且“只对事物进行个体描述，比如我们无法确定熊这种动物身体每一侧都有 52 个肾脏，那么我们就只说我们解剖的这头熊符合这一特征”。[119] 毕竟，佩罗无法排除其他熊有 51 个或者 53 个肾脏的可能性。在有关狮子的内容方面，佩罗作出了类似的决定。他没有把两头狮子的解剖结果合并为一章，而是单独写了两篇文章，标题分别为《一头狮子的解剖学描述》（*The anatomical description of a lyon*）和《另一头狮子的解剖学描述》（*The anatomical description of another lyon*）。这部回忆录包含了大量信息，但没有通过分类来促进标本交易。这里最大的问题是，博物学家自身也并没有进行熊或者狮子方面的交易。

迈克尔·伯恩哈德·瓦伦蒂尼的里程碑式著作《动物学剧场》（*Amphitheatrum zootomicum*，1720 年），沿用了佩罗对观察对象进行谨慎呈现的理念。[120]瓦伦蒂尼强烈地支持对贝壳进行分类，然而对四足动物的分类兴趣不大。《动物学剧场》汇集了佩罗、柏林学会、皇家学会以及其他很多学者的再版作品，对比较动物学进行了概述。瓦伦蒂尼没有对其他博物学家的作品进行评估比较，也没有进行综合提取，而是在整部作品几百页的内容里列出了很多特定的观察案例。

18 世纪中期的商业流通有所发展，为四足动物分类学的建立提供了现实可能性。至此，上述情况才开始出现改观。虽然沃尔特·查尔顿（Walter Charleton）和约翰·雷曾把四足动物纳入了自己的动物分类系统，但 18 世纪中期之前并没有出现针对四足动物的分类学专著。[121]同时代的学者也意识到，四足动物领域发展滞后的原因是缺乏动物标本。18 世纪 60 年代，托马斯·彭南特（Thomas Pennant）曾在著述中抱怨道，他的分类学作品

70

《四足动物概要》（*Synopsis of Quadrupeds*）只能依靠格斯纳和阿尔德罗万迪的文艺复兴历史作品、雷和林奈的早期研究成果，以及雅各布·西奥多·克莱因（Jacob Theodor Klein）和马图林·雅克·布里森（Mathurin Jacques Brisson）在 18 世纪 50 年代的作品。[122] 当谈及雷的分类方法，尤其是这种分类方法在四足动物分类方面的缺陷时，彭南特谈道："在他生活的时代，商业不够发达，因此他无法享受今天我们所获得的很多便利条件。因此他只能对运输到当地的少数动物进行描述，与此同时从其他学者的作品中收集素材。"[123]

林奈和布丰

我们在本章里提到，现代早期的博物学发展受到了商业交易的极大影响。当时植物学、贝类学以及昆虫学标本在欧洲的流通促进了分类学的发展，而四足动物领域缺乏标本流通的情形则促进了个案专题处理方法的发展。这两种路线长期以来决定着博物学的发展过程，甚至在 18 世纪的两位巨匠身上——林奈和布丰——留下了印迹。

林奈刚刚开始进行权威性分类学研究时，正在与安曼、布雷内、蒂伦尼乌斯、格罗诺维厄斯、斯隆等学者通信并交换标本，

与我们提到过的那些博物学家共同开展研究工作。林奈对于相关
交易的兴趣程度，我们在这里无须赘述。根据里斯贝特·柯纳
（Lisbet Koerner）和斯塔凡·穆勒 - 威尔（Staffan Müller-Wille）
的描述，林奈为了促进瑞典经济的复苏，曾经不遗余力地引进外
来植物。[124] 约翰·埃莱尔（John Heller）和穆勒 - 威尔还指出，
林奈在分类法和命名法方面的改革，主要依靠自己对标本的收集
和仔细观察，以及在书籍的编目和参考方面的专业知识。[125]

　　林奈在《自然系统》（Systema naturae）中提出的分类系统
参考了植物学百科全书和贝类学文献，不过在一些重要的细节
方面有所差别。探讨植物的时候，林奈没有依据植物的外在特
征进行识别，而是使用了观察繁殖器官的方法。这种方法对于
分类学研究目标来说可能十分有效，但一些收藏家发现这种方
法并不适用于交换标本。柯林森曾痛苦地抱怨，很多人无法准
确地识别植物的雄蕊和雌蕊。林奈分类法的视觉呈现方式也对
上一代植物学和贝类学进行了改革。贝类学百科全书无论看起
来多么奢华，提供的主要是一种抽象的图解自然观点。收藏家
使用这些图像的目的主要是识别标本。《自然系统》在不使用
插图的情况下，通过这种倾向得出了自然结论。[126] 毕竟，确
定一个物种的最佳方法是通过简短的文字对物种的定义特征进
行描述。根据林奈的观点，博南尼、利斯特、朗弗安斯等学者
的作品所使用的刻版插图，对于博物学的学生来说既多余又昂

贵。[127] 林奈分类法的最佳表现手法是文字，而非图像。

考虑到《自然系统》与前几代作品之间的关系，那些与林奈同时代的人把《自然系统》解释为一部促进收藏的作品也就不足为奇了。格罗诺维厄斯在给安曼的信中写道："林奈出版《自然系统》之后，我和劳森博士很想收藏拉皮德姆（Lapidem）王朝拥有的那些标本。"另外，格罗诺维厄斯还要求自己在圣彼得堡和但泽的联络人寄送矿物标本。[128] 不过，林奈的分类法只是对现存的百科全书进行了必要的补充，并没有取代那些作品，进而成为唯一普遍通用的分类系统。意大利佛罗伦萨的皇家博物馆植物园园长阿蒂利奥·祖卡尼（Attilio Zuccagni）曾混合使用了各种分类系统来收集藏品，其中包括林奈的分类法以及安托万 - 约瑟夫·德扎利尔·达根维尔等学者的分类方法。[129]

72　　　　涉及大型动物的时候，林奈的分类系统就暴露了较为突出的问题。彭南特曾尖刻地指出，林奈几乎每次出版新版《自然系统》，都要修改动物分类。[130] 格罗诺维厄斯在长途通信中讨论动物的时候，为了识别动物，除了《自然系统》还参照了其他作品。布雷内询问荷兰海岸上的海洋动物时，格罗诺维厄斯写道："这里最近发现了海象，或者说'vitulis marinus'，也就是林奈称为'phoca dentibus caninis inclusus'的海豹。你可以在《博学报》（*Acta Eruditorum*，*Caesar. Norib. Vol. I. obs. 93.*）里找到插图描述。"[131] 为了确保识别正确，格罗诺维厄斯提到了林奈的分类法、动物的俗称以及《博学报》里的一篇文章。由此可见,《自然系统》就其本身而言仍然不够完整。

林奈与布丰（Buffon）之间的争论,或许在某种程度上归因于植物、贝壳、昆虫以及大型动物在流通模式方面的差别。[132] 布丰是一位法国博物学家,早年他曾严厉地批评了《自然系统》中的人为分类系统,并且质疑了所有早期分类的价值。他曾在自己的 36 卷本《博物志》（Histoire naturelle）"前言"中对林奈的植物分类法进行了嘲讽,称林奈只关注那些通常需要使用显微镜观察的微小植物繁殖器官。另外他在"前言"中还指出,应该延续文艺复兴博物学的风格与专题比较解剖学,对各个物种所有层面的细节进行研究。[133] 这种方法对于大型动物的研究来说最有效,因此《博物志》首先对四足动物进行了分类,随后才开始探讨鸟类和矿物,[134] 并且没有任何一卷专门探讨植物、昆虫或者贝壳。布丰的工作地点位于法国巴黎皇家花园,与身处瑞典乌普萨拉的林奈相比,布丰拥有很好的便利条件,可以观察路易十四的那些外来珍奇动物。很多中等收入水平的博物学家都很关心植物、昆虫以及贝壳交易的基础设施维护问题,布丰则对这些内容不感兴趣。布丰的《博物志》非常适合用来认识人们日常无法看到的动物种类,林奈的《自然系统》对于常见植物分类来说效果最佳。

本章粗略地回顾了三百年间的情况,接下来我们将回到 18

世纪早期，看一下朗弗安斯、佩蒂弗以及年轻的林奈生活的时代。

73　在接下来的章节中，我们将把视角从标本交易转移到出版领域。本章探讨了植物和动物的交易对百科全书的转变所产生的重大影响，下一章将探讨图书行业的经济状况如何对这些作品的版式产生影响。论述的重点将从一般性概述转到塞巴的案例。接下来我们会看到，《自然宝藏》并非经典分类百科全书，但这部作品的出版历程却可以为所有类型的插图图书提供可参考借鉴之处。通过这部作品我们还可以看出，18世纪的科学领域为何出现伪造现象，部分原因是博物学图书出版属于高风险的资本密集型领域，另外的原因则是这段时期出现了现代的"作者"概念。

Chapter 3——图像资本
伪造《自然宝藏》

离世与出版

1736 年，来自荷兰莱顿的博物学家约翰·弗雷德里克·格罗诺维厄斯向他在圣彼得堡的植物学联络人约翰尼斯·安曼发出了一则不幸的消息。消息称，《自然宝藏》的出版工作无法继续推进。[1]《自然宝藏》共有 4 卷，作者为阿尔伯特·塞巴，这是一部针对塞巴的奇珍室所收藏的自然生物的描述性插图目录。工作中止的原因很简单："塞巴约于三周前在阿姆斯特丹离世，《自然宝藏》的其中两卷已出版，还有一卷处于不完善的状态，第四卷的编写工作则刚刚开始。"[2]

格罗诺维厄斯对于塞巴离世这件事无动于衷，他关注的重点是后两卷无法出版将对自己的财务状况造成的影响。此前他参与了一个"订购计划"，这类方案相当于读者预订最喜爱的小说作品的现代早期版本。格罗诺维厄斯为这 4 卷作品预先支付了 160

荷兰盾。当时这是很大一笔钱，不过格罗诺维厄斯已经在塞巴离世之前取消了预订。他如释重负地写道："看到第二卷的时候我很高兴。后两卷面世无望，第一卷和订购凭证的价格已经降到了25荷兰盾，塞巴的继承人会牵涉大量诉讼。于是我以5荷兰盾的折价把第一卷和订购凭证卖了出去。"

75

格罗诺维厄斯还把这个消息告诉了理查德·理查森（Richard Richardson）。理查森是英国约克郡一位杰出的医生兼植物学家。[3]格罗诺维厄斯写道："塞巴的遗嘱执行人和子女……牵涉了大量法律诉讼，我认为后续作品永远无法面世了。"根据格罗诺维厄斯的计算，他把面世无望的作品订购凭证卖出去之后，省下了"至少大约90荷兰盾"。

《自然宝藏》无疑是18世纪博物学领域最杰出的著作。即便到了今天，这部作品仍然深受广大读者的喜爱。2000年，佳士得拍卖行以44.25万美元的价格拍卖了一套手工上色的原版《自然宝藏》。[4]一年之后，苏富比拍卖行以51.175万美元的价格拍卖了该作品的另一套插图版本。2003年，德国塔森出版社（Taschen）推出了该作品的再版插图，广受欢迎。[5]塞巴的意图是通过这部巨著来纪念他那名声在外的奇珍室，林奈曾对他的奇珍室大加赞赏。《自然宝藏》囊括了几千则条目，在"通过感官进行忠实观察"的基础上，对塞巴收集的物种标本进行了"精确的描述"，并且包含了449幅"栩栩如生"的蚀刻版画。[6]塞巴希望在自己离世、收藏品散尽之后，这部作品可以作为纸质版本的奇珍室供后代欣赏与使用。然而塞巴在作品完成前不幸离世，使得他心中的这部旷世巨著面临无疾而终的结局。塞巴离世 6 年之后的 1742 年，格罗诺维厄斯告诉但泽市的约翰·菲利普·布雷内，《自然宝藏》"重新交付印刷"。然而此刻他的激动心情似乎来得为时过早。[7]1759 年，第三卷才面世，第四卷于 1765 年姗姗来迟。此时距离第一卷出版整整过去了 31 年，《自然宝藏》的第一批读者——格罗诺维厄斯、布雷内、理查森等人均已离世。

这部著作最终得以完成，却无法被称为塞巴奇珍室的纸质版本了。塞巴离世之前为第三卷和第四卷准备了插图，却没有留下文字描述。于是他的继承人私下聘请了一批"写手"来完成作品的描述性内容，假冒塞巴的价值连城的原版手稿出售。这部著作非但没有起到纪念塞巴奇珍室的作用，反而沦为一场有利可图的骗局。

《自然宝藏》遭遇的一系列变故揭示了商业化以及追逐利润对现代早期博物学图册造成的影响。本书前一章的重点内容是百科全书如何规范标本交易，本章着重探讨博物学作者以何种方式参与图书出版商业活动。当时的人们认为，博物学插图著作的印刷与销售属于高风险领域，密切关注降低成本并实现利润最大化才能在相关领域中存活。17 世纪末，荷兰共和国拥有相当发达且极具创业精神的出版业，对这种资本密集型领域起到了支持作

76

用。另外，那些富裕的博物学家经常承担自己作品的出版费用，为出版业提供了额外的资本。最终，荷兰的博物学作品出版数量达到了历史高峰，而且这些作品配有华美的雕刻版画、蚀刻版画、铜版画等插图。[8]正如塞巴事例所揭示的那样，商业使配置豪华的博物学图集成为现实。

不过，商业化同样引发了人们对博物学作品可靠性的诸多怀疑。比如，扉页上的作者姓名（通常为男性，但不限于男性）究竟是何含义？作者确实可以为作品内容负责吗？或者，这里的作者姓名仅是那些狡诈的出版商附在作品上的品牌名称吗？作者究竟会承担哪些工作，又有哪些见不得人的细节留给了幕后的技术人员呢？谁来写文本，又由谁来完成插图呢？

通过回顾《自然宝藏》出版过程中的历史细节，本章将针对科学史以及科学社会学方面的老生常谈的问题作出全新解答。本书认为，作者的独创性已经成为18世纪科学领域的既定标准。博物学作家需要独立研究、撰写文本、绘制插图等，甚至需要承担出版印刷成本。一部著作如果不符合这些标准，出版商有时会自行伪造作者身份，捏造一种虚假的独创性光环。这是一种全新的发展结果。毕竟早在文艺复兴时期，"古人"显然受到了广泛的崇敬，并成为仿古捏造的对象，科学作家的身份仍然不足以使其成为伪造的对象。[9]那些缺乏道德感的出版商会对同时代的杰出作品进行剽窃与修订，再冠以全新的作者姓名出版。随着现代早期社会的发展，作家日益受到社会公众的崇拜，于是出版商开始雇用写手进行创作，冒用那些受人尊敬的作家名号进行出版。当科学作家的姓名成为一种品牌时，在剽窃的基础上就会出现伪造行为。

面向国际读者的出版业

18 世纪，荷兰的博物学著作出版业获得了蓬勃发展。《自然宝藏》的出版工作耗时整整 31 年。在此期间，市场上出现了很多开创性作品，其中大部分作品的出版工作花费了大量时间。这些图书价格不菲，仅 10 年之后便会带来稳定的利润。与此同时，这些图书最终改变了植物学与动物学的发展历程。1736 年塞巴离世同年，格罗诺维厄斯向安曼提起，瑞典博物学家卡罗勒斯·林奈的《自然系统》终于在莱顿出版。[10] 这是一部现代分类学的奠基性著作，格罗诺维厄斯资助了这部著作的出版。林奈当时正忙着与一家阿姆斯特丹公司合作出版他的《拉普兰植物志》(*Flora Lapponica*)，已经刻完了 12 块版。安曼还了解到，赫尔曼·布尔哈夫版本的《自然的圣经》(*Bybel der Natuure*，作者为扬·斯瓦默丹) 即将面世。这是一部在微观昆虫学方面颇有影响力的著作，作者斯瓦默丹离世大约 50 年后才得以出版。与此同时，阿姆斯特丹，约翰尼斯·布尔曼（Johannes Burmann）首次出版了他的《锡兰百科》（*Thesaurus Zeylanicus*）。"锡兰" ① 指的是南亚海域的锡兰岛，这部作品对锡兰岛上的植物群进行了精彩的描述。另外根据格罗诺维厄斯的描述，已故学者朗弗安斯的里程碑式著作《安汶岛植物标本馆》，在格罗诺维厄斯写信给安曼的 4 年后终于出版。此前由于荷兰东印度公司的审查，这部著作的手稿荒废了 40 年。[11]

　　由于若干原因，荷兰在博物学图书出版方面扮演了特殊的角色。当时的荷兰拥有全球性贸易网络，使得荷兰博物学家便于接触外来动植物。更重要的是，当时的荷兰共和国已经成为欧洲图书贸易中心，本国出版商乐于投资博物学插图作品。17 世纪，荷兰出版了超过 10 万种图书。法兰克福图书展的目录显示，1650—1675 年，欧洲出版图书总数的大约三分之一来自荷兰。[12]1700 年，阿姆斯特丹书商协会拥有约 200 名成员，仅在阿姆斯特丹当地的主要商业区卡尔弗尔大街（Kalverstraat）就有超过 18 家书店。[13]

　　当时的图书贸易同样主导了荷兰国内其他城镇的文化生活。哈勒姆（Haarlem）当地市民自豪地表示，早在大约三个世纪之前，当地的财政官员劳伦斯·科斯特（Laurens Coster）就已经

----

①斯里兰卡的旧称。

发明了活字印刷术，早于古腾堡。荷兰当时的政治中心海牙拥有超过 70 名印刷人员，其中很多人精于制作有关政治内容的报纸和手册。[14] 由于临近荷兰本国一所著名大学，莱顿的 20 多家书商出版了大量学术著作，满足了当地学生与"书信共和国"国际读者的阅读需求。[15] 在医学教授赫尔曼·布尔哈夫的努力下，作者的有关权利终于首次被纳入莱顿当地的法律保护范围，这与将版权归于出版商的传统制度形成了鲜明对比。自 1728 年起，莱顿大学的教授开始对自己的手稿自动拥有版权，未经作者明确的书面认可，出版商不得出版。[16] 那些勤奋抄写教授讲课内容的学生，再也无法指望把自己的笔记卖给无良出版商换取钱财。

当时的大多数荷兰人是识字的，这在整个欧洲来说是非常少见的成就，同时为荷兰出版商提供了强大的国内图书市场。此外，出版商也在大力开发欧洲大陆范围内的国际市场。在出版法语书籍方面，阿姆斯特丹仅次于巴黎。很多书商依靠改革之后的教会所拥有的国际网络，使用东欧地区新教徒的各类当地语言，专门印刷《圣经》等宗教著作，[17] 还有一些书商则冒险出版了激进的启蒙运动所产生的煽动性作品。荷兰出版商首次出版了比埃尔·培尔（Pierre Bayle）的《辞典》（*Dictionnaire*）与朱利安·奥弗雷·德·拉·梅特里（Julien Offray de la Mettrie）的《人是机器》（*L'homme machine*），并使用虚假封面走私到了法国及其他国家。 79
《人是机器》这部作品主张以唯物主义理论解释灵魂，因此在较

78

图 3.1————18世纪的绘画作品《书店前交谈的两名男子》(*Two Men in Conversation in front of a Book Shop*),作者为阿特曼(Aartmen)。画中的书店里有一名女性顾客。

为宽容的荷兰同样遭到了禁止,《自然宝藏》的资助人埃利·卢扎克(Elie Luzac)作为这部作品的出版商曾于 1748 年遭到巨额罚款。[18]

《自然宝藏》与其他博物学插图作品针对的是国际高端市场。我们在上一章里提到过,18 世纪很多植物学、昆虫学以及贝类学百科全书均转向分类学,促进了远距离贸易过程中的标本识别。那些居住在圣彼得堡、纽伦堡乃至英国的收藏家需要购买这些作品,以便跨越博物学的语言障碍进行交流。这些收藏家同样热衷于购买其他种类的博物学著作,比如通过文字和插图描述了东印度群岛、非洲或者卡罗来纳动植物群的区域性研究作品等。其中,身处但泽的布雷内曾经联络阿姆斯特丹出版商扬松纽斯·范·瓦斯伯根(Janssonius van Waesbergen),订购了一部朗弗安斯的《安汶岛植物标本馆》,获得了一张代券作为订购凭证。布雷内还从约翰尼斯·布尔曼那里获得了布尔曼所著的 10 卷本《非洲珍稀植物》(*Rariorum Africanarum plantarum decades*)。[19] 此外,汉斯·斯隆自伦敦定期为布雷内邮寄马克·凯茨比(Mark Catesby)最新一期的《卡罗来纳博物学》(*Natural History of Carolina*)。这部作品包含了 20 幅配文字的刻版插图,在 16 年里按部分出版,花费了巨额印刷成本。[20]

国际分销是荷兰书商的强项。博物学著作的受众规模较小,因此国际分销对于博物学著作出版来说必不可少。购买植物学和动物学著作的主要群体包括富裕的医生、药剂师，以及能够负担插图百科全书高昂价格的收藏家。这些客户分散在欧洲各地，荷兰出版商通过分销网络与这些客户取得联系。因此，当1712年布雷内希望出版他父亲1678年的作品《珍奇植物》（*Exoticarum plantarum centuriae*）新版本的时候，布雷内把这部作品推荐给了阿姆斯特丹出版商扬松纽斯·范·瓦斯伯根，而没有联络但泽当地的出版商。[21] 荷兰的商业与科学网络基础设施为那些博物学作者和出版商带来了盈利的希望，至少可以做到收支平衡。

拥有控制权的作者

荷兰的植物学、矿物学以及动物学插图图书出版行业的繁荣，并非仅归因于那些拥有国际网络且资金充足的出版商，18世纪早期的博物学领域同样出现了一种全新的作者概念。与传统作者不同，这些新作者需要完成三项任务：进行第一手观察或实验、撰写作品文本以及支付一部分出版费用。很多博物学家都以医生和药剂师为职业，这两种职业在当时属于高收入职业。还有一些博物学家是独立的富有贵族，他们把动植物研究作为一种昂贵的爱好。这些博物学家所拥有的财富为出版业提供了资金支持，并且鼓励出版商印制高风险、高投资的图册。作为回报，这些作者可以对作品生产过程的所有方面进行强有力的控制。当作者在经济方面不再依赖出版商的时候，就拥有了独创性。

这是一种全新的发展局面。此前，作者和出版资金的承担者是两个群体。经济拮据的作者通常无力承担出版所需的费用，图像制作成本高昂，因此对于博物学插图著作来说，这一点尤其明显。[22] 出版商的任务通常是监督作品出版的经济情况，这种角色分配的后果显而易见。在法律制度的支持下，出版商认为出版的作品是属于自己的财产，他们可以根据受众的需求随意修改和塑造作品。在利益的驱使下，出版商经常会修改作品的文本和图像内容。[23] 比如 16 世纪晚期，卡罗勒斯·克卢修斯正在撰写《西班牙历史观察》(*Rariorum stirpium per Hispanias observataram historia*)。出版商克里斯托弗·普兰廷（Christopher Plantin）在印刷克卢修斯的作品之前，把书中的木版画插图用到了兰贝尔·多顿斯（Rembert Dodoens）的作品中。[24] 那些富有的贵族可以自费出版作品，从而避免出版商的干预，不过这些贵族通常认为，文学或者科学出版物没有资格与自己的作品公开联系在一起。比如为了保护自己的声誉，专制制度下的法国贵族经常会匿名或使用笔名来发表作品。17 世纪的贵族"沙龙女性"玛德莱娜·德·斯居代里（Mlle. de Scudéry）曾发表了一部有关变色龙的诗歌作品，却没有在作品上署名。[25]

文艺复兴时期的作者不仅对出版商唯命是从，而且他们的形象在古代哲学家的光环下遭到了削弱。我们在前一章里提到过，1500 年前后，博物学家的兴趣主要是对泰奥弗拉斯图斯、迪奥斯科里季斯以及其他古希腊、罗马权威学者的著作进行评论，为古代地中海植物与自己生活的时代之间建立了关联。对于这些博物学家来说，独创性并非科学作者身份的必要的先决条件。富克斯、格斯纳以及阿尔德罗万迪成名的原因主要是管理与评估大量早期动植物数据的能力，并非对动植物进行的观察。[26] 这些文艺复兴时期的博物学家认为，作者身份是一种渐进的编辑过程，只有通过对早期作品的重新思考和再版才能获得全新的成果。在这种情况下，编辑与作者之间很难进行区分。文艺复兴时期的博物学沦为迪奥斯科里季斯作品的一条脚注。

编辑身份与作者身份之间的模糊界限引发了关于剽窃的激烈争论，剽窃是 16 世纪作者不端行为的主要表现形式。[27] 假设出版商对安德烈亚斯·维萨里的开创性解剖学著作作出了一些不甚重要的修改，推出了全新版本，那么这些编辑可以自称新作者吗？他们的名字会出现在作品扉页上吗？类似的事情在著名解剖学家维萨里的身上发生过不止一次。胡安·巴尔韦德·德·阿穆斯科（Juan Valverde de Amusco）曾擅用维萨里的作品《人体的构造》（*Fabrica*），维萨里的《解剖六板》（*Tabulae anatomicae sex*）中的插图则被印刷出来冠以约布斯特·德·内克尔（Jobst de Necker）、约翰尼斯·德兰德（Johannes Dryander）、沃尔瑟·

里夫（Walther Ryff）等人的姓名。维萨里把这种擅用行为称为剽窃，他的反对者则声称，这些编辑行为创造了新作者的新作品。[28] 当时的法律没有禁止类似的做法，公众也没有对这类行为进行谴责，即便维萨里本人也无法完全反驳这种观点。君特（Guinter）的《解剖学原理》（*Institutiones*）是一部对盖伦著作进行评论的作品，《解剖学原理》出版仅两年之后，维萨里就以自己的名义对这部作品进行了编辑和再版。[29] 此外，文艺复兴时期的博物学家同样受到了剽窃的困扰。植物学家莱昂哈特·富克斯得知自己的插图被法兰克福出版商克里斯蒂安·埃格诺尔夫（Christian Egenolff）用于沃尔瑟·里夫评论迪奥斯科里季斯的作品时，大为光火。他对埃格诺尔夫进行了抨击，但对方丝毫没有受到影响。[30] 即便在 16 世纪末，伦敦的荷兰移民也只能抗议约翰·杰拉德（John Gerard）以自己的名义出版了兰贝尔·多顿斯《西班牙历史观察》（*Stirpium historiae*）的拙劣编辑的翻译版本。然而《西班牙历史观察》其实在很大程度上应该归功于莱昂哈特·富克斯。[31] 对于读者来说，他们不一定需要某位作家的原版作品。即使扉页上有编辑的名字，他们也愿意购买某部作品的修订版和重印版。

　　1500—1750 年，科学作者的文艺复兴形象经历了缓慢的转变，科学工作者的自然知识声望与其在经济、社会以及认识论方面的地位共同提升。18 世纪初，很多科学作者已经具备了出版

82

书籍的财力，同时受到了足够的尊重，成为家喻户晓的出版界标志性人物。在过去的 30 年里，历史学家对这一转变过程进行了大量记录。马里奥·比亚吉奥利指出，17 世纪早期，实用数学从一种卑微的工作转变为受人尊敬且人人垂涎的职业，并且在美第奇家族任命伽利略为宫廷哲学家的时期达到顶峰。帕梅拉·史密斯也曾表示，手工艺知识于 17 世纪被重新包装为自然哲学之后，获得了高度的社会地位。在英国王政复辟时期，罗伯特·波义耳（Robert Boyle）等英国绅士开始公开参与科学实验。可以说，这些绅士的高度社会地位为他们的知识主张增添了可信度。[32] 在荷兰，最富裕的社会阶层成员在各种科学领域同样具有类似的活跃程度。阿姆斯特丹市市长约翰尼斯·哈德（Johannes Hudde）精通数学，曾经参与了笛卡尔《几何》（La Géométrie）的法语版本翻译工作，此外哈德还发明了一种全新的显微镜。[33] 另一位阿姆斯特丹市市长、百万富翁尼古拉斯·维特森的职业生涯始于出版荷兰首部造船专著。[34] 奥兰治亲王的私人秘书康斯坦丁·惠更斯（Constantijn Huygens Sr.）不仅支持了科内利斯·德雷贝尔（Cornelis Drebbel）的显微镜研究，还把自己的孩子培养成为天文学专家。

18 世纪早期，科学事业地位的上升使得很多科学工作者具备了足够的财力，至少可以支付部分出版费用，并且遵守了此前对匿名作者的种种限制。最终，科学出版物市场得到了强

图 3.2——布雷内的著作《多丘脑的解剖》图 11。每幅插图收费 3 但泽盾。

84

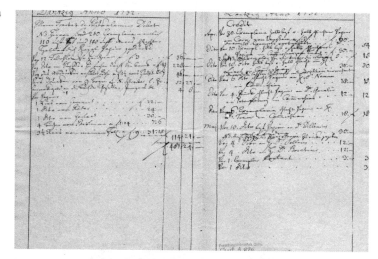

图3.3————布雷内为《多丘脑的解剖》做的账本（1732年）。图中左侧记录了成本，右侧记录了销售情况和发货情况。埃尔福特大学哥达研究图书馆（Forschungsbibliothek Gotha）。

有力的推动。由于作者在控制书籍方面获得了日益提高的主动权，出版商的作用在一定程度上遭到了削弱。[35] 英籍荷兰银行家乔治·克利福德（George Clifford）代表了这一发展趋势的顶峰。克利福德定居荷兰之后，决定自费出版林奈年轻时为自己的花园编写的描述性作品《克利福德园》（*Hortus Cliffortianus*）。克利福德所拥有的财富使这部作品避开了商业流通。人们无法通过书商买到《克利福德园》，只能作为礼物从克利福德本人手中获取。[36]

那些声名显赫但不那么富裕的医生和博物学家同样尝试自费出版自己的作品，或者至少承担一部分费用，借此掌握作品在知识内容与财务经济方面的主动权。出版业是一个复杂的商业领域。布雷内曾对自己的作品《多丘脑的解剖》（ De Polythalamiis ）记过账，这展示了一名博物学家通过仔细计算，来保证投资一本插图书籍之后仍然能够获得少量经济利润的详细情况。[37] 布雷内的这部作品对贝壳化石进行了分类，内附 12 幅刻版插图，因此制作成本较高。他详细地记录了印刷费用，以及通过亲自搭建的欧洲分销网络销售书籍的收益情况。[38] 布雷内撰写了作品中的文本，在这方面不存在金钱成本，但必须为制作插图支付大量费用。绘图员每幅插图收取了 3 但泽盾(换算之后不少于 3 荷兰盾)，随后这些插图需要雕刻在铜版上，每块铜版收费 19 但泽盾。这个价格包含了人工成本和昂贵的铜的成本。

随后，布雷内还需要购买印刷插图和文本的纸张。为了节省开支，110 本书使用了高级纸张，其余的 140 本书使用了价格较低的荷兰皇家纸。支付了印刷工人工钱及印刷学徒的小费，总成本约 482 但泽盾。布雷内把售价定在了 3 但泽盾，现在他面临一项艰巨的任务：为了达到收支平衡必须卖出 160 本书。只有把书分发到欧洲的各个主要科学中心才能达成 160 本的销量。当时但泽是欧洲的主要城市之一，然而当地的化石爱好者数量相当有限。于是他向英国寄了 30 本，委托博物学家约翰·雅各布·蒂伦尼乌斯售卖。一个月之内蒂伦尼乌斯又要求布雷内再寄 10 本。另外，布雷内向阿姆斯特丹寄了 30 本，向莱比锡寄了 10 本。考虑到俄国受众有限，他向圣彼得堡只寄了 4 本。布雷内最终是否获得了可观的利润，我们不得而知。毕竟，作者掌握控制权也意味着要承担潜在的损失。在最初的两个月内，布雷内的著作在整个欧洲仅售出 50 本，收益仅为 150 但泽盾。不过这并不代表布雷内承受了严重损失。对于古往今来的学术图书行业而言，出版物长期出售之后才能赢利，周期可能是几年甚至是十年。布雷内的作品即便没有达到收支平衡的销量，他也可以通过同行的认可，把作品作为自己的另外一种信用形式。更重要的是，他在书籍的制作过程中获得了 12 块铜版。当时的铜版属于可靠的金属资本，重新打磨抛光可以卖给其他出版商。

博物学家自费出版作品意味着可以自行决定插图数量、纸张质量以及成品分销网络等因素。科学工作者在具有较好的经济条件和较高的社会地位的情况下，还可以为自己获得公众崇拜奠定基础。亚里士多德等古代学者向来深受崇敬，现代早期的杰出人物同样可以收获人们的尊敬。17 世纪晚期出现过两场针对古今学问孰优孰劣的辩论，分别为法国的"古今之争"（Querelle des anciens et des Modernes）和英国的"书籍之战"（Battle of the Books）。两场辩论均以现代学派在科学领域的胜利而告终。[39] 人们或许会在诗歌领域争论拉辛和索福克勒斯孰优孰劣，但几乎所有人都必须承认，牛顿的成就超过了阿基米德。作为一位英国天才科学家，牛顿生前享有盛名，离世之后于 1728 年享受了国葬待遇。1731年，威斯敏斯特教堂为牛顿竖起了一座纪念碑。法国科学院于18世纪初开始发布悼词，作为对本机构离世成员的讣告和纪念方式。类似的现象在荷兰同样十分常见。在荷兰，赫尔曼·布尔哈夫具有很高的名气，一封来自中国的信件只要写明寄给"欧洲医生，杰出的布尔哈夫"，就可以顺利地送到布尔哈夫手中。[40] 所有邮差都知道布尔哈夫这位莱顿大学教授的住址。

进入崇尚科学的时代，编辑与作者之间的界限逐渐清晰起来。那些富裕的博物学家不再受到出版商的干预，著作被纳入作者本人的知识产权，并且绝不容忍其他人以新作者的名义对自己的作品进行编辑、发表新版本。科学作者身份的这种全新面貌与文艺复兴博物学的衰败密切相关。18世纪早期，博物学作者主要根据自己的观察和实验进行原创性研究。他们没有侧重人文主义语言学研究，而是借助观察技术和新颖的工具获得了名誉。对其他早期作品进行编写和评估，不再属于科学工作者的最高成就，而是成为年轻的科学工作者开启职业生涯的第一步。[41]

最终，这段时期出现了假冒现代与当代科学作者的现象，对文艺复兴时期的编辑剽窃现象进行了补充。品牌出版物具有广阔的市场，一部著作即便内容是伪造的，冠以笛卡尔之名也可以成为畅销书。比如在17世纪80年代，英国印刷商约瑟夫·莫克森（Joseph Moxon）假冒笛卡尔之名出售了一套纸牌，为玩家提供了力学定律方面的有趣指导。[42] 18世纪，科学普及者、启蒙哲学家伏尔泰作为启蒙运动代表人物，不得不明确地警告自己的读者："相关爱好者不应该理会……所有这些冒用了我姓名的小作品，以及那些邮寄给美居酒店和外国杂志的诗歌。这些不过是虚荣和危险的名声所造成的可笑后果。"这种警告绝非说笑。伏尔泰《老实人》（*Candide*）的当代续作直到 20 世纪才以他本人的名义发表。[43]

一部名为《艾萨克·牛顿的教堂与学院租约续签和购买表》（*Isaac Newton's Tables for Renewing and Purchasing the Leases of Cathedral-Churches and Colleges*）的作品同样冒用了牛顿的姓名，这部作品有可能出自乔治·马布特（George Mabbut）之手。这种伪造行为在 1731 年便已受到谴责，然而该书却频繁地重印，以至于出版商托马斯·阿斯特利（Thomas Astley）不得不在 1742 年的版本中作出了相当虚假的警告："这部作品出现了虚假版本，内容很不完善且漏洞百出。鉴于这种对公众作品的滥用行为，作品权益所有者托马斯·阿斯特利于扉页签名并特此声明，本作品才是正确且真实的版本。"[44]

那些不太出名的作者也可能遭到假冒。荷兰水手扬·斯特鲁伊斯（Jan Struys）或许没有受到崇敬，但他访问其他国家的亲身经历却足以赋予他权威作者的公信力。斯特鲁伊斯的出版商冒用了他的名义，出版了一部由写手代笔的旅行叙事作品。书中穿插了对马达加斯加、东亚地区以及俄国的地理的描述。[45]

后来，荷兰出现了作者权利，对伪造行为作出了直接回应。18世纪20年代，巨富赫尔曼·布尔哈夫和他的同事说服政府为莱顿大学的所有教授出台了自动作者权利，希望借此遏制盗版教科书的泛滥。[46] 这项立法的目的不是规避简单的重印。布尔哈夫的观点是，盗版作品虚假且堕落，充斥着各种谬误，无法代表作者本人的观点。18世纪50年代，写手正在忙于代笔写作塞巴的作品。这段时期，滥用作者身份成为一种虽然不受欢迎但可以被接受的行为，一些科学工作者开始在没有确凿证据的情况下指控他人伪造。塞缪尔·柯尼希（Samuel Koenig）曾质疑法国数学家皮埃尔-路易·莫佩尔蒂（Pierre-Louis Maupertuis）拥有发现最小作用量原理的优先权，柯尼希将发现的优先权归于莱布尼茨。于是莫佩尔蒂便指控柯尼希捏造资料来源，并且获得了成功。在著名数学家莱昂哈德·欧拉（Leonhard Euler）的指证下，柏林皇家学院谴责柯尼希使用不当内容捏造了莱布尼茨的信件。[47] 19世纪，公众对于现代科学家的崇拜达到了空前的程度，与此同时仍然存在造假现象。为了提升民族自豪感，德尼·弗兰·卢卡（Denis Vrain Lucas）伪造了布莱兹·帕斯卡尔（Blaise Pascal）与牛顿之间的通信内容，以此表示法国哲学家帕斯卡尔首次发现了"万有引力定律"。意大利历史学家拉法埃洛·卡韦尔尼（Raffaello Caverni）伪造了伽利略的手稿，意在表示意大利天才伽利略如何发展了弹道理论。[48] 剽窃行为从未完全消失，只不过对于那些想快速赚钱的人来说，伪造成为一种合法的手段。

收藏柜"里面有蜻蜓……"

《自然宝藏》充分地诠释了科学作者地位上升进而改变图书历史的有关情况。塞巴是一名阿姆斯特丹药剂师，他曾经掌控着自己作品的知识内容与财务情况等因素。在享受公众崇拜的同时，塞巴也遭遇了伪造。现存文献详细地说明了现代早期欧洲自费出版著作的有关情况，展示了富有的博物学家发布自己的研究成果所面临的风险，以及伪造相关作品的群体所怀有的动机与关注点。

起初，一切看似很顺利。塞巴为了出版《自然宝藏》，决定与阿姆斯特丹的两家著名出版公司组成财团。1731 年 10 月 30 日，阿尔伯特·塞巴与威斯坦—史密斯出版公司（Wetstein & Smith）、扬松纽斯·范·瓦斯伯根出版公司（布雷内也曾经联络过这家公司）签署了一份经过公证的协议。根据协议内容，各签约方将同意出版一部 4 卷本博物学著作，著作包含 400 幅刻版插图，书名为《自然分类法的准确描述和人工分类法的表达》（*Locupletissimi rerum naturalium thesauri accurata descriptio et iconibus artificiosissimis expressio*）。另外，各签约方同意各自支付相关费用的三分之一。作者塞巴将以定价的 8 折购买 20 本成书，超过 20

本的图书售价是定价的 9 折。出版商可以留存所有收益的 25%作为分销成本，剩余的利润将由三方平均分配。[49]

这一类协议在现代早期的所有贸易领域中都十分常见，有助于为大型投资分散风险。比如塞巴离世之后仍然持有一艘船八分之一、另一艘船四分之一的份额，这些份额将由其他商人共同分摊沉没风险。[50] 图书贸易很难预测市场反应，因此其他书商同样会结为联盟，共同出版昂贵的插图百科全书。17 世纪 80 年代，4 家出版商历时 20 年共同完成了亨德里克·范·里德·德拉肯斯坦（Hendrik Van Rheede tot Drakensteyn）的 12 卷作品《马拉巴栽培植物志》（Hortus malabaricus）。这 4 家出版商还成功地合作出版了杰拉德·布莱修斯（Gerard Blasius）的《动物解剖学》（De anatome animalium）和戈瓦德·比德洛的《人体解剖学》（Anatomia humani corporis），直至 1721 年才终止合作。[51] 即使其中的一部作品算不上成功，其他作品的利润也足够弥补相关损失。

塞巴完全有理由相信，针对《自然宝藏》签订类似的协议可以为自己的投资提供保障，此外他还可以与出版商进行长期的有利合作。塞巴在选择合作方时做得非常好，两家出版公司都享有很好的声誉，在科学著作与图册出版方面同样拥有良好的业绩。威斯坦—史密斯出版公司的代表鲁道夫·威斯坦（Rudolph Wetstein）曾出版了科内利斯·德·布鲁恩（Cornelis de Bruyn）的著作《走遍莫斯科》（Reizen over Mosk-ovie）以及兰伯特·泰恩·

凯特的早期语言学作品《认识荷兰语》（*Nederduitsche sprake*）。[52] 威斯坦最近在繁忙的卡尔弗尔大街买了一所房子，并且刚刚通过出版社看到了新版的费尔海恩（Verheyen）的作品《人体解剖学》（*Corporis humani anatomia*）。[53] 此外，扬松纽斯·范·瓦斯伯根可能是当时阿姆斯特丹最著名的书商，他在科学出版界声名显赫，甚至为医疗和医药著作单独编制了一份贸易目录。[54]

至于塞巴则完全可以夸耀自己在博物学国际贸易中取得的卓越成就。1684年，塞巴出生于德国北部的一户贫穷农民家庭，涉足药品生意之后终于成为阿姆斯特丹最富有的人之一。[55] 1700年，他在哈勒默梅德（Haarlemmerdijk）开了一家德国药店，向当地医生和外国游客出售氯化铵、玫瑰蜂蜜、牛黄酊、威尼斯糖浆等药品。[56] 18世纪的第一个10年，塞巴成为俄国宫廷的主要药品供应商，每年需要处理价值高达数以万计荷兰盾的交易。塞巴离世之后，他的遗产包含了18.1312万荷兰盾与11枚斯图弗，可以看出他曾是一名精明的商人。[57]

在塞巴的所有收藏品之中，最著名的当数奇珍藏品。这是一项博物学领域有关智力和财力的大规模投资。塞巴的第一个收藏柜里摆放着美洲树懒，来自苏里南和亚洲地区的食蚁兽，来自南非、东印度群岛和西印度群岛的鳄鱼，安汶岛的鹦鹉，欧洲蝰蛇，意大利蝾螈，以及一只来自格陵兰岛的鸟。这些藏品全部保存在大瓶的酒精中防止腐烂。1714年，塞巴把这些藏品卖给了俄国宫廷，解释称他的生意状况使他无法继续维持这些藏品，并且担心自己死后这些藏品会经拍卖流散。俄国宫廷很快在原则上批准购买了这些藏品，但双方在价格方面出现了分歧。塞巴要价 1.5 万荷兰盾，但俄国宫廷只愿出价 1.3 万荷兰盾。即便藏品运出之后，双方仍然进行了长达数年的谈判。[58]

《自然宝藏》的创作意图是纪念塞巴的第二个收藏柜。第一个收藏柜售出之后不久，塞巴就制作了第二个收藏柜。尽管年事已高，塞巴也曾抱怨没有时间去收集藏品，但第二个收藏柜的藏品数量其实比第一个更多。1752 年，第二个柜子的藏品流散各处，印证了塞巴此前的担忧。他的继承人出售藏品获得了 2.44 万荷兰盾，与继承的塞巴遗产 18 万荷兰盾组成了一大笔财富。[59] 俄国沙皇彼得大帝的购买行为保存了第一柜藏品，第二柜藏品则通过印刷出版物的形式保存了下来。当时比较流行使用酒精保存标本等方法，这些方法或许能够防止珍奇标本腐烂，然而只有纸张才能预防人为疏忽造成的不良后果。[60] 奇珍室和收藏柜往往会遭到破坏，这不只是因为继承人对这些藏品不感兴趣而进行了拍卖。克利福德聘请林奈创作《克利福德园》几年之后，这座著名花园中的植物便在一场因园丁的粗心导致的大火中烧毁殆尽，只留下了林奈作品上的痕迹。[61] 具有讽刺意味的是，圣彼得堡奇珍异品博物馆的建筑连同部分动物标本同样被烧毁。[62] 今天我们能够了解博物馆的藏品类型，完全归功于当时的管理员为了防止意外事件发生而制作了绘图手稿。[63]

塞巴之所以决定控制《自然宝藏》的财务和内容，直接原因是他坚持对自己的收藏柜进行精确记录。这部作品按照塞巴的原意出版之后，他终于可以放心了，那些标本至少可以借助纸张的形式保存，供国际公众或者可以负担 160 荷兰盾价格的买家观赏。塞巴写道："大多数爱好者和博学人士生活在异国他乡，几乎没有旅行的机会，但是我们仍然希望与他们相见，于是就把那些真实的藏品印刷成图像，送往他们的土地和住所。"[64]

《自然宝藏》作为一部真实的作品，跨越了伦敦、圣彼得堡以及但泽之间的遥远路途。即便原始标本分散在世界各处，当代人与未来的世世代代也可以领略塞巴藏品的风采。

印刷业

塞巴的目的是准确地呈现自己的藏品，这一点与他的商业意识并不矛盾。他不想因出版作品而承受损失，同样希望获得适当的利润。要实现这一点，必须有足够多的"异国爱好者和博学人士"购买他的作品。因此塞巴需要开展一场营销活动，使得那些潜在客户相信《自然宝藏》确实准确地呈现了相关藏品，这部作品正是他们希望拥有的一部图册。

《自然宝藏》最初通过订购的方式进行销售，因此市场营销尤为重要。在现代早期的订购计划中，读者可以在作品出版之前按折扣价进行购买。从几个不同的角度来看，这种做法对出版商大有裨益。订购量可以反映市场对一部作品的真实需求，可能有助于决定印刷量。另外，订购需要预先付款，作品交付印刷之前收到订购款项，有助于缩短初始投资的收益周期。[65]

《自然宝藏》的第一则订购广告于 1734 年 1 月至 2 月发表于《欧洲学者著述分类目录》(*Bibliothèque Raisonné*)。这是一本印刷地点位于荷兰的杂志，但面向的是国际读者，内容以法语写成。[66] 对于塞巴、扬松纽斯·范·瓦斯伯根以及威斯坦—史密斯出版公司来说，他们可能不会依靠订购收入来支付印刷费用。不过他们希望把订购者锁定在购买全部四卷作品的范围内，尽量规避那些只买一两卷的客户。

《自然宝藏》价格高昂，因此塞巴与出版商必须使出全身解数来销售订购单。他们广泛地定位了目标群体，称其是一部"极为珍奇且华丽的著作"。作品分为荷兰语—拉丁语、法语—拉丁语两种双语版本，以满足欧洲各地接受过良好教育的读者的不同语言需求。另外，他们正面解决了价格问题。根据广告的预测，一部分买家可能会对 160 荷兰盾的订购价格感到不满，于是他们开始向买家解释这个价格其实是力度极大的优惠。[67] 比如第一卷的印刷使用了 33 刀纸，这些纸张的价格就已经超过了 10 荷兰盾。

读者还将收到 59 幅对开版画和 52 幅四开版画插图，价值约 45 荷兰盾。如果把扉页、标题页、三幅小插图和作者肖像计算在内，价值更高。根据出版商的计算，第一卷中的图像和文本价值 59 荷兰盾，四卷的总价值为 235 荷兰盾。这样比较来看，160 荷兰盾的折扣订购价确实令人无法抗拒。另外，他们催促广大读者于
92 1734 年 9 月的截止日期之前尽快订购，此后《自然宝藏》将按照 225 荷兰盾的价格出售。

然而，谁会去订购一本尚未真正出版的昂贵书籍呢？众所周

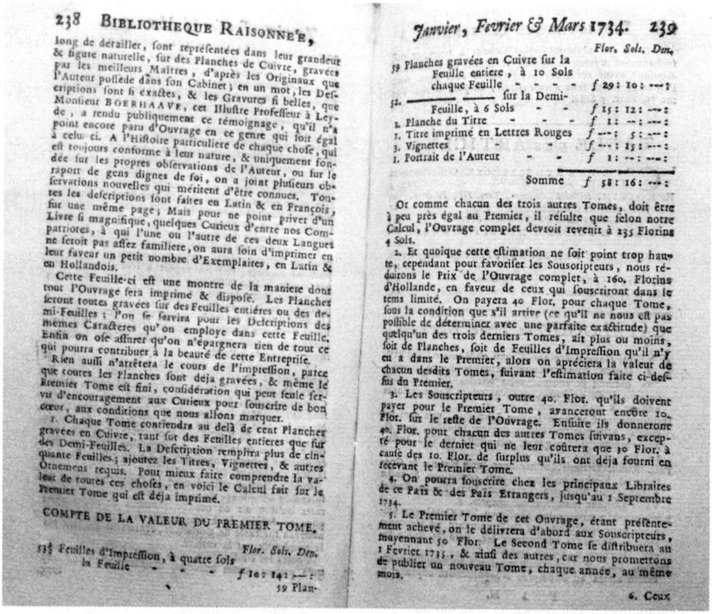
238 BIBLIOTHEQUE RAISONNE'E,

long de détailler, ſont repréſentées dans leur grandeur & figure naturelle, ſur des Planches de Cuivre, gravées par les meilleurs Maitres, d'après les Originaux que l'Auteur poſſede dans ſon Cabinet; en un mot, les Deſcriptions ſont ſi exactes, & les Gravures ſi belles, que Monſieur BOERHAAVE, cet Illuſtre Profeſſeur à Leyde, a rendu publiquement ce témoignage, qu'il n'a point encore paru d'Ouvrage en ce genre qui ſoit égal à celui-ci. A l'Hiſtoire particuliere de chaque choſe, qui eſt toujours conforme à leur nature, & uniquement fondée ſur les propres obſervations de l'Auteur, ou ſur le raport de gens dignes de foi, on a joint pluſieurs obſervations nouvelles qui méritent d'être connues. Toutes les deſcriptions ſont faites en Latin & en François, ſur une même page; Mais pour ne point priver d'un Livre ſi magnifique, quelques Curieux d'entre nos Compatriotes, à qui l'une ou l'autre de ces deux Langues ne ſeroit pas aſſez familiere, on aura ſoin d'imprimer en leur faveur un petit nombre d'Exemplaires, en Latin & en Hollandois.

Cette Feuille-ci eſt une montre de la maniere dont tout l'Ouvrage ſera imprimé & diſpoſé. Les Planches ſeront toutes gravées ſur des Feuilles entiéres ou des demi-Feuilles; l'on ſe ſervira pour les Deſcriptions des mêmes Caracteres qu'on employe dans cette Feuille. Enfin on oſe aſſurer qu'on n'épargnera rien de tout ce qui pourra contribuer à la beauté de cette Entrepriſe.

Rien auſſi n'arrêtera le cours de l'impreſſion, parce que toutes les Planches ſont deja gravées, & même le Premier Tome eſt fini, conſidération qui peut ſeule ſervir d'encouragement aux Curieux pour ſouſcrire de bon cœur, aux conditions que nous allons marquer.

1. Chaque Tome contiendra au delà de cent Planches gravées en Cuivre, tant ſur des Feuilles entieres que ſur des Demi-Feuilles. La Deſcription remplira plus de cinquante Feuilles; ajoutez les Titres, Vignettes, & autres Ornemens requis. Pour mieux faire comprendre la valeur de toutes ces choſes, en voici le Calcul fait ſur le Premier Tome qui eſt déja imprimé.

COMPTE DE LA VALEUR DU PREMIER TOME.

	Flor.	Sols.	Den.
53½ Feuilles d'Impreſſion, à quatre ſols la Feuille	f 10	14	---
59 Planches gravées en Cuivre ſur la Feuille entiere, à 10 Sols chaque Feuille	f 29	10	---
52. ——— ——— ſur la Demi-Feuille, à 6 Sols	f 15	12	---
1. Planche du Titre	f 1	--	---
1. Titre imprimé en Lettres Rouges	f ---	5	---
3. Vignettes	f ---	15	---
1. Portrait de l'Auteur	f 1	--	---
Somme	f 58	16	---

Janvier, Fevrier & Mars 1734. 239

Or comme chacun des trois autres Tomes, doit être à peu près égal au Premier, il réſulte que ſelon notre Calcul, l'Ouvrage complet devroit revenir à 235 Florins 4 Sols.

2. Et quoique cette eſtimation ne ſoit point trop haute, cependant pour favoriſer les Souſcripteurs, nous réduirons le Prix de l'Ouvrage complet, à 160. Florins d'Hollande, en faveur de ceux qui ſouſcriront dans le tems limité. On payera 40 Flor. pour chaque Tome, ſous la condition que s'il arrive (ce qu'il ne nous eſt pas poſſible de déterminer avec une parfaite exactitude) que quelqu'un des trois derniers Tomes, ait plus ou moins, ſoit de Planches, ſoit de Feuilles d'Impreſſion qu'il n'y en a dans le Premier, alors on apréciera la valeur de chacun deſdits Tomes, ſuivant l'eſtimation faite ci-deſſus du Premier.

3. Les Souſcripteurs, outre 40. Flor. qu'ils doivent payer pour le Premier Tome, avanceront encôre 10. Flor. ſur le reſte de l'Ouvrage. Enſuite ils donneront 40. Flor. pour chacun des autres Tomes ſuivans, excepté pour le dernier qui ne leur coûtera que 30 Flor. à cauſe des 10. Flor. de ſurplus qu'ils ont déja fourni en recevant le Premier Tome.

4. On pourra ſouſcrire chez les principaux Libraires de ce Païs & des Païs Etrangers, jusqu'au 1 Septembre 1734.

5. Le Premier Tome de cet Ouvrage, étant préſentement achevé, on le délivrera d'abord aux Souſcripteurs, moyennant 50 Flor. Le Second Tome ſe diſtribuera au 1 Fevrier 1735., & ainſi des autres, car nous promettons de publier un nouveau Tome, chaque année, au même mois.

6. Ceux

图 3.4————————有人可能会对《自然宝藏》所宣称的经济价值持保留态度。《自然宝藏》订购广告，载于《欧洲学者著述分类目录》第 11 期（1734 年），1—2 月刊，第 236—239 页。

知，书商有时会为计划出版的作品打出广告，收取订购费，最终却无法出版。荷兰版画家雅各布·拉德米拉尔（Jacob L'Admiral）曾经为他那分为 4 卷的昆虫学百科全书《对许多格式塔变化的蜂巢的准确观察》（*Naauwkeurige waarnemingen*）宣传订购，1740年他悲伤地写道："书商无法完成自己出版作品的承诺，因此在订购方面他们的信誉很低。"[68] 拉德米拉尔承诺不会让订购者失望，并且提前提供了 8 幅版画插图，但最终没有逃脱命运的安排。第一卷出版之后，这部作品便无疾而终。

为了安抚类似的担忧情绪，塞巴的出版商直截了当地宣称："所有版画均已完成雕刻，第一卷已制作完成。"[69] 出版商向人们展示了作品中诸如小象之类庞大且昂贵的哺乳动物，以及仙人掌、珍奇花朵、天堂鸟等，并承诺将于几个月之内交付第一卷。第一卷还包含了苹果、梨等水果的珍奇标本，这些标本的制作使用了塞巴在呈现和保存植物解剖结构方面的独创方法。第二卷的内容与蛇有关，预定于 1735 年 2 月出版。第三卷和第四卷的内容为海洋生物与昆虫，分别推迟一年出版。为了打消人们对《自然宝藏》高标准制作的怀疑，出版商声称，知名的布尔哈夫先生已经为本公司提供了个人支持，并写道："总之，作品中的描述无比精准，版画极其美丽。莱顿大学著名教授布尔哈夫先生可以公开证明，此前从未出现过如此优秀的相关题材作品。"[70]

在如此热情洋溢的推荐之后，可能有人仍然无法确定是否订购。于是出版商在下一期《欧洲学者著述分类目录》中刊登了一篇针对第一卷的好评，长达 27 页。[71] 只有最恶毒的评论家才会无端指责这篇文章的客观性。然而负责《欧洲学者著述分类目录》编辑工作的公司恰恰是《自然宝藏》的出版商威斯坦—史密斯出版公司。

营销工作收获了成效。《自然宝藏》在整个欧洲得到了推广，吸引了无数读者并为作者带来了利润。从英国伦敦到俄国圣彼得堡，这部作品拥有众多订购者，格罗诺维厄斯只是其中之一。据说，手绘版的转手价格上涨到了 500 荷兰盾左右，这笔钱在当时堪称巨款。[72] 1735 年，第二卷如期出版，所有人都在等待第三卷和其中的各种海洋动物。

然而此时，塞巴撒手人寰。

出售标本——资本化图像

对于像《自然宝藏》这种需要耗费大量精力与财力的项目来说，作者离世之后的情形往往会为最终执行阶段造成阻碍。[73]

从文学理论的角度来讲，"作者离世"意味着作者无法继续掌控对作品文本的解读。所有文学作品都有各种理解方式，读者完全可以在不尊重作者初衷的情况下自主形成各种偏离本意的解读方式。[74] 在现代早期的博物学领域，博物学家离世往往意味着作品的死亡。那些继承人和出版商通常毫不关心作者原本的学术意图。如果他们决定继续出版这部作品，经常会在自身经济利益最大化的驱动下对作品进行改造。

在死亡率高、出版时间长的时代，活跃的作者突然离世是一种令人意外却十分常见的现象。在死亡来袭的时刻，几乎所有现代早期博物学家的书桌上都摆放着未完成的手稿或者只印刷了一部分的作品。其中包括来自欧洲各国的康拉德·格斯纳、乌利塞·阿尔德罗万迪、简·约翰斯顿、弗朗西斯·威洛比、约翰·雷、威廉·谢拉德，以及来自荷兰及其殖民地的亨德里克·范·里德·德拉肯斯坦、扬·斯瓦默丹、格奥尔格·艾伯赫·朗弗安斯、玛丽亚·西比拉·梅里安、路易斯·雷纳（Louis Renard）等人。这些博物学家手中被中断的作品，有些再未交付印刷，比如格斯纳的植物学手稿；还有一些则以原作者认不出的样子出版了。

《自然宝藏》也不例外。塞巴的离世意味着后两卷作品将延迟出版。作品继续印刷之前，塞巴的遗产需要在他的遗孀和三个女儿的家庭之间进行分配，还要偿还债务。塞巴的药房也需要找到一名新的药剂师。另外，塞巴的遗孀安娜·洛佩斯（Anna Lopes）也在两年之后离世，使原本复杂的遗产谈判再次陷入混乱，遗产和作品的问题卷入旷日持久的法律纠纷。1742年，塞巴的财产终于得到解封与分割，[75] 然而剩余两部作品的大多数文本通通消失了。塞巴生前已经完成了全部铜版雕刻，现在出版商需要另外聘请一位博物学家来完成作品条目的文本。塞巴长女的丈夫雅各布·马库斯（Jacob Marcus）在1738年签订了一份三年内完成作品条目的协议，但直到1742年才接触到塞巴收藏的样本。[76] 即便如此，马库斯丝毫没有急于完成作品内容。1750年，塞巴夫妇早已离世多年，作品却丝毫没有进展。

《自然宝藏》的命运现在掌握在两名具有企业家气质的塞巴继承人手中。塞巴还有一个女儿，名叫玛格丽特。玛格丽特嫁给了药剂师范·霍姆里格（R. W. van Homrigh），德国药房现由范·霍姆里格经营。塞巴的另一个女儿伊丽莎白早已离世，伊丽莎白的孩子们由她的丈夫、阿尔克马尔市政大臣威廉·穆尔曼（Willem Muilman）抚养。穆尔曼和范·霍姆里格发现了《自然宝藏》蕴藏的商机，决定出版剩余的两卷作品。

出版工作已经拖延了很久，但由于塞巴留下了几乎完整的整套铜版，《自然宝藏》仍然是一个很有商业前景的项目。从前文布雷内的账本里我们可以看出，刻版插画构成了博物学出版工作的主要支出。据传，汉斯·斯隆曾为自己的《牙买加历史》（*History of Jamaica*）第一卷投入了"将近500英镑用于刻版和印刷"。荷兰博物学家阿德里安·范·罗延（Adrian van Royen）曾经为自己的著作《非洲荒地》(*Ericetum africanum*)花费 500 荷兰盾购买了 43 块铜版，不过后来放弃了出版。[77] 塞巴和范·罗延曾聘请了同一名刻版师雅各布·范·德·斯皮杰克（Jacob van der Spijck），因此我们可以合理地猜测，《自然宝藏》的 449 块铜版至少需要 5000 荷兰盾。[78] 对于这样巨大的投资数额，并非每个商人都能轻易放弃。范·霍姆里格和穆尔曼坐拥价值数千荷兰盾的铜版，他们只需要花费很少的支出就能完成《自然宝藏》的剩余部分。一旦另外两卷出现在书店中，他们就可以获得可观的收益。

这两位继承人还作出了两个极具争议性的决定，这些决定提升了他们的收益，同时损害了《自然宝藏》的内容。首先，范·霍姆里格和穆尔曼逐一拍卖了塞巴的藏品，塞巴生前担心的事终于成为现实。他们与 3 名经纪人签约进行拍卖，并制作了一份拍卖目录，把拍卖时间定在了 1752 年 4 月。第三卷和第四卷目前缺少条目，然而藏品一旦流散，就再也无法依据原始标本进行第一手观察进而撰写内容。至此，无论由谁编写作品中的条目，必须完全依照刻版插图来进行描述。

具有讽刺意味的是，藏品的流散虽然对后两卷作品造成了毁灭性打击，但是促进了前两卷作品的销售。拍卖目录使用前两卷作品作为参考，并且使用了我们在前文提到的"页码与编号"的识别方法。与此同时，拍卖师会尽可能地引导潜在客户查

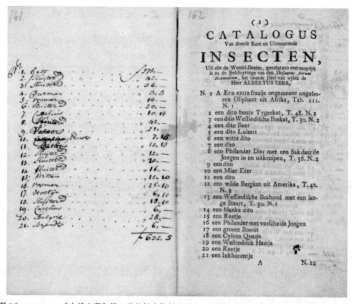

图 3.5——————《自然宝藏》第 2 卷的拍卖资料，图片左边记录了买家信息。《收藏柜拍卖目录》，1752 年，昆虫目录 1。

阅前两卷《自然宝藏》，识别正在出售的具体标本。比如，昆虫类别中的第 105 号拍品是"《自然宝藏》第一卷，表 33 图 4 中的一只幼年树懒"，第 101 号拍品是"表 37 图 2 中的美洲食蚁兽"，第 114 号拍品是"表 48 图 4 中的爪哇黄鼠狼"。[79] 买家会跟随这些指示一并查阅《自然宝藏》和拍卖目录。一位来自圣彼得堡的科学院成员写下了意图购买的鸟类拍品列表，列表忽略了拍品的名称，只写下了标号，如"图 30 第 5 号、图 31 第 10 号、图 36 第 6 号"，等等。[80]《自然宝藏》的前两卷把原始标本永远地记录了下来，同时加速了这些标本的流散。

别具一格的代笔

　　拍卖藏品之后，范·霍姆里格和穆尔曼作出了第二个关键性决定。他们聘请了一名写手，明确要求写手以塞巴的名义，按照塞巴的写作风格来撰写作品文本。这个决定极具争议性。这里的问题并非文艺复兴时期存在的编辑与作者之间的界限，而是一位知名社论评论员是否会贬低一部原创性作品的市场价值。在这段时期，真实性具有明确的市场价值。范·霍姆里格和穆尔曼认为，《自然宝藏》如果表现得出自塞巴之手，销量就会更高。在原有藏品散尽的情况下，他们不会承认自己聘请了专业写手来撰写文本，买家也会意识到写手无法参照原有藏品。然而，倘若一本价格昂贵的书籍仅描述了插图所示的内容，却没有阐述难以呈现的标本信息，谁会愿意购买这本书呢？那么唯一的解决方法只有假装这些条目是塞巴利用自己毕生积累的专业知识写成的。

　　穆尔曼安排范·霍姆里格负责处理出版的日常事务，范·霍姆里格首先聘请了莱顿大学的两位教授希罗尼姆斯·高比乌斯（Hieronymus Gaubius）和阿德里安·范·罗延（Adriaan van Royen）来完成海洋动物方面的内容。这部分内容接近完成的时候，范·霍姆里格又请来了著名博物学家阿诺特·沃斯梅尔完成第四卷中的昆虫、海洋植物以及珊瑚条目。[81] 在上一章里我们提到，沃斯梅尔曾对朗弗安斯的作品进行了切割和粘贴。后来，沃斯梅尔保存了自己与范·霍姆里格之间的通信内容，详细地描述了伪造对于《自然宝藏》内容可靠性所造成的损害。[82] 相关内情的保存与泄露对于范·霍姆里格来说非常不幸，但对于今天的我们来说实属幸事。

作为一名商人，沃斯梅尔是范·霍姆里格和穆尔曼很好的合作伙伴。18 世纪 50 年代早期，沃斯梅尔曾因博物学方面的热情而放弃了先前的职业，后来他受聘成为海牙奥兰治亲王收藏品与笼养动物的主管。[83] 参与《自然宝藏》之前，沃斯梅尔作为编辑刚刚出版了路易斯·雷纳离世之后的《鱼类历史》(Histoire des poissons) 版本，他的编辑能力得到了认可，成为续写《自然宝藏》的完美人选。沃斯梅尔曾在 1752 年的拍卖会上买过塞巴的几件藏品，因此从某种意义上来说，他对塞巴的藏品比较熟悉。范·霍姆里格、穆尔曼以及沃斯梅尔很快就针对沃斯梅尔的报酬达成了共识。沃斯梅尔完成一部荷兰语文本（后由其他人翻译为法语和拉丁语版本）之后，将分三次共获得 400 荷兰盾，邮费报销，并将获得第三卷和第四卷的未上色样本。相比于那些价值 5000 荷兰盾的铜版来说，这些支出的数额很小。[84]

沃斯梅尔对报酬感到满足，但对出版商的规定不太满意。范·霍姆里格指示他必须在保密的情况下写作，不能向任何人透露自己参与《自然宝藏》的情况，他只不过在代笔进行伪造。[85] 而且这位海牙博物学家必须尽可能地遵循塞巴的写作风格。用沃斯梅尔的话来说，他的条目内容本来应该"短小精悍，简单描述藏品即可，不应该对藏品进行自然哲学式探讨"[86]，每个条目都使用简单的语言，说明样本的名称、形状、大小、颜色等就足够了。

沃斯梅尔从未违反保密协议，不过他曾私下向范·霍姆里格和其他合作者抱怨。根据沃斯梅尔先前的经验，出版商通常不会刻意隐藏作者死后作品版本的编辑成分。沃斯梅尔曾建议在第三卷和第四卷的导言中作出解释："最后两卷内容于塞巴离世之后编写而成……塞巴确为本书作者。"[87]从商业角度来讲，这种做法承认了编辑的存在，是一种替代伪造的可行方法，只要编辑的工作内容与作者进行了明确区分，并且服从于塞巴的作者身份即可。沃斯梅尔的担忧得到了响应，另一名写手高比乌斯同样认为范·霍姆里格和穆尔曼的担忧不合理。高比乌斯在与沃斯梅尔的通信中写道，这家出版商"似乎没有追随公众的品位，而仅是遵循了自己的理念"[88]。根据高比乌斯的观点，只要编辑没有取代作者，大多数读者就会接受由编辑撰写一部（作者身后）作品的做法。对于读者来说，刻版插图已经赋予了本书充分的作者光环，完全可以证明《自然宝藏》是塞巴本人的作品。范·霍姆里格对这些观点表示了坚决的反对，他告诉沃斯梅尔："这部作品必须完全以阿尔伯特·塞巴的名义出版，不能出现参与工作的其他任何人。"[89]毕竟，向公众表明条目编写于藏品出售之后的做法风险过高。

实际上，代笔是一种关于文体学的问题，沃斯梅尔必须努力想象出一名独特的作者。即便在塞巴生前，他也不是作品文本的唯一撰写人。阿姆斯特丹解剖学家弗雷德里克·勒伊斯曾为作品中的蛇类条目提供了重要的帮助，这些条目占据了第二卷的大量篇幅。布尔哈夫也曾经为作品提供了对羚羊等标本的深入观察。[90]公众不太清楚勒伊斯和布尔哈夫对《自然宝藏》作出的贡献，但众所周知的是，塞巴曾经请瑞典鱼类学家佩特鲁斯·阿特迪（Petrus Artedi）编写第三卷中的鱼类条目。后来阿特迪在阿姆斯特丹的一条运河中意外溺亡，林奈在阿特迪离世之后出版的《鱼类学》（Ichthyologia）的作者生平介绍中，披露了阿特迪参与《自然宝藏》的情况。[91]因此，沃斯梅尔撰写文本的时候必须模仿一种至少由四位作者融合的写作风格，这些作者的工作标准各不相同。高比乌斯在同情沃斯梅尔之时，也遇到了撰写文本时难以抉择的问题："编写过程涉及已有条目时，应该依据技艺高超的阿特迪撰写的内容，还是其他人撰写的内容。"一名合格的伪造者需要刻意编写质量较差的条目，还是可以仅模仿质量最好的内容呢？

此外，沃斯梅尔必须与高比乌斯和范·罗延协调写作风格，但另外两名写手表现出了不太合作的态度。1756 年 5 月中旬，沃斯梅尔要求范·霍姆里格为他邮寄另外两个人编写内容的样本，"看一下他们遵循了怎样的方向，从而对我自己的部分作出调整"[92]。然而范·霍姆里格手头没有全部文本，高比乌斯正在编写第三卷，完成的条目已经交给了印刷商埃利·卢扎克。于是范·霍姆里格告知沃斯梅尔去联络高比乌斯，并且声称，第三卷的文本将与之前的作品非常相似。他写道："你可以看到他们的写作方式。我们只是尽可能地遵循了塞巴的原本意图，使用了相同的写作风格，并且始终留意不要偏离作品原有的写作方式。因为我们的目标是以塞巴的名义出版作品，并且不能让读者有所怀疑。"[93]

沃斯梅尔对此不敢苟同。他写信向高比乌斯索要写作样本，然而高比乌斯表示，在没有出版商明确书面要求的情况下，他不会寄出写作样本。于是沃斯梅尔转而联络埃利·卢扎克，卢扎克为他寄来了少量插图和描述性文本。后来在范·霍姆里格作出书面授权的情况下，高比乌斯仍然拒绝寄出完成的文本，因为他希望首先"完成剩余的工作内容"[94]。为了争取时间，高比乌斯建议沃斯梅尔再次写信联络范·霍姆里格，因为他的手里可能会有正在阿姆斯特丹印刷的第三卷部分内容。沃斯梅尔兜了一圈，再次联络了范·霍姆里格。沃斯梅尔提出了要求并重申："为了调整写作和表达风格，我需要频繁地使用已经印刷的内容。"

沃斯梅尔在写作过程中遇到的困难不只是寻找统一的写作风格并进行模仿。很快他又发现，素材的限制同样对他的工作造成了严重影响。在缺乏原始标本的情况下，他缺乏内容素材去描述样本。插图仅从一个角度展示了动物的样貌，并且缺少用来确定动物大小的尺度，即便依靠猜测也会面临各种困难。于是沃斯梅尔再次写信联络范·霍姆里格，表示他必须"依照上色插图版本编写内容。很多物种对于所有作者来说都非常陌生，我只能依据塞巴本人的示例，简单描述一下物种的颜色、类型等"[95]。

素材的限制与塞巴写作风格的限制出现了重叠，两种限制使得文本只能简短，"以便跟随塞巴的写作方向"。沃斯梅尔编写的第四卷条目通常比第一卷和第二卷的条目简短。另外，塞巴经常会写一段自己获得相关标本的小故事，沃斯梅尔则无法提供这类信息。

真实性的社会问题

在沃斯梅尔对统一写作风格的坚持下，代笔所面临的问题仍然没有消失。沃斯梅尔必须保持 18 世纪 30 年代的风格，但此后的 20 年里恰恰出现了由林奈主导的改革。为了避免触及相关的发展情况，他只能按照范·霍姆里格的指示对样本进行简短描述。对于出版商而言，他们不想卷入前沿科学辩论，只希望通过出售塞巴的作品获利。然而沃斯梅尔是一位热情的分类学家，他希望能够追随博物学领域的最新发展趋势。沃斯梅尔最终屈从于范·

霍姆里格的指示。他写信给高比乌斯，忧虑地表示自己必须忽略"所有理论方面的因素"，但本来可以探讨一下与标本有关的哲学问题。[96]

从一部作品中抹去 20 年的历史，同样带来了其他需要顾及的问题，尤其是沃斯梅尔不能提及塞巴于 1736 年离世之后出版的任何作品。如果沃斯梅尔不被允许提及"早期观察者的名字，比如伯纳德·德·朱西厄（Bernard de Jussieu）"，德·朱西厄已经在 1742 年的一篇文章中描述过某个海洋物种，那么沃斯梅尔不得不假定塞巴是第一个描述这一海洋物种的人吗？[97]如果插图来自 18 世纪 30 年代，而文本来自 18 世纪 50 年代，那么读者是否可以认为塞巴才是相关新物种的真正发现者呢？沃斯梅尔把自己的文本作为塞巴的原作进行呈现，是否会对德·朱西厄的优先权造成影响？考虑到塞巴标本的稀有性，这里又出现了另一个亟待解决的问题：自林奈以来，《自然宝藏》的插图已经成为很多物种形象的代表。

沃斯梅尔并不回避代笔行为，与此同时，他与优先权方面的错误主张划清了界限。他告诉范·霍姆里格，自己希望针对德·朱西厄的海洋植物添加一条注释，表明相关内容可以作出其他类型的描述，以此保障 1736 年之后出版的其他作品的地位。[98]范·霍姆里格可能没有反对这一要求，因为这类内容可能有助于建立一种关于文本真实性与否的虚假边界，以此表明塞巴在剩余作品中的作者身份。在《自然宝藏》成品中，第3卷表95的注释适当地维护了德·朱西厄的发现。

尊重优先权对于沃斯梅尔来说很重要。因为他慢慢发现，即便他付出了最大的努力，也很少有人会相信《自然宝藏》的真实性。参与出版工作的人员过多，很可能有人走漏风声。高比乌斯曾警告沃斯梅尔，出版商的这种做法非常愚蠢："使用一种公开的谎言来侮辱大众，谎称所有的版画和文本均于塞巴先生在世时完成，如今仅是交付印刷。"[99]

事实上，很多与荷兰存在关联的博物学家都已经知道了事情的真相。

即便身处荷兰境外，细心的读者也不会被《自然宝藏》作者的真实性所蒙骗。1757年，沃斯梅尔拿到第三卷的完稿时，他发现其他写手无意间走漏了风声。其中一个人在版画32—34的文本中声称，这些版画完成于作者离世之后。此处的内容解释道，塞巴本来打算"使用其他鱼类物种来填充（版画），关于这一点，塞巴在版画35的前言中清楚地写过"，但没有完成版画。[100] 如果可以承认这三幅版画于塞巴离世之后才进行了设计、刻版与描述，那么沃斯梅尔就想不通自己为什么要认真地假扮塞巴。于是他向范·霍姆里格抱怨了此事，[101] 然而范·霍姆里格并没有关注这个问题。范·霍姆里格可能希望通过说明三幅版画为塞巴离世之后增添的内容，以此表明其他31幅版画均为真迹。此外，一则条目虚构了塞巴生前偶然提到了去世后将出售自己的标本藏品。[102]

　　匿名写手通常不必担心自己的声誉问题，但沃斯梅尔此刻开始担心一部分读者可能猜到是自己撰写了第四卷的文本，并把这些内容作为他个人科学著作的一部分。既然可能会对自己的声誉和事业造成影响，沃斯梅尔认为不能再把这份工作单纯地当作代笔，而是应该按照更高的标准来编写条目。他通知范·霍姆里格："我发现，人们很清楚这部作品其实是在塞巴离世之后由其他人整理完成的，因此我要把内容描述得更清晰、更透彻。"[103]

　　可能就是在这个时候，沃斯梅尔决定偶尔引用尼古拉·瓜尔蒂耶里（Nicola Gualtieri）、约翰·埃利斯（John Ellis）在 18 世纪四五十年代发表的作品的相关内容。[104] 如果沃斯梅尔需要对自己编写的内容负责，那么他就需要更新引用内容，消除自己可能在剽窃和虚假优先权声明方面遭到指控的可能性。

真实性的科学问题

　　虚假的真实性光环同样损害了《自然宝藏》的内容。几个标本出现了识别错误，一部分插图是早期版画的复制品，条目的法语、荷兰语和拉丁语版本也出现了不一致的现象。沃斯梅尔在第三卷接近完成的时候才发现这些问题。他本来只需要参与第四卷的工作，但出版商委托他为第三卷制作索引目录，并且把他负责的珊瑚条目也移到了第三卷。现在他要开始制作第三卷。

沃斯梅尔慢慢意识到，过早地出售塞巴藏品造成了很严重的问题。即便博物学专家也无法仅通过刻版插图来正确识别标本。浏览范·罗延编写的条目时，他发现范·罗延对第三卷中的一些海洋生物识别有误。沃斯梅尔之所以有能力修改这些条目，原因仅是他曾经在塞巴藏品的拍卖会上买下了这些标本。[105] 他将那些存在瑕疵的插图与原始样本进行比较之后，理解了范·罗延出错的原因。这里的问题之一是，一个人负责编写昆虫方面的条目时如果产生怀疑，是否也会质疑插图的可信度呢？《自然宝藏》的一些条目曾在原作者的监督下编写而成，即便到了今天，专业爬虫学者也只能从物种的角度识别一半数量的蛇类。人们依靠这部作品的插图和文本只能从属的角度识别生物，或者只能识别出其中一半生物的属。[106]

沃斯梅尔在缺乏塞巴原始标本的情况下，仍然不同意其他写手对物种的识别。根据他的说法，第 94 号版画错误地把几种藤壶识别为海胆。沃斯梅尔曾收集过少量藤壶（这里并非塞巴的藏品），因此可以明显地看出，版画描绘的内容正是藤壶。他担心这一页已经排版完毕，便建议在作品附后的勘误表中对这个错误进行更正。范·霍姆里格回应道，第 94 号版画的文本尚未印刷，

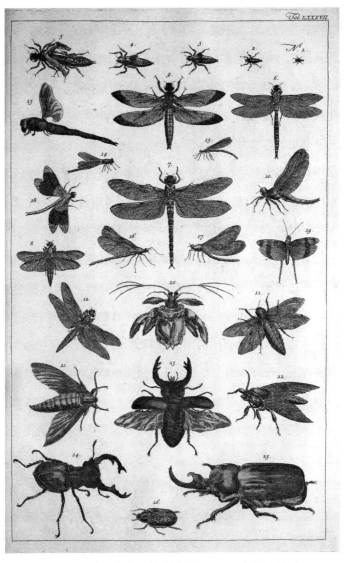

图 3.6————底部右侧为乔里斯·霍夫纳格尔（Joris Hoefnagel）作品中的甲虫。
《自然宝藏》第 4 卷，图 87。

仍然可以进行修改，而且不需要勘误表。但是范·霍姆里格不明白，这种生物为什么不是海胆。沃斯梅尔回信给范·霍姆里格，让他查阅瓜尔蒂耶里 1742 年的著作《贝壳列表》(*Index testarum conchiliorum*)。瓜尔蒂耶里是一位意大利博物学家，他的这部作品中包含了藤壶属生物的插图，有助于辨别藤壶与海胆。[107] 不过，瓜尔蒂耶里的作品对于范·霍姆里格来说并非决定性因素，他拒绝参考塞巴离世之后其他学者发表的学术文献。他表示，为了维护塞巴的作者身份，最好不要遵循瓜尔蒂耶里作品中的系统。《自然宝藏》最终文本完成印刷后，第 94 号版画的物种被标注为海胆。

在某些情况下，塞巴本人的插图同样缺乏真实性。出版商很早就告诉过沃斯梅尔，第四卷里的一些插图来自 17 世纪 80 年代的一部匿名手稿。此外，沃斯梅尔发现了其他端倪。浏览插图的时候，他发现几只昆虫的插图来自 17 世纪早期温塞斯拉斯·霍拉尔 (Wenceslas Hollar) 和乔里斯·霍夫纳格尔的版画。沃斯梅尔不明白塞巴为什么要使用这些插图。这些插图制作粗糙，而且展示了一些样貌可怕或者纯属虚构的物种，与沃斯梅尔此前见过的昆虫有很大的差别。[108]

除了插图瑕疵，其他因素同样形成了阻碍。对于《自然宝藏》来说，优秀的译者不可或缺。这部著作需要译者使用 18 世纪 30 年代早期的科学术语把条目翻译为荷兰语、法语以及拉丁语。这项工作具有相当大的难度，其中的法语译者在第三卷翻译工作中

图 3.7—————自德国画家丢勒以来，锹甲虫一直深受艺术家的喜爱。雅各布·霍夫纳格尔（Jacob Hoefnagel）《锹甲虫》（*Stag Beetle*），1630 年。

途便退出了项目。不过范·霍姆里格在几周内就幸运地聘请了皮埃尔·马叙特（Pierre Massuet）。马叙特曾参与了前两卷作品的翻译工作，因此至少可以保证第三卷的法语版本与塞巴原作"风格相同"。[109] 马叙特很快就发现，上一名法语译者的工作质量很差，一些条目省略了整句话。

至此，《自然宝藏》包含了 17 世纪早期的奇异插图、粗劣的翻译、错误的标本识别，并且几乎没有参照近几年的科学发现。这部作品在范·霍姆里格和穆尔曼的手中逐渐偏离了塞巴本来的创作方向。现在的《自然宝藏》并没有为塞巴的藏品提供可靠的书面展示，而是成为一部前后矛盾、内容不准确且过时的博物学著作。不过当 1759 年 12 月第三卷终于出版的时候，这部作品却卖得很好，定价 130 荷兰盾。范·霍姆里格此时终于高枕无忧。多年以来，他一直在处理印刷工作的日常事务，应对来自沃斯梅尔和高比乌斯的持续的抱怨，现在他终于从这项工作中获得了回报。妻子去世以后范·霍姆里格十分痛苦，决定退出商界。

他卖掉了德国药店，移居马尔森（Maarssen）乡村。范·霍姆里格付清了沃斯梅尔的报酬，并且把第四卷转手交给了阿尔克斯蒂—莫库斯出版公司（Arkstee & Merkus），却唯独遗忘了高比乌斯。高比乌斯曾多次向范·霍姆里格寄送支付请求，终于在 1761 年底最后几天获得了报酬。

圆满结局

全新的出版商意味着全新的作者权益。阿尔克斯蒂　莫库斯出版公司代表了塞巴离世之后进入商业领域的新一代出版商。该公司无意把塞巴的藏品制作成纪念品，也不对藏品的出售负责，因此不必刻意假装作品完成于 18 世纪 30 年代。该公司认为塞巴已经离世 30 年，读者不关心这部作品的真实性，关注更多的是一部收录了博物学最新发展情况的新版作品。不过这家公司似乎没有意识到自己的做法与范·霍姆里格、穆尔曼之间的差别。

沃斯梅尔通过一种相当突然的方式了解到出版商意愿的变化。1763 年 11 月，沃斯梅尔的第四卷文本工作几乎完工，亨里克斯·莫库斯（Henricus Merkus）刚好在此时研究了让-艾蒂安·若弗鲁瓦（Jean-Etienne Geoffroy）的作品《巴黎近郊昆虫史》（*Histoire des insectes aux environs de Paris*）。[110] 为了避免作品真实性方面出现问题，莫库斯建议沃斯梅尔应该在昆虫的识别与描述方面参照这部作品。沃斯梅尔对编辑意图的转变十分震惊，他愤怒地写了一封几页纸的信件予以回应，并且反复强调自己此前曾被要求编写"尽可能简短的描述，避免任何与学识有关的迹象"[111]。沃斯梅尔按照一种特定的风格写作 7 年之后，突然被告知需要转向一种全新的风格，自然会愤怒。不过通过进一步沟通，沃斯梅尔的态度最终缓和了下来，并且在《自然宝藏》第四卷里引用了《巴黎近郊昆虫史》，以及奥古斯特·约翰·勒泽尔·范·罗森霍夫（August Johann Rösel von Rosenhof）最新昆虫学作品中的内容。[112] 塞巴离世之后完成的作品终于正式获得了信誉和优先权。

根据新出版商的观点，他们不必假装条目出自塞巴之手。沃斯梅尔接受了制作插图的委托，这足以让他声称自己是已完成作品的作者。于是沃斯梅尔为第四卷写了一篇引言，明确地指出作品中的文本并非塞巴所写。他写道："我们在引言第三部分中提到，孜孜不倦的塞巴于 1736 年离世之前……绘制完插图之后就准备好了这些铜版。"不过他没有针对作品文本作出与塞巴有关的声

106

明。沃斯梅尔还指出，瑞典鱼类学家阿特迪是第三卷鱼类条目的作者。

这篇引言承认条目完成于塞巴藏品出售之后，并以此作为条目简洁的理由。沃斯梅尔提出了一个问题：读者更喜欢"对真实存在过的事物遗留的图像进行衡量之后，所作出的真实且纯粹的描述"，还是"借鉴了他人作品或者基于可信度极低的报告所进行的广泛描述"？[113] 范·霍姆里格与穆尔曼强加在沃斯梅尔身上的仿塞巴写作风格，成为一种针对素材的直接约束。

不过，第四卷的出版问世并没有解开笼罩着这部作品的所有谜团，第四卷条目的作者仍然不得而知。沃斯梅尔的名字没有出现在最终出版的作品中，广大读者仍然认为第三卷的文本在塞巴的监督下完成。另外，沃斯梅尔并没有承认第四卷的昆虫条目具有创造虚假真实性光环的动机。浏览这些条目的时候，读者可能会产生一种奇特的感觉。他们可以感受到一位匿名作者对第四卷内容的干预，与此同时，沃斯梅尔在这一卷中的刻意写作风格又可以让读者无意识地想起塞巴本人的写作风格。读者认为塞巴同样参与了沃斯梅尔为第三卷编写的珊瑚条目，上述感觉便尤其强烈。这部作品或许无法成为如实反映塞巴藏品的著作，但对塞巴的文风起到了奇特的纪念作用。

《自然宝藏》的出版历程长达三十余年，本章在追寻这一曲折历程的同时，揭示了商业化对博物学著作出版的奇特影响。我们可以看到，只有那些资本充足且极具创业精神的出版商网络，才能承担 18 世纪早期奢华的植物学、动物学百科全书出版过程中的资金需求。出版联盟与订购计划降低了投资风险，市场营销和国际分销网络则帮助荷兰出版商接触到整个欧洲地区的读者，在博物学领域实现了盈利。博物学作者参与出版集资的做法，不仅提供了额外的融资渠道，而且在一定程度上提升了作品的真实性，规避了人们对作品过于商业化的指责。这种针对作者真实性的强调与博物学的发展转变存在着密切的关联。文艺复兴时期博物学家从事集体的、零碎的工作的时光一去不复返，富有的博物学家开始在自己所拥有的私人收藏品的基础上展开观察。下一章将提到，他们也在使用其他科学从业者无法获取的工具和技术开展实验。《自然宝藏》对于那些订购读者来说之所以极具吸引力，原因是塞巴的出资削弱出版商的编辑欲望。另外，塞巴在作品中针对自己拥有与研究多年的标本进行了个人化描述。《自然宝藏》作为塞巴藏品的纸面博物馆，享有极高的信誉。

《自然宝藏》的漫长出版历程表明，出版商在逐利过程中，可以通过使用全新的欺骗手段，对作者真实性这一新兴规范进行利用。文艺复兴时期，编辑介入的作用是对早期文本主张作者权；18 世纪，编辑为了维护作品真实性的光环，把自己的工作内容与作者进行了区分。还有一部分编辑，正如我们可以在《自然宝藏》出版过程中看到的，成为作品的幕后工作者。

从这个层面来讲，《自然宝藏》堪称博物学领域的英雄奥西恩（Ossian）。《自然宝藏》完成创作的同一时期，苏格兰作家詹姆斯·麦克弗森（James MacPherson）凭借发现了被遗忘的古代盖尔游吟诗人史诗，一举震惊了文学界，直到 20 世纪中期，麦克弗森对相关内容的伪造程度才被确认。从笛卡尔到牛顿再到布尔哈夫，越来越多的虚假科学出版物，很有可能成为 18 世纪文化趋势的一部分。公众对崇拜对象（其中包括奥西恩等传说英雄人物）真实写作内容的强烈需求，导致了威廉·爱尔兰（William Ireland）从 18 世纪 90 年代开始伪造莎士比亚作品，圣让·德·克雷弗克（St. Jean de Crèvecoeur）谎称自己的作品《上宾夕法尼亚之旅》（*Voyage dans la haute Pensylvanie*）的一部分资料来源为本杰明·富兰克林，以及那些以卢梭的名义发表的各种虚假作品。[114] 伪造行为在古典文学与美术领域极为泛滥，以至于在今天同样成为科学与文学领域中的一种日常现象。[115]

本章认为，公众对现代早期科学作者日益高涨的崇拜情绪，为《自然宝藏》沦为代笔赝品的命运奠定了基础。与此同时，插图与文本的生产成本差异也产生了影响。那些具有企业家精神的出版商非常清楚，插图的制作成本比文本高得多。塞巴的继承者之所以决定继续出版《自然宝藏》，原因仅是已制作完成的铜版在经济方面起到的强大激励作用。1765 年《自然宝藏》第四卷问世之后,铜版仍然完好无损。1801 年,法国出版商老迪多(Didot Sr.) 得到了《自然宝藏》的铜版,他准备成立出版联盟来发行全新版本的《自然宝藏》,并且对订购计划进行了宣传。[116] 不过拿破仑战争爆发之后,该项目宣布破产。1827 年,费利克斯·爱德华·介朗 - 梅内维尔(Félix Edouard Guérin-Méneville)顺利地出版了全新版本的《自然宝藏》,命名为《塞巴木版》(*Planches de seba*)。[117] 这部作品使用最初的铜版制作了插图,文本则由当时顶尖的博物学家乔治·居维叶(Georges Cuvier)和若弗鲁瓦·圣伊莱尔(Geoffroy Saint-Hilaire)编写完成。介朗 - 梅内维尔这样做的原因并非塞巴的插图比文本更可信,通过前文我们可以看到,沃斯梅尔经常抱怨这些插图无法为原始样本提供确凿的证据。介朗 - 梅内维尔此举其实完全出于经济利益的考虑。他可以通过很低的成本来更新文字描述,重新雕刻插图则困难得多。从经济角度来讲,一张插图同样胜过千言万语。

Chapter 4——"书信共和国"的解剖学标本
作为营销工具的科学出版物

可以保存质量较好且较为稀少的标本样本，在任何场合都可以进行展示，因而在解剖学商业领域发挥了很好的作用。在制备标本方面，几乎每个人都拥有自己的制剂配方，而且通常对配方严格保密。[1]

1752 年，阿尔伯特·塞巴的收藏品进行拍卖的时候，拍卖目录扉页上醒目地标注了塞巴的姓名，如同表明作者一样。拍卖目录的出版商希望提升这些藏品在买家眼中的可信度和价值，他们写道，塞巴曾经"不惜付出大量心血与金钱，花费多年时间收集了这些藏品"。目录标明塞巴的同时，抹去了一些参与人的姓名，其中包括旅行家、标本剥制师以及商人。他们曾经捕捉生物、制备标本，然后把标本卖给了塞巴这位来自阿姆斯特丹的药剂师。[2] 不仅如此，拍卖目录同样省去了有关标本来源的各种信息，仅通过物种或者通用名称对拍品标本进行了标注。比如，贝壳类拍品的76号箱包括"各类贝壳""同上""同上""同上",而"各类动物"拍品则包括"两只天堂鸟""同上""同上"等。作者真实性在18世纪得到了重视,边界越来越清晰。所有权决定了这些标本的作者,并非剥制技术。

在塞巴藏品的拍卖目录中,只有两处特例提到了标本制作人。目录标明,几只雅致的鹦鹉螺壳由科内利斯·贝尔金(Cornelis Bellekin)完成雕刻工作,并且对他的艺术贡献表示了感谢。这里的声明显然可以提升标本价格。[3]另外,拍卖目录还明确指出,一部分标本的制作人是身价不菲的医生、解剖学讲师、来自阿姆斯特丹的植物学教授弗雷德里克·勒伊斯。

来自欧洲各地的博物学爱好者对保存完好的勒伊斯制作的解剖学标本大加赞赏,认为这些标本以极其自然、栩栩如生的形态展示了人体器官。另外,据说这些标本完美地再现了器官的外部特征与内部结构。塞巴的藏品包含了几十份这类标本,列在了"勒伊斯教授所制标本"和"迪托所制标本"的标题下,并且在扉页上进行了标注。

如果勒伊斯的标本展示了人体器官的自然状态、不含任何艺术加工成分的外在迹象,那么为什么要在目录中特意提到勒伊斯的姓名呢?为什么不像天堂鸟和海螺那样,匿名出售这些标本呢?在本章里我们可以看到,勒伊斯曾经像一名错视画(trompe-l'oeil)画家,强调自己发现了极具创造性和原创性的方法,对自

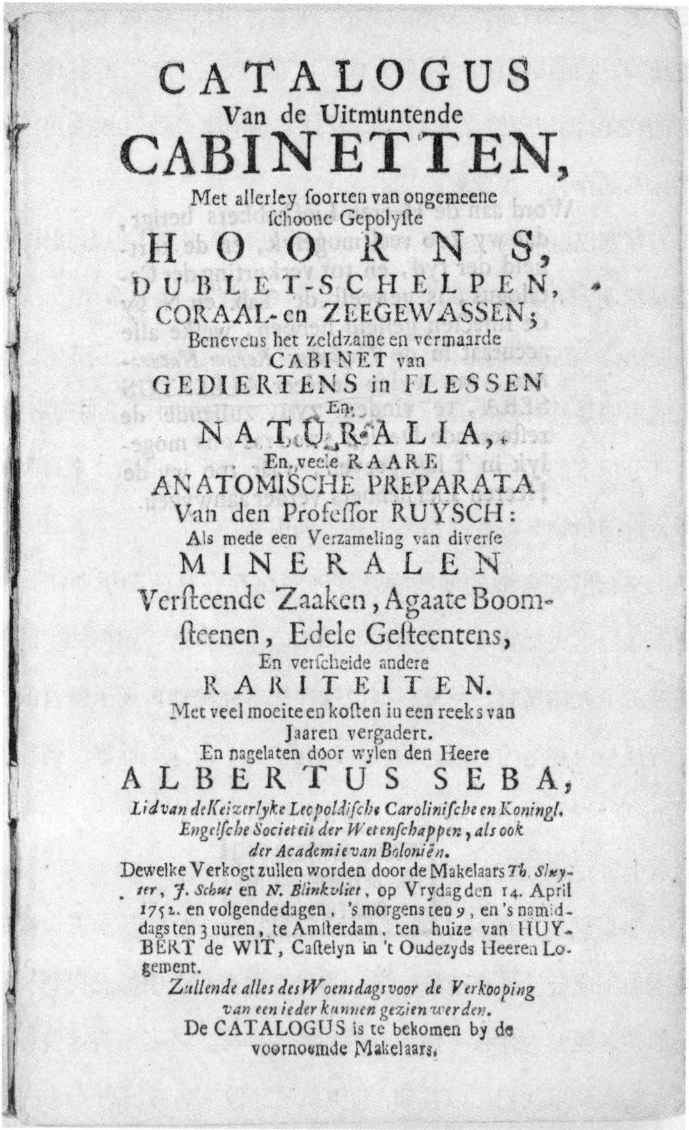

CATALOGUS
Van de Uitmuntende
CABINETTEN,

Met allerley foorten van ongemeene
schoone Gepolyfte

HOORNS,

DUBLET-SCHELPEN,
CORAAL- en ZEEGEWASSEN;
Beneveus het zeldzame en vermaarde
CABINET van
GEDIERTENS in FLESSEN
En,
NATURALIA,
En, veele RAARE
ANATOMISCHE PREPARATA
Van den Profeffor RUYSCH:
Als mede een Verzameling van diverfe

MINERALEN

Verfteende Zaaken, Agaate Boom-
fteenen, Edele Gefteentens,
En verfcheide andere
RARITEITEN.
Met veel moeite en koften in een reeks van
Jaaren vergadert.
En nagelaten door wylen den Heere

ALBERTUS SEBA,

Lid van de Keizerlyke Leopoldifche Carolinifche en Koningl.
Engelfche Societeit der Wetenschappen, als ook
der Academie van Boloniën.

Dewelke Verkogt zullen worden door de Makelaars *Th. Sluy-*
ter, *J. Schut* en *N. Blinkvliet*, op Vrydag den 14. April
1752. en volgende dagen, 's morgens ten 9, en 's namid-
dags ten 3 uuren, te Amfterdam, ten huize van HUY-
BERT de WIT, Caftelyn in 't Oudezyds Heeren Lo-
gement.

Zullende alles des Woensdags voor de Verkooping
van een ieder kunnen gezien werden.
De CATALOGUS is te bekomen by de
voornoemde Makelaars.

图 4.1————塞巴藏品拍卖目录明确地提到了勒伊斯。《收藏柜拍卖目录》扉页，1752 年。

然进行独特保存与如实再现，进而主张自己的作者身份。勒伊斯声称，他的标本保存技术并非那些普通工匠所熟知的一般技术，而是一项有益于医学研究的新发明。他对自己的技术进行了有效地营销和推广，因此勒伊斯的姓名成为塞巴藏品拍卖目录上不可或缺的品牌。勒伊斯的作者身份提升了这些标本的经济价值，并且为标本质量提供了保障。

勒伊斯在整个职业生涯中，曾在信件、手册以及期刊文章中强烈地主张，要维持标本的自然状态，就必须在人体（以及动植物）专业解剖知识的基础上使用一种特殊的机密制备方法。勒伊斯曾在自己的出版作品中一再重申，死亡会从根本上改变人体器官的状态，只有他的机密方法才能逆转这一转变过程，他的那些可靠的标本与其他标本、刻版图册，甚至他撰写的很多信件、手册或者期刊文章中的插图相比，能更真实地表现器官解剖结构。解剖学领域的学生和学者必须参考这些标本来研究器官，因为那些刻版插图、教科书甚至公开解剖，只能提供错误信息。

为了说服同时代的公众相信标本具有的首要地位，勒伊斯需要具有出色的标本制备方法、令人信服的视觉认识论以及成功的营销策略。本章主要在市场营销方面，集中探讨勒伊斯如何利用当时的印刷文化来推广自己的解剖学标本，进而质疑印刷出版物在解剖学方面的价值。

作为一名医学企业家，勒伊斯在奇珍市场和印刷品市场中十

分活跃。对于勒伊斯以及其他同时代的人来说，印刷品市场其实

112 从属于奇珍市场。身为一名标本制作者，勒伊斯认为期刊和书籍本身不具备特殊的价值，却是他推广自己标本优越性的有效工具。本章与前两章类似，主要聚焦于奇珍异品领域与印刷品文化之间错综复杂的关系。[4]《自然宝藏》揭示了图册印刷品对收藏品所起到的纪念作用，而布雷内、格罗诺维厄斯、安曼等人之间的通信则展示了印刷品百科全书如何促进了标本交易的发展。我们可以从勒伊斯的事例中看出，价格低廉却准确投放的出版物，可以对昂贵的奇珍异品起到免费宣传的作用。

这种针对现代早期印刷文化的功能性研究会使人不禁质疑，出版物是否必然属于一种体现知识产权和财务价值的贵重物品。历史学家倾向于把现代早期的印刷文化看作一种独立、封闭并且具有自身价值体系的市场。前一章中有关塞巴的事例说明，学者的关注点是如何通过精打细算从出版物中获利。这些学者还针对作者与出版商之间如何就作品知识产权的转让进行谈判，以及最终获取的利润和声誉在这些角色之间的分配方式进行了研究。然而对于勒伊斯来说，只要出版物能够增加他在标本市场中的收益，图书市场的利润可以忽略不计。勒伊斯认为与自己的标本相比，他的出版作品缺乏内在素材与知识价值。出版作品本身并非商品，而是一种可以对他的标本进行商品化的工具。通过追溯勒伊斯以及其他企业家的职业生涯，我们可以更好地了解印刷文化与奇珍

文化在 17、18 世纪的相互作用。我认为，印刷品市场与奇珍市场的综合性视野，同样可以帮助我们针对传统观点提出疑问，也就是那种假设印刷文化发展与公共领域发展之间存在强相关关系的观点。

标本制备技术的发展

解剖学标本对于现代早期的欧洲市场来说是一种十分新奇的物品，当时对人体器官可视化创新方法的需求不断增长。标本制备技术是欧洲现代早期储存专业技术的一个分支。在冰箱出现之前，鱼类和肉类很快就会变质，成为疾病的重要来源。腌制和熏制组成了欧洲烹饪方法的一部分，可以有效地防止食物腐烂。当时，人们捕获鱼类之后就会马上用盐把鱼腌起来。随着鲱鱼在现代早期的冰期向南迁移到北海，荷兰成为整个欧洲地区的重要咸鱼供应国。[5]用冰进行冷却的地窖可以在温暖的气候里提供低温环境，用来保存食物、保证肉质新鲜，还可以在酷暑提供制作冰淇淋的冰块。因此这种地窖储存方法得到了广泛传播。[6]17世纪 80 年代，欧洲北部地区出现了热带温室，可以为外来植物品种持续提供温暖的生长环境，这种技术使人们得以在荷兰种植菠萝和巴西木芙蓉。[7]

烹饪方面的便利，并不是博物学家和相关爱好者致力于开发保存技术的唯一原因。如果标本腐烂发臭、被蛾子吃掉并慢慢分解，那么收藏柜中的藏品就无法长久保存。除了那些去掉了软体部分的贝壳，所有动植物样本都需要进行一定程度的处理。人们把植物夹在书本里保存；至于昆虫，则用钉子钉起来，然后保存在密封的盒子里，避免其他活昆虫接触标本。当时的标本剥制师会使用胡椒粉和烟草灰来保存动物皮毛，对于小型动物则使用装满酒精的罐子进行保存。[8] 收藏家经常相互交流保存方法，以确保联络人寄出的标本保存良好。很多保存方法都用到了一些普通食材，即便普通水手也能轻易获得这些物品。詹姆斯·佩蒂弗曾经告诉他的联络人："所有小型动物、大型动物、鸟类、鱼类、蛇类、蜥蜴以及其他可能腐烂的样本类型，都需要使用朗姆酒、白兰地或者其他烈酒进行保存。如果无法获得烈酒，也可以使用浓度较高的泡菜卤水或者咸海水进行保存。每加仑水里添加三四把海盐或者普通的盐，如果有明矾的话可以加一两勺。然后把样本放进罐子、瓶子等容器里，使用软木塞和树脂进行密封。"[9]

可见，醋、盐以及胡椒粉可以把动物变成美味佳肴，对于制作赏心悦目的奇珍异品来说也是必不可少的。

保存人体器官的方法最初主要依赖于博物学和烹饪领域使用的技术与原料。自古埃及开始，人们已经使用香脂保存著名政治首脑的遗体。他们取出遗体的内脏，把没药、芦荟、肉桂以及其他香料混合起来处理遗体。[10] 随着圣物行业在天主教欧洲的兴起，当地开始出现了一种保存圣徒遗体的全新市场。[11] 不过，这些圣物与圣徒之间仅具有指向性关系，即便看起来没有那么栩栩如生也可以创造奇迹。现代早期，内部与外部结构特征的可视化才开始成为保存技术的目标。随着人们对解剖学的兴趣日益提高，人们开始寻找全新的方法来真实再现鲜活的人体器官。香脂与移除内部器官的保存方法被淘汰了。

自 16 世纪早期开始，视觉化在人体解剖学研究中的地位得到了提升。1543 年，佛兰德解剖学家安德烈亚斯·维萨里在古典医学权威著作文艺复兴版本的启发之下，出版了他的杰作《人体的构造》(*Anatomia humani corporis*)。木版雕刻大师在维萨里的密切监督下完成了几百幅版画，把这部作品打造为一场人体器官视觉盛宴。维萨里的作品大获成功，在此过程中他还赢得了查理五世御医的职位。[12] 作品出版同年出现了为学生设计的简化版本，各种再版、新版以及盗版作品充斥了市场。[13] 对解剖学感兴趣的公众同样可以通过解剖剧场举办的公开解剖来了解相关内容。这种公开解剖可以向人们展示人体器官的工作原理，医学专业人士、医学学生以及其他愿意支付适当入场费用的人群都可以观看。第一家解剖剧场于 16 世纪 80 年代出现在意大利帕多瓦，随后欧洲各地纷纷效仿，出现了其他的类似机构。17 世纪 50 年代，荷兰各地已经出现了十多家类似的剧场，我们可以通过荷兰语、佛兰德语人文领域出现的新兴流派"解剖学课"，看出解剖在当时的受欢迎程度。[14] 17 世纪早期，哈维（Harwey）在人体循环系统方面的发现，重新激起了有关心脏、动脉和静脉功能的争论。[15] 17 世纪五六十年代，来自荷兰、丹麦、意大利以及英国的解剖学家为了理解腺体、神经系统、大脑、肝脏以及肾脏的外貌和工作原理，展开了激烈的竞争。[16]

　　17 世纪 50 年代，解剖学标本作为一种全新的成像技术出现在繁忙的解剖学研究领域。勒伊斯曾提出过反对意见，但他其实并非相关技术的发明者。1659 年，洛德韦克·德·比尔斯提出了一种全新的标本制备方法。德·比尔斯认为，使用这种方法制作的人体器官标本可以为人体解剖学提供全新的视角。在保存良好的情况下，一件标本可以在研究和教学工作中反复使用几十年。[17] 按照德·比尔斯的制备方法，首先需要向人体器官的血管中注射一种类似蜡的物质，这样一来就可以看到循环系统。然后就可以把标本放在一种特殊的水槽里避免腐烂。这种注蜡方法与那些类似烹饪的早期制备方法大相径庭。不过科学工作者其实从来没有完全摆脱自身与标本制备和标本剥制手工艺文化之间的关联。

　　德·比尔斯出身于佛兰德斯的小贵族阶层，从未接受过真正的医学培训，他只是当时荷兰众多成功的医学企业家之中的一员。

在竞争激烈的市场环境中，良好的市场营销可以使医学领域专业人士脱颖而出。因此，德·比尔斯开始通过印刷出版物来广泛推广自己的标本制备新方法。随后，德·比尔斯借助一本简短的手册《路易斯·德·比尔斯的一些大契约副本》（*Kopye van zekere ampele acte van Jr. Louijs de Bils*）崭露头角。这本手册使用了荷兰语和拉丁语，既吸引了接受过大学培训的医生，又激发了文化教育水平较低的爱好者的兴趣。[18]德·比尔斯出版这本手册的目的是推广自己的项目，同时寻找投资者。他的手册中宣称，自己计划在鹿特丹成立一家标本博物馆，这家博物馆将为解剖学的改革奠定基础。德·比尔斯的做法与《自然宝藏》类似，他希望通过公开订购的方法为标本制作募集资金，与此同时募集 2 万英镑作为博物馆筹建方面的支出。尽管准备工作尚未完成，然而这本手册已经对这家博物馆进行了详细地描述。首先，手册列出了德·比尔斯此前捐赠给莱顿解剖剧场的标本，其中包括"附带毛发、胡须与眼睛的皮肤干燥的人体头部标本，三具人体骨骼，公牛、马、驴、猎犬、猪、公羊、猴子、年幼孩童的骨骼各一具，还有流产的胚胎，海马、狮子、狼的头部标本各一个，另外还有一枚人类头骨"[19]。这些物品成为德·比尔斯解剖学专业水平的证明，同时展示了他的项目所涉及的学术内容。这家处于计划阶段的博物馆更加令人印象深刻。在这家博物馆中，标本中的"所有血管、静脉、肌肉和纤维单独进行快速切割并保持器官完整"[20]，以此进行展示。为了便于研究，"肝脏、肺等内脏以及眼睛和大脑"将分别进行展示。其他展品还包括哈维的血液循环系统、奇特的半月形静脉瓣膜，反映了当时解剖学的研究趋势。解剖学标本不仅起到了有关死亡的训诫作用，而且在医学研究领域引发了一场变革。

德·比尔斯的这部手册在修辞结构方面与塞巴藏品拍卖目录极其相似。手册提供了小型未来藏品插图，使潜在投资者得以了解投资项目的内容。这本手册的篇幅过小，德·比尔斯无法通过详细的描述来说明展品所具有的科学意义，因此每件标本的文字描述都很简短。塞巴藏品拍卖目录曾要求读者查阅《自然宝藏》中的详细描述，德·比尔斯同样引导潜在读者参考他的《胆囊的真正用途》(*The true use of the Gall-bladder*) 等作品，作品针对附加瓣膜的血管展品作出了详尽的插图描述。[21] 因此宣传项目的同时，德·比尔斯的手册还提及了先前的学术出版物，以之作为博物馆标木的参考作品。《胆囊的真正用途》在手册中所起到的作用并非仅提供对人体器官的抽象描述，而是指向鹿特丹未来将出现的立体标本。另外，如果投资者没有在手册和相关作品的游说下进行投资，还可以应邀参观位于鹿特丹的一处属于德·比尔斯的房屋，那里有4件标本，入场费用为2.5荷兰盾。

德·比尔斯的这部手册并非实验报告性质的作品，而是一份与博物馆有关的目录。手册向人们介绍了德·比尔斯解剖学标本的内容，却没有透露标本的制作方法。在这段时期，很多自然哲学家都在强调应该提供详细且精确的制作过程，但德·比尔斯仍然拒绝透露标本制备与保存的方法。之所以这样做主要是因为商业动机，德·比尔斯承诺会向投资人说明有关内容：只要投资超过 25 荷兰盾，就可以收到一份有关标本制备方法的书面说明，还可以与业内大师一同进行相关学习与训练。与此同时，机密信息的披露也与项目的最终结果密切相关。如果德·比尔斯没有筹集到 2 万英镑（事实上这次融资以失败告终），他将返还投资人的资金并保守制备方法的秘密。

虽然这家博物馆止步于此，但是德·比尔斯从此开创了自己的事业。塞缪尔·哈特利布（Samuel Hartlib）和罗伯特·波义耳为手册制作了英语版本，于是德·比尔斯的博物馆在英国同样成为热门话题。1663 年，鲁汶大学向德·比尔斯提供了一笔天文数字——2.2 万荷兰盾，以及年薪 2000 荷兰盾的永久职位，用来交换 5 件标本以及标本制备方法。[22] 德·比尔斯欣然接受，来到了比利时鲁汶，后来据说因为宗教分歧离开了鲁汶，来到荷兰斯海尔托亨博斯（Hertogenbosch）担任教士，成为当地一所著名学校的解剖学名誉教授。[23] 1669 年 7 月，德·比尔斯在《哈勒姆报》（*Haarlemsche Courant*）上对自己的公开解剖进行推广。《哈勒姆报》的出版地点位于登波士（Den Bosch），距离斯海尔托亨博斯有 100 多千米的遥远路途。如果有人不嫌麻烦乘坐驳船去了登波士，那么他们会很失望。这一则广告发布之后不久，德·比尔斯英年早逝。这场公开解剖未能实现，德·比尔斯的遗体也没有被保存。

标本制备很快成为荷兰科学界与绅士群体中的一种时尚。包括扬·斯瓦默丹和赖尼尔·德·赫拉夫（Reinier de Graaf）在内的这一代莱顿大学毕业生，在没有接触德·比尔斯制备方法的情况下，自行完善了注蜡制备法。17 世纪末，几乎所有优秀的医学博士 [如安东·努克（Anton Nuck）教授、戈瓦德·比德洛教授等] 都很熟悉某一种解剖注射技术。解剖学标本在爱好者群体中同样成为一种时尚，相关产业繁荣发展。1710 年，英国旅行家约翰·法林顿（John Farrington）在荷兰格罗宁根当地的一家解剖剧场，看到了一件 15 天大的胎儿标本，售价 250 荷兰盾。其他解剖学标本同样价格不菲。[24] 德国旅行家乌芬巴赫拜访约翰尼斯·拉乌（Johannes Rau）的时候，察觉拉乌试图向他出售标本。[25] 不过与弗雷德里克·勒伊斯相比较，拉乌、努克等解剖学家在标本制备方面仍相形见绌。勒伊斯对自己的标本制备方法进行了严格保密，他的注射技术远远领先于同时代水平。另外，他在商业发展和宣传推广技术方面同样超过了其他解剖学家。

广告修辞学

"因此普天王土之下，任何拥有上流社会奉献精神的公爵、侯爵、伯爵、子爵或者男爵……都应该拿出50几尼。这个数额甚至比那些天才人士所承担的数额还少了20几尼。"[26]

1638年，勒伊斯出生于海牙当地的一个公务员家庭，[27]26岁毕业于莱顿大学医学专业，不过此后并没有在任何一所大学任职。他从一开始就进入了城市医药市场。勒伊斯曾与海牙当局发生过小冲突，因为他曾经在缺少执照的情况下开了一家药店。1666年他移居阿姆斯特丹，此后便开启了职业生涯，担任过大量职务。勒伊斯曾担任外科医生行会讲师，负责监督助产士的教育工作，后来又在莱顿大学植物园担任植物学教授。在此过程中，这些职务从未对他本人的研究工作造成干扰。勒伊斯在淋巴管瓣膜和支气管动脉结构方面的发现、对皮层循环系统的描述以及针对胎盘在分娩过程中所起作用的研究，可能极大程度地提升了他在"书信共和国"中的名气。晚年，勒伊斯曾获得多项荣誉。1705年他成为莱奥波尔蒂娜皇家学院（Leopoldine Imperial Academy）成员，1720年成为英国皇家学会会员，1727年被法国科学院评选为继牛顿之后的外国院士。[28]1731年勒伊斯离世，享年92岁。

勒伊斯、德·比尔斯等解剖企业家曾经在荷兰的奇珍异品、医疗器械以及科学器械的发达市场中运营业务。荷兰是一个新兴的资本主义国家，勒伊斯等科学工作者主要通过商业运营谋生，很少借助国家提供的资助和赞助。近年来，历史学家针对国家资助如何成为现代早期科学工作者的主要资金来源展开了研究。[29] 从中世纪晚期开始，各国君主以及豪门贵族开始在宫廷中设置科学工作者职务，为自己的统治提供象征性辩护以及建造磨坊、矿山、防御工事所需的实用知识。宫廷职务为科学工作者的社会地位提供了快速上升渠道，使得他们可以根据君主的需求来调整自己的研究内容。不过，荷兰的社会政治结构不同于意大利、法国、德意志邦国等传统资助力度较大的国家。这段时期的荷兰类似于宗教改革时期的纽伦堡和奥格斯堡以及 17 世纪的伦敦，具有高度城市化水平。当时的荷兰科学工作者、工匠和艺术家的工作重点通常是对自己的科学产品进行资本化从而获取商业价值。荷兰共和国并没有提供大规模资助，但奥兰治家族成员可能属于例外情况。[30] 克拉斯·范·贝克尔（Klaas van Berkel）曾指出，荷兰城市中那些富裕的资产阶级人士更希望自己被当作类似当代墨卡托之类的人物，并非那种期待为自己量身定制科学出版物的宫廷赞助人。[31] 这些当代墨卡托会为那些具有商业价值的发明创造提供支持，荷兰城市也会提供各种各样的激励措施来吸引外国工匠。[32] 相关从业者来到荷兰之后，开始融入当地繁荣的市场经济，不必根据宫廷的要求来调整自己的产品和工作内容。[33] 随着荷兰在全球范围内展开商业运作，它将全世界的各个角落与其他欧洲国家连接了起来。那些荷兰科学工作者开始为国际市场生产产品。众多发明家、工匠以及医疗企业家开始像《自然宝藏》的出版商那样，面临着开拓国际市场的问题。³⁴ 对于他们来说，科学必须具备普遍性，这不仅因为科学理论的抽象法则无处不在，而且科学产品也要在各地出售。

17 世纪欧洲各国的本国市场与国际市场都活跃着解剖学工作者。荷兰的解剖学家可以从事各种行业，很多解剖学家都像勒伊斯那样担任着几种职务。解剖学家群体内部同样存在着社会阶层的划分，但商业化影响了所有人。最高阶层的解剖学家是来自莱顿大学、乌特勒支大学、哈尔德韦克大学（Harderwijk）或者弗拉讷克大学（Franeker）的医学教授，他们可以通过参加私人研讨会赚取外快，还可以与仪器制造商建立合作关系，对自己的发明进行开发利用。勒伊斯没有在大学中任职，而是与大多数同时代的人一样，成为一名城镇医生，积极地向城市居民兜售医学方面的知识和建议。其中，来自代尔夫特的医生赖尼尔·德·赫拉夫曾发明了一种注射器，由仪器制造商米森布鲁克销售。³⁵ 其他一部分解剖学家则兼任药剂师（勒伊斯最初也在一家药房中工作），涉足殖民地药物商贸市场。最后还有一部分解剖学家，比如洛德韦克·德·比尔斯，没有接受过大学教育，也从未参与过由行业协会管理的城市医药市场。不过，他们中的一部分人同样在自己的职业生涯中获得了体面的社会地位。德·比尔斯就曾受邀到著名的学校和大学任教。

对于那些以市场为导向的医疗企业家和科学企业家来说，通过各种广告进行宣传是一种必要手段，可以帮助他们接触国内市场以及国际市场中的潜在客户。[36] 这一类广告的功能通常类似于那些旨在为作者争取赞助的出版物。不过对于这些出版物来说，赞助人作为一类特殊的读者，往往可以根据特定情形对作品的文本和作者的身份进行改造。[37] 此外，广告的目标群体是所有拥有财力能够购买产品的客户。即便科学从业者以贵族身份作为客户定位的基础性因素，也不会为特定的贵族人士定制产品。比如解剖学家勒伊斯的女儿、花卉画家拉赫尔·勒伊斯，曾同意每年为巴拉丁公爵约翰·威廉（Johann Wilhelm）送一幅画，与此同时，拉赫尔要求公爵豁免她必须居住在公爵宫廷的要求。[38] 勒伊斯在莱顿的同学扬·斯瓦默丹曾拒绝了科西莫三世·德·美第奇（Cosimo III de' Medici）出价 1.2 万荷兰盾购买收藏品的要求。科西莫曾要求斯瓦默丹住进佛罗伦萨宫廷并转而信仰天主教，但斯瓦默丹因自己的根深蒂固的宗教信仰而拒绝了这一要求。不过，各种类型的顾虑并没有改变斯瓦默丹的收藏品遭到售卖的命运。1676 年，斯瓦默丹制作了一份目录，他把目录寄给了自己的巴黎的朋友梅尔基塞代克·泰弗诺（Melchisédec Thévenot），指示泰弗诺为自己寻找潜在买家。与此同时，斯瓦默丹还就即将举办的拍卖联络了皇家学会。[39] 拉赫尔·勒伊斯和斯瓦默丹的客户具有极高的社会地位，但他们仍然拒绝根据客户的需求调整自己的工作和个人身份。相反，他们试图把自己的产品卖给欧洲范围内任何感兴趣的客户。广告为他们提供了接触这些潜在客户的途径。

科学产品广告可以采用各种形式，通常与《自然宝藏》出版商采取的策略相同。科学企业家为现代早期的荷兰开拓了广泛的广告领域，与此同时改变了传统商业广告的含义和形式。荷兰的《阿姆斯特丹新闻报》（*Amsterdamsche Courant*）与现代早期的其他报纸类似，定期刊登有关画作和奇珍异品的销售广告，有时也会发布动物湿标本广告。[40] 这些广告印在报纸边缘，最多只有几行内容，字体通常比主要的新闻内容字体小。勒伊斯家族曾经利用过这一类广告。勒伊斯的孙子弗雷德里克·勒伊斯·波尔（Frederik Ruysch Pool）曾经在《阿姆斯特丹新闻报》上刊登了一则广告，而拉赫尔·勒伊斯出售画作的时候也采用了类似的广告形式。[41] 勒伊斯本人举办公开解剖的时候也在报纸上刊登了广告，声称他将解剖那些于两年前制成，至今仍栩栩如生的尸体标本，以此吸引人群观看。[42] 勒伊斯离世之后,《阿姆斯特丹新闻报》刊登了勒伊斯收藏品的出售广告。[43]

荷兰的科学和医疗工作者、工匠，尤其是那些仪器制造商，同样会使用其他的广告形式来吸引潜在客户。比如莱顿的米森布鲁克作坊出版的贸易目录，可以帮助客户了解科学仪器产品的库存情况。[44] 这些贸易目录与报纸的区别在于，贸易目录的内容只有广告。这些目录的读者数量超过了《阿姆斯特丹新闻报》。虽然在交易的后续阶段，偶尔仍然需要进行个人联络和会见，但米森布鲁克的目录首先开启了与马尔堡以及圣彼得堡客户之间的接触与深入探讨。目录中刊登的产品吸引了客户，随后客户可以在个人会见的过程中再次检查产品的质量。[45]

当时的广告形式不仅限于报纸和贸易目录，而且包括完整篇幅的书籍。这些书籍可以对某些科学产品和发明的功能起到宣传和营销作用。在这里，科学方面的"内容"和"广告"产生了结合，既是一种科学报告，又可以充当营销手段。比如阿姆斯特丹的斯特凡努斯·布兰卡特（Stephanus Blankaart）医生曾因专为大学生编写的标准教材《改革解剖学》（*Anatomia Reformata*）而获得了国际声誉。这部作品极大地促进了解剖学知识的传播，不过布兰卡特同样使用该作品为自己进行商业推广。布兰卡特在这部作品的结尾告诉读者，用于解剖学研究的科学仪器在仪器制造商约翰·米森布鲁克的商店有售。[46] 他还在同一页中提到，自己可以为感兴趣的读者提供更加深入的解剖学课程。在有关痛风的论述中布兰卡特声称，尽管发表了诸多作品，但他仍然掌握着无数秘密，读者只有在付费的情况下才能知悉这些秘密。[47] 布兰卡特拥有一种追求学术回报的自然哲学家形象，与此同时像是一名

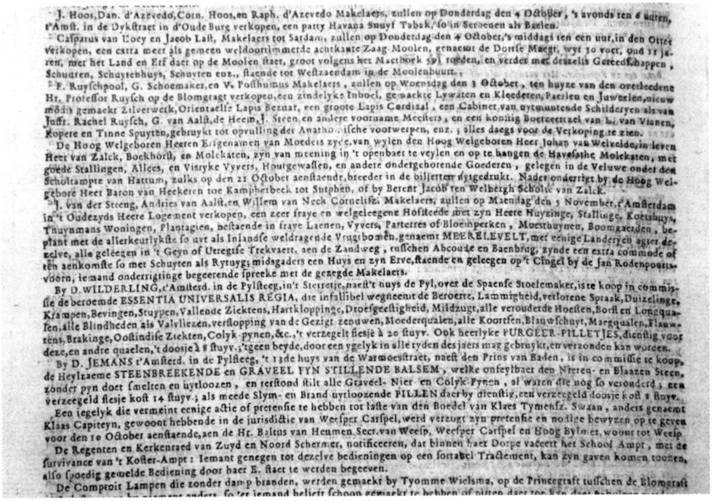

J. Hoos, Dan. d'Azevedo, Corn. Hoos, en Raph. d'Azevedo Makelaers, zullen op Donderdag den 4 October, 's avonds ten 6 uuren, t'Amst. in de Dykstraet in d'Oude Burg verkopen, een party Havana Snuyf Tabak, so in Seroenen als Baelen.

Casparus van Hoey en Jacob Last, Makelaers tot Sardam, zullen op Donderdag den 4 October, 's middags ten een uur, in den Otter verkopen, een extra meer als gemeen weldoortimmerde achtkante Zaag-Moolen, genaemt de Dortse Maegt, wyt 30 voet, oud 11 jaren, met het Land en Erf daer op de Moolen staet, groot volgens het Maetboek 591 roeden, en verder met deszelfs Gereedschappen, Schuuren, Schuytenhuys, Schuyten enz., staende tot Westzaendam in de Moolenbuurt.

F. Ruyschpool, G. Schoemaker, en V. Posthumus Makelaers, zullen op Woensdag den 3 October, ten huyze van den overleedene Hr. Professor Ruysch op de Blomgragt verkopen, een zindelyke Inboel, gemaekte Lywaten en Kleederen, Paerlen en Juweelen, nieuw modis gemaekt Zilverwerk, Orientaelse Lapis Bezuar, een groote Lapis Cordiaal, een Cabinet van uytmuntende Schilderyen als van Juffr. Rachel Ruysch, G. van Aalst, de Heem, J. Steen en andere voorname Meesters, en een konstig Boetzeerzael van L. van Vianen, Kopere en Tinne Spuyten, gebruykt tot opvulling der Anathomische voorwerpen, enz.; alles daegs voor de Verkoping te zien.

De Hoog Welgeboren Heeren Erfgenamen van Moeders zyde, van wylen den Hoog Welgeboren Heer Johan van Welvelde, in leven Heer van Zalck, Boekhorst, en Molekaten, zyn van meening in 't openbaer te veylen en op te hangen de Havesathe Molekaten, met goede Stallingen, Allees, en Visryke Vyvers, Houtgewassen, en andere ondergehorende Goederen, gelegen in de Veluwe onder den Scholtampte van Hattum, zulks op den 21 October aenstaende, breeder in de biljetten uytgedrukt. Nader onderrigt by de Hoog Welgebore Heer Baron van Heekeren toe Kampherbeek tot Sutphen, of by Berent Jacob ten Welbergh Scholte van Zalck.

J. van der Steeng, Andries van Aalst, en Willem van Neck Cornelisz. Makelaers, zullen op Maendag den 5 November, t'Amsterdam in 't Oudezyds Heere Logement verkopen, een zeer fraye en welgeleegene Hofsteede met zyn Heere Huyzinge, Stallinge, Koetshuys, Thuynmans Woningen, Plantagien, bestaende in fraye Laenen, Vyvers, Parterres of Bloemperken, Moesthuynen, Boomgaerden, beplant met de allerkeurlykste so uyt als Inlandse weldragende Vrugtbomen, genaemt MEERELEVELT, met eenige Landeryen agter deselve, alle geleegen in 't Geyn of Utregtse Trekvaert, aen de Zandweg, tusschen Abcoude en Baenbrug, zynde een extra commode of een aenkomste so met Schuyten als Rytuyg; midsgaders een Huys en zyn Erve, staende en geleegen op 't Cingel by de Jan Rodenpoortstoorn, iemand onderrigtinge begeerende spreeke met de gezegde Makelaers.

By D. WILDERLING, t'Amsterd. in de Pylsteeg, in 't Steetje, naest 't huys de Pyl, over de Spaense Stoelemaker, is te koop in commissie de beroemde ESSENTIA UNIVERSALIS REGIA, die infallibel wegneemt de Beroerte, Lammigheid, verlorene Spraak, Duizelinge, Krampen, Bevingen, Stuypen, Vallende Ziektens, Hartkloppinge, Droefgeestigheid, Mildzugt, alle verouderde Hoesten, Borst en Longqualen, alle Blindheden als Valvliezen, verstopping van de Gezigt-zenuwen, Moederqualen, alle Koortsen, Blauwschuyt, Maegqualen, Flauwtens, Brakinge, Oostindise Ziekten, Colyk-pynen, &c., 't verzegelt flesje à 20 stuyv. Ook heerlyke PURGEER-PILLETJES, dienstig voor deze, en andre quaelen, 't doosje à 8 stuyv.; 'tgeen beyde, door een ygelyk in alle tyden des jaers mag gebruykt, en verzonden kan worden.

By D. JEMANS t'Amsterd. in de Pylsteeg, 't 13de huys van de Warmoesstraet, naest den Prins van Baden, is in commissie te koop, de Heylzaeme STEENBREEKENDE en GRAVEEL FYN STILLENDE BALSEM, welke onfeylbaer den Nieren- en Blaazen Steen, zonder pyn doet smelten en uytloozen, en terstond stilt alle Graveel- Nier- en Colyk-Pynen, al waren die nog so verouderd; een verzeegeld flesje kost 14 stuyv.; als meede Slym- en Brand-uytloozende PILLEN daer by dienstig, een verzeegeld doosje kost 8 stuyv.

Een iegelyk die vermeint eenige actie of pretensie te hebben tot laste van den Boedel van Klaes Tymensz. Swaan, anders genaemt Klaas Capiteyn, gewoont hebbende in de jurisdictie van Weesper Carspel, werd verzogt zyn pretensie en nodige bewyzen op te geven voor den 10 October aenstaende, aen de Hr. Baltus van Heumen Secr. van Weesp, Weesper Carspel en Hoog Bylmer, woont tot Weesp.

De Regenten en Kerkenraed van Zuyd en Noord Schermer, notificeeren, dat binnen haer Dorpe vaceert het School Ampt, met de survivance van 't Koster-Ampt: Iemant genegen tot dezelve bedieningen op een sortabel Tractement, kan zyn gaven komen toonen, alsoo spoedig gemelde Bediening door haer E. staet te werden begeeven.

De Comptoir Lampen die zonder damp branden, werden gemaekt by Tyomme Wielsma, op de Princegraft tusschen de Blomgraft

图 4.2————勒伊斯的拍卖广告被其他广告包围。这些广告的内容包括医用香脂、英国牙膏、《哲学汇刊》的荷兰语翻译版本以及德萨吉利埃（Desaguliers）的讲座等等。《阿姆斯特丹新闻报》，1731 年 9 月 25 日第 2 页。

追逐利益的神秘医疗企业家。出版作品传播了他的一部分专业知识，但更多的知识传播借助的仍然是私人途径。

范·德·海登（Van der Heyden）家族的《论附带水管的消防引擎与阿姆斯特丹现今使用的灭火方法》（*A Description of Fire Engines with Water Hoses and the Method of Fighting Fires now used in Amsterdam*）一书很好地说明了这一类作品中的广告修辞手法。荷兰画家兼发明家扬·范·德·海登和他的家人曾于 17 世纪 70 年代发明了一种新型消防引擎。在没有借助出版物广告的情况下，这款消防引擎首先获得了当地的销售支持。[48] 范·德·海登家族于 1677 年获得了 25 年的专利，随后很快担任了阿姆斯特丹的消防主管。在发表上述作品的同时，他们首次尝试把自己的消防引擎推向国际市场。在这部作品中，范·德·海登夫妇绘声绘色地描述了过去 50 年里阿姆斯特丹当地发生的无数次火灾。他们模仿了罗伯特·波义耳的实验报告细节，针对火灾爆发、蔓延以及最终扑灭的过程，进行了细致地描述分析。这部作品强调，范·德·海登消防引擎问世之前，火灾通常会造成毁灭性后果。但这款新型消防引擎投入使用之后，就可以轻松地控制火灾。作品还附带了大量插图，使用血淋淋的细节展示了火灾的破坏力以及这款消防引擎灭火的过程。这部作品在长达几十页的叙述之后以一页声明结尾，声称有关消防引擎内部结构的第四章将不会出现在这部作品中。作者表示自己担心相关信息的发表会导致那些业余爱好者对消防引擎进行仿制，消防引擎的仿制品在质量方面无法与原版相比拟，可能会招致可怕的灾难，只有保守机密才能预防发生这种灾难。

在作品的修辞手法方面，范·德·海登夫妇采用并调整了现代早期科学领域的一种出版策略，这种策略旨在消除空间距离感。史蒂文·沙宾和西蒙·谢弗曾指出，"虚拟见证"的功能是让某段距离之外的观察者参与进来，为实验提供可信度。[49]广告的作用同样是消除距离，让顾客对商店进行虚拟访问。"虚拟见证"和"远距离广告"都具有消除距离的目标，然而在修辞结构方面截然不同。"虚拟见证"旨在创造实验透明观察和实验设备方面的错觉，并且包含了微小的细节。这些细节可以保证读者对实验进行复制，进而信任作者。相比之下，广告的目标是创造一种虚拟奇观，让读者在惊奇的感官体验中观看引擎、仪器或者解剖准备工作，进而产生购买欲望。只有让读者在无法得知产品生产过程的情况下购买产品，才能重复制造惊奇感。范·德·海登夫妇在描写阿姆斯特丹火灾历史的时候，没有透露消防引擎的工作原理。这种做法类似于现代早期的商店通过橱窗展示商品，范·德·海登夫妇同样引导读者进行了一场"虚拟橱窗购物"，但把买家隔离在组装消防引擎的车间之外。[50]

这部作品的修辞手法发挥了显著的远距离广告效果。1690年，作品出版同年，一名来自斯塔福德郡的英国国会议员购买了一台范·德·海登消防引擎。不久之后，英王威廉三世也选用了这种引擎。1697年，俄国沙皇彼得大帝参观了范·德·海登的工厂，命人把这部作品翻译成俄文版本，并订购了一批消防引擎。1702年，彼得大帝亲自向拜访莫斯科的荷兰旅行家科内利斯·德·布鲁恩展示了这批消防引擎。[51] 利用出版物做广告的策略为范·德·海登赚取了来自整个欧洲的财富，但由于商业机密没有遭到泄露，广泛的贸易未能动摇范·德·海登家族在消防引擎市场中的垄断地位。解剖学家德·比尔斯和勒伊斯之所以会采用出版物广告策略，原因可能恰恰是广告修辞的神秘特性。

标本交易——弗雷德里克·勒伊斯

德·比尔斯的手册与范·德·海登的出版作品在修辞手法方面没有太大差别。德·比尔斯在手册中列出了一份有关鹿特丹解剖学博物馆展品的详细目录，还提到了自己的作品《胆囊的真正用途》，用来补充细节。读者可以看到这项投资的未来成果，但对于标本制备方法的技术细节一无所知。勒伊斯在漫长的医疗企业家职业生涯中使用了一些更加复杂的营销策略。一份针对勒伊斯出版作品的分析报告显示，广告修辞曾为这位勤奋又带有神秘气息的解剖学家带来了巨大的经济收益。

如今，勒伊斯最有名的作品是那些标本艺术装置。这些标本结合了骨骼、肾结石以及干燥的静脉和动脉，构成了一种具有道德内涵的静物画。在职业生涯的最初几十年里，勒伊斯主要制作干标本用于解剖学研究。他为标本注入了蜡状物质，但没有使用酒精基液进行保存。17 世纪 90 年代，他才开始把标本保存在瓶子里制成湿标本，其中大部分标本展示了人体器官的内部结构。1691 年，艺术装饰标本在勒伊斯的藏品中仅占 22%，在随后的几十年里，这一比例下降了。[52] 勒伊斯一直对自己的标本制备方法感到自豪，他曾经在斯瓦默丹和德·赫拉夫的莱顿公司里开发了这种制备方法。勒伊斯声称，使用这种制备方法制作的标本"非常漂亮，外形优雅，色彩鲜活"，并且在几十年甚至上百年里都不会腐烂。[53] 现代学者一直争论，勒伊斯的标本相对于同时代的其他标本而言，价值具体体现在哪些地方。有些学者认为，勒伊斯具有娴熟的技巧与多年的经验，并且非常注重细节，这些因素使得他的标本出类拔萃。简而言之，勒伊斯的标本制备方法堪称一种艺术。不过勒伊斯对自己的成功有不同的见解。根据勒伊斯的观点，他的标本使用了一种特殊配方，融合了其他解剖学家比较陌生的成分，任何使用了这种材料的人都可以做出高质量的标本。因此他的制备方法本质上是机密，而非艺术。

那些精美绝伦的标本曾为勒伊斯带来了大量财富。1671年，他为这些标本成立了一家博物馆，斯瓦默丹随即告诉自己的巴黎联络人，"勒伊斯开了一间解剖室，通过展览标本赚钱"[54]。勒伊斯通过这些标本获得了整个欧洲的极大关注。这家博物馆对于勒伊斯来说，既是有关解剖学发现的科学展厅，又是一家商业机构。18世纪的第一个10年，这家博物馆总共收藏了数千份标本。[55] 勒伊斯声称，这家博物馆不仅是一个旅游景点，而且是死亡的人体器官重新获得生命力、变得鲜活透明的一处场所。与查阅书籍或者参与公开解剖相比，游客观看这些标本可以学到有关解剖学的更多内容。勒伊斯曾在自己的作品中反复使用一句话：

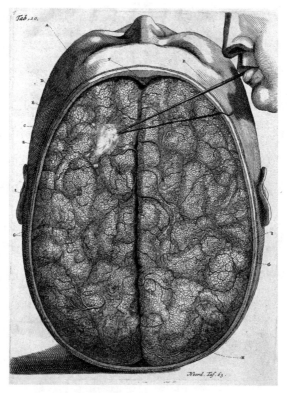

图 4.3————图中展示了向大脑中吹气的方法，勒伊斯一定也使用了类似的方法进行注射。
勒伊斯，《解剖学书信》第 9 期，版画 10。

"来看看"（venite et videte）。这家博物馆在认识论中的重要地位，或许恰恰在这句话中得到了最好的体现。

勒伊斯一直在自己的大量出版作品中反复强调标本比相关的文字描述更重要。他的这些描述性作品并非完全独立的书籍，而是这家博物馆的广告。比如他曾在 17 世纪 90 年代出版了作品《解剖学外科观察》（*Observationum anatomico-chirurgiarum centuria*），包含了博物馆展品目录。另外，这部作品还提供了 100 篇有关疑难杂症的特别观察报告，其中包括一名商人的心脏瓣膜完全僵化最终死亡的案例。勒伊斯对这名商人的心脏进行了保存，这一类标本证实了作品内容的真实性，任何对作品内容持有怀疑态度的人都可以对标本进行检验。因此勒伊斯不仅在出版作品中描述了病理畸形，还通过博物馆中的标本进行了展示。

勒伊斯很快便开始痴迷于传播这家博物馆所展示的内容。他在 18 世纪早期出版了一系列百科全书，每一部作品都对博物馆中的展品进行了描述。此外，他还印刷了自己与其他医生之间的通信内容，这些书信包含了与博物馆展品有关的各类案例研究。在人生最后的 30 年里，勒伊斯不断出版新的百科全书、书信以及案例研究。这些书籍和手册组成了一种相互交错的复杂网络，内容包含勒伊斯的注射机密、标本展品、展品目录以及围绕博物馆举办的各类活动。出版作品就像是勒伊斯在可靠证人面前研究并检验特定标本的副文本。[56] 勒伊斯曾反复提到，解剖学文本与

图 4.4————勒伊斯收藏柜的理想化插图。《解剖医学外科全能工作》（*Opera omnia anatomico-medicochirurgica*）卷首插画。

插图中的真理主张，只有在支持性实物证据得到真实视觉展示的情况下，才会被认真对待。否则，版画也不过是一种"虚构图像"。他声称，自己决定"付出巨大成本、克服艰难险阻"来保存并展示这些标本，只是为了避免人们指责他的"刻版插图做得不好，没有根据真实物品来进行描绘"[57]。他的出版作品无法作为适当的科学证据，但标本可以。

勒伊斯的出版作品使用了"虚拟橱窗购物"的修辞手法，这一点非常重要。对于一些旅行者来说，百科全书或许可以作为本次旅行的准备材料，也可能会吸引他们再次参观一些展品。对于其他读者来说，这些作品可以起到足不出户旅游观光的作用。每部作品详细地描绘了勒伊斯博物馆中的收藏柜，并且价格低廉，仅仅不到半个荷兰盾。收藏柜里的物品按照严格的顺序分门别类地摆放，作品中的科学描述同样遵循了秩序，像是一名态度认真的游客在旅行过程中根据导游说过的内容记下的笔记。勒伊斯还在作品中清晰地添加了注释符号，帮助读者理解特定展品在科学领域中的重要意义。读完勒伊斯的所有作品之后，读者相当于参观了博物馆里的所有展品。不过女性读者可能会刻意地缩短观赏某一类标本的时间。作品的荷兰语版本使用星号代替了关于男性生殖器官工作原理的拉丁语内容。[58]

21 世纪的博物馆游客很难得到机会参观那些受到特殊保护的实验室。勒伊斯的虚拟博物馆同样省略了标本的制作方法。他

希望公众相信，人们可以通过观察标本自身来判断标本质量，而

不必检查标本的制作过程。18世纪早期，约翰尼斯·高比乌斯（莱

顿大学教授希罗尼姆斯·高比乌斯的叔叔）在一封公开信中向勒
伊斯询问阴囊标本的制备方法，目的是观察阴囊的内部结构。这
是一个相对复杂的问题。乌芬巴赫曾提到，勒伊斯和拉乌在这段
时期曾经就阴囊纵膈是否存在，以及能否把该器官做成标本进行
展示，展开了激烈的争论。标本的价值遭到了质疑，但勒伊斯仍
然不愿透露自己的标本制备方法。勒伊斯写道，他担心该方法一
旦公开，就会有人主张自己发明了这种方法。不过他为高比乌斯
寄送了一份"阴囊前部动脉精确图解"（"an accurate illustration
of the arteries in the frontal part of the scrotum"），针对有关问题
进行了阐述。[59] 另外为了证实自己的主张，勒伊斯还散发了一些
标本的图像，并且提出了评判标本质量的9项标准，对标本图像
进行了解读。比如，标本必须保持鲜活的色彩和形状，不能出现
人为因素造成的褶皱，淋巴管必须清晰可见，等等。显然只有勒
伊斯的标本符合这些标准，但任何人没有被告知制定这些标准的
原因。[60] 这段时期中的很多自然哲学家都倾向于通过"虚拟见证"
的形式披露自己的实验报告，但勒伊斯只愿意公开作为最终研究
成果的图像，也就是他的博物馆中的标本。

　　广告修辞取得了良好的效果，参观勒伊斯标本的游客蜂拥而
至。迈克尔·伯恩哈德·瓦伦蒂尼的《缪斯博物馆》（*Musaeum*

musaeorum）是一份面向学术旅行者的早期旅行指南期刊，这份期刊重印了勒伊斯展品目录缩略版。[61] 乌芬巴赫在荷兰和英国旅行期间曾多次查询该期刊，因此他有可能也是通过该期刊来到了勒伊斯的博物馆。除了公开宣传博物馆，勒伊斯的百科全书同样对在售藏品起到了宣传推广作用。《皇家猛犸百科全书》（*Thesaurus magnus et regius*）的副标题为《百科全书·十》，暗示该收藏柜中的标本价格不菲。不久之后，俄国沙皇彼得大帝花费 2000 荷兰盾购买了这个收藏柜，勒伊斯达成了自己的目的。后来，彼得大帝再次购买了勒伊斯的全部藏品。[62] 勒伊斯离世之后，他的继承人通过一场拍卖会卖掉了勒伊斯的博物馆。在拍卖会准备过程中，他们主要使用了勒伊斯去世前不久发表的最后两部百科全书。展品目录和拍卖目录显然只有一线之隔。

勒伊斯的百科全书同样对他的其他商业活动起到了推动作用。勒伊斯在其中一部展品目录《百科全书·四》中提出了一个很巧妙的观点，即如何通过标本制备方法赢利。勒伊斯在作品中探讨了心脏防腐的问题，声称根据他的方法，心脏"可以保存数百年之久，色彩鲜艳，气味宜人，不会发生任何腐烂现象"。勒伊斯回忆道，英国人经常会把已故爱人的一缕头发保存在戒指里。[63] 由此他提出，作为一种类似的纪念行为，人们也可以把已故爱人的心脏保存在由金子或银子制成的盒子里，从而保留爱的永恒记忆以及"我们艺术的繁荣"[64]。我没有留意过人们是否保留了爱人的心脏，但强烈怀疑俄国沙皇彼得大帝的巨人尼古拉斯·布儒瓦（Nicolas Bourgeois）的心脏，就是在彼得大帝的旨意下按照勒伊斯的方法进行了保存。[65] 勒伊斯还曾应要求对英国海军上将伯克利的整具遗体进行了处理和保存，并因此获得了荷兰政府授予的高度荣誉。[66]

勒伊斯的主要收入来源是为医学生提供私人课程。他的百科全书同样对这些系列课程进行了推广。《百科全书·四》曾发布了 1705 年每天的课程表。课程每天中午举办，时长一小时或一个半小时，通过四五周的时间讲解人体方面的内容，其他课程主要对鱼类、贝壳、鸟类以及很多其他珍稀动物进行分析。[67] 勒伊斯在这些课程中对各个标本进行了简短的介绍，以确保自己讲授的内容可以深深地刻在学生的脑海中。1715 年，他举办了一次为期 8 周的课程，每名学生收费约 15 荷兰盾。这次课程共招募了 8 名学生，大多是英国人。勒伊斯的竞争对手约翰尼斯·拉乌曾在为期 2 个月的课程中，向 3 个学生每人索要 50 荷兰盾。[68]

勒伊斯的经济收益

对于科学工作者的成功标准，我们通常倾向于按照同行的学术认可程度和科学机构授予的荣誉进行判断。勒伊斯显然受到了很多同时代人士的尊敬，同时在欧洲的各个科学机构获得了会员身份。不过对于勒伊斯这位解剖学企业家来说，我们或许也可以按照经济收益情况来对他的职业生涯进行评估。

我们可以较为清晰地判断勒伊斯在标本相关活动中获得的累计收入。我们无从得知勒伊斯博物馆的门票价格，也有人怀疑他通过保存已故爱人心脏的想法来吸引客户的注意力。不过我们能够看到，勒伊斯的私人解剖学课程确实可以带来收益。如果勒伊斯的学生总共为 8 周的课程支付了大约 120 荷兰盾，这个收入虽然低于勒伊斯本人的教职工资，但也基本相当于阿姆斯特丹一名年轻的大学教授能够获得的年收入额。如果学生平均数量能够增加，那么勒伊斯通过提供常规私人解剖学课程所获得的收入堪比明星级别的大学教授。

不过标本不仅是一种教学工具，而且是一种可以赢利的昂贵商品。根据勒伊斯本人的说法，18 世纪早期他差一点按照 2 万荷兰盾的价格把自己的藏品卖给利奥波德皇帝，只不过利奥波德皇帝英年早逝，交易被迫中止。18 世纪第一个十年中期，俄国沙皇彼得大帝第二次访问阿姆斯特丹期间，勒伊斯幸运地卖掉了自己的标本藏品。多亏了乔齐恩·德里森 - 范·海特·雷韦（Jozien Driessen-van het Reve）的开创性研究，今天的我们才得以了解彼得大帝与勒伊斯之间进行交易的大量细节。[69]

彼得大帝并不是那种典型的宫廷赞助人。1697年彼得大帝首次访问荷兰期间，曾对当地宫廷式矫揉造作表现出鄙夷的态度，还曾经在海牙参加荷兰为他举办的盛大招待会时差点晕倒。[70]与科学企业家赞助人相比，彼得大帝的举止更像是一名腰缠万贯的商业客户。在阿姆斯特丹期间他参观了勒伊斯的博物馆，并尊称勒伊斯为自己的老师。一幅同时代版画曾展示了彼得大帝参观荷兰摄政王雅各布·德·维尔德（Jacob de Wilde）的钱币收藏品，两个人坐在一张桌子前讨论钱币的情景。这幅画的作者正是德·维尔德的妻子，创作的时候她决定营造收藏家与拜访者之间的平等地位，而没有表现双方在赞助事宜方面的社会地位差别。彼得大帝很喜欢这幅画，并且对德·维尔德的妻子表示了感谢。[71]

彼得大帝第二次访问阿姆斯特丹之前，荷兰企业家与俄国宫廷之间曾进行了一系列谈判。荷兰企业家使用的销售目录等远距离营销策略提升了彼得大帝对相关物品的兴趣。曾为俄国宫廷供应药物的阿尔伯特·塞巴，在彼得大帝访问荷兰的数年前就已经提醒他，任何人都可能情不自禁地在阿姆斯特丹购买满满几柜奇珍异品。[72]在前一章里我们曾经提到，尽管双方就藏品价格展开了长达数年的谈判，彼得大帝在离开俄国访问荷兰之前仍然购买了塞巴的345件藏品。[73]塞巴还曾经向俄国宫廷暗示，勒伊斯也有出售藏品的意愿。塞巴从勒伊斯那里购买了一些物品作为样品寄往俄国，以便彼得大帝判断是否购买。[74]收到样品之后的同一

年内，彼得大帝再次访问了阿姆斯特丹，并再次参观了勒伊斯的
博物馆。不久之后，俄国宫廷决定买下勒伊斯的所有藏品。

　　勒伊斯曾用对待客户的态度来对待彼得大帝。在寄往圣彼得
堡的信件中，勒伊斯着重强调了自己于1697年就与彼得大帝建
立了良好的私人关系，但这样写仅是为了向彼得大帝的代理人说
明自己的重要地位，并非在交易方面迎合彼得大帝。[75] 勒伊斯曾
以3万荷兰盾的价格把自己的藏品卖给了彼得大帝，在勒伊斯看
来这个价格非常便宜。不过对于勒伊斯来说，这个价格同样能够
产生利润。勒伊斯此前曾担任市政职务，因此可以很轻易地接触
遗体。我们将在下一章有关荷兰解剖学标本价格的比较分析中看
到，虽然蜡和酒精基液可能导致成本较高，但勒伊斯的标本价格
超过了其他所有竞争者。在材料成本相当的情况下，勒伊斯的制
作工艺和机密配方显然成倍地提升了标本的价格。

　　彼得大帝不仅买到了标本。勒伊斯还向彼得大帝出售了"只
有他本人掌握"的标本制备机密，价格5000荷兰盾。[76] 不得议价。
如果彼得大帝认为价格太高的话，勒伊斯便建议他去购买其他人
更便宜的制备方法，但这些方法可能毫无用处。[77] 俄国宫廷最终
同意了这笔交易并支付了价款。勒伊斯显然并不打算把自己的机
密透露给高比乌斯或者其他学者。这种制备方法与标本类似，同
样是一种商品，并且相当昂贵。作为一名解剖学企业家，他对知
识产权持有强烈的信念，只有在价格足够高的情况下才愿意分享

知识产权，不过 5000 荷兰盾的价格并不足以驱使他把机密公之于世。另外他的交易合同中明确规定，交易的任何一方均不得向第三方透露制备方法。[78]

勒伊斯对待自己的制备方法的严肃态度为他带来了回报。如果他把自己的制备方法当作一种通过多年经验习得的实体化精巧技术，就不会写在纸上卖给彼得大帝，而将亲自前往圣彼得堡，花费数年时间训练学徒进行传播。此外，把制备方法简化为配方有助于出售，便于使用一份文件换取大量钱财。具有讽刺意味的是，勒伊斯可能低估了经验在制作标本过程中能够发挥的作用。在他离世三年之后的 1735 年，这种制备方法遭到泄露，传播到了学术界。然而其他学者制作的标本与勒伊斯的原版标本仍然相去甚远。泄露的制备方法并没有对其他人起到关键性帮助作用。勒伊斯毕竟极具艺术才能，即便离世之后也拥有垄断地位。

132 出售藏品之后勒伊斯已年过八旬，不过他很快又开始收集新藏品，并出版了其他百科全书，在世界范围内对藏品进行推广。18 世纪 30 年代早期，勒伊斯的第二个博物馆的规模已经超过了第一个博物馆，于是他准备再次出售藏品。在销售工作的准备过程中，勒伊斯强调自己并非在寻求任何特定贵族王储的赞助，欢迎世界范围内所有拥有足够财力的客户购买。他授权自己的女婿为代理人，并且叮嘱可以把藏品出售给"大不列颠国王陛下的宫廷成员、伦敦皇家学会成员，或者其他任何有意购买的人"[79]。

不过问题在于价格，勒伊斯的女婿不得以低于 2.2 万荷兰盾（不含运费）的价格出售。当时勒伊斯有两部已出版的目录可供参考（这里指的可能是《百科全书·六》《百科全书·七》），他还为最新的标本制作了一份手写目录。印刷文化仍然只是奇珍市场的附属品。后来勒伊斯未能达成任何交易便匆匆离世，长眠于代尔夫特"新教堂"。勒伊斯的继承人借助已出版的目录组织了一场拍卖会。勒伊斯的心脏最终没有得到保存，但藏品很快出售散尽。

印刷与公开

当塞巴的继承人印刷塞巴藏品销售目录时，勒伊斯的名字在奇珍市场仍然家喻户晓。这段时期，他的标本仍然处于流通之中（很多标本直到今天仍然保存在圣彼得堡），他的标本制备方法仍然未被超越，而他的名字则成为高质量标本的代名词。阿姆斯特丹解剖学家亚伯拉罕·范·林堡（Abraham van Limburg）在宣传自己的解剖标本时曾强调，这些标本"仿照了勒伊斯的制备方法"。塞巴藏品目录同样提到了勒伊斯。勒伊斯和塞巴曾一起征服了俄国奇珍市场，因此塞巴的继承人除了提到勒伊斯的名字，还纪念了塞巴与勒伊斯之间良好的个人关系。

本章追溯了荷兰科学企业家如何通过销售目录、信件等出版物，对自己的奇珍异品、收藏品以及技术进行国际推广。[80] 勒伊斯和德·比尔斯分别出版了手册、藏品目录、科学著述以及书籍等等，通过这些出版物推广了标本的认识论价值，并公布了自己在解剖学方面的最新发现。不过，勒伊斯和德·比尔斯并没有在这些出版物中透露自己的标本制备方法，他们对制备方法进行了保密，防止其他解剖学家对他们的发现进行复制或者制作出类似的标本。这些出版物还提醒客户，标本和有关的技术都可以向作者购买。勒伊斯和德比尔斯的发现为他们赢得了科学信誉，对于制备方法的保密使他们在科学市场与奇珍市场中获得了垄断地位。

勒伊斯与德·比尔斯经营事业的这段时期，正是公共领域逐渐形成之时。[81] 对于科学史学者来说，公共领域的发展不仅涉及中产阶级男性公民针对政治领域的热情讨论，而且包含了欧洲自然哲学家在科学期刊、科学社团以及科学院迅速发展过程中的自由对话和日益开放的知识流通。至少自罗伯特·莫顿（Robert Merton）开始，很多学者认为，17、18世纪科学领域中的各类机构与通信网络，似乎倾向于自由披露科学事实与实验技术。[82] 近年来出版的历史学著作对"书信共和国"进行了详细分析并着重指出，"书信共和国"虽然拥有华丽的修辞，但其实是一种以奖励为导向、等级森严的社会商业系统，为其成员提供了有形的物质收益和无形的社会信誉。[83] 一部分学者甚至把这种系统称为学术知识的开放市场，强调了通过交换私人信息来获得公共奖励的特性。[84] 宫廷赞助是当时另外一种主要的奖励系统，同样推动了科学工作者对有关内容进行公开和发表。[85] 科学工作者对科学信息作出的贡献，能换来经济报酬和宫廷任职机会。

从对"书信共和国"的分析一直到最近有关赞助的分析，这一类史学观有时会假定出版与公开之间具有一种简化的相关性。毕竟，只有当出版物成为学术团体的公开、实用知识的来源之后，以出版物换取社会奖励和物质奖励的模式才能正常运行。在这种交换系统的框架之内，人们可能很容易把印刷术的发明、科学期刊以及科学杂志数量的增长当作知识传播媒介的发展。不过在某些情况下，我们可能忽略另外一些因素：现代早期的印刷技术其实相当不稳定，无法必然产生那些固定且易于获取的知识，至少对于某些类型的科学知识来说，仍然必须进行实际操作，仅能通过印刷在有限的范围内传播。[86]

关于印刷品为什么不一定能够促进知识的公开交流，本章提出了第三种视角。广告可以在不透露生产流程科学技术细节的情况下，吸引公众对特定产品或活动的注意力。从隐喻甚至字面意义来看，如果勒伊斯和德·比尔斯的科学作品的功能之一是广而告之，那么这些作品的目的不一定或者不完全是公开传播知识。这些作品涉及的解剖学发现只是为了强调解剖学标本的实用性与

134

科学前景。由于这些作品缺乏科学发现方法的相关信息，充其量仅是对知识进行了程度有限的公开。这些作品或许可以对人体解剖学的哲学问题进行公开探讨，但对于实验技术以及研究方法则守口如瓶。勒伊斯和德·比尔斯的作品在有限公开的情况下，仍然获得了"书信共和国"的极大的社会认可，但这些作品其实并不仅是通过公众知识来获取奖励的交换系统的一部分。它们促进了解剖学标本的商品化进程。这些作品类似于马丁·利斯特和菲利普·博南尼的百科全书，成为奇珍异品的交易工具。

1717 年，勒伊斯把自己的藏品卖给了彼得大帝。在此期间，阿尔伯特·塞巴和俄国医生劳伦修斯·布鲁门特劳斯特（Laurentius Blumentrost）负责对标本进行检查和包装，并运往圣彼得堡。塞巴和布鲁门特劳斯特曾多次带着助手来到勒伊斯的住所，然而住所大门紧闭，空无一人，两人无法对标本进行检查。后来他们通过官方投诉渠道要求勒伊斯交出钥匙并允许他们检查彼得大帝购买的物品。在一份公证书的催促下，勒伊斯终于开始配合工作，打开了房门。[87] 不过直至今天我们仍然无法得知当时塞巴是否对所有标本都进行了包装和交付，勒伊斯手中是否保留了一部分标本。塞巴和布鲁门特劳斯特站在勒伊斯住所门前的情景，非常适合作为本章的结尾。荷兰的科学工作者曾经在公众科学领域以及私人科学领域的边界上开展经营活动。其他国家和地区的科学工作者可能也是如此。这些科学工作者堪比看门人，只在游客付费的情况下他们才会开门。当科学服务于科学工作者的利益时，他们才会打开大门，而且仅仅面向特定数量的客户。对于现代早期"书信共和国"的普通读者来说，储存科学秘密的房屋仍然大门紧闭。勒伊斯和德·比尔斯的作品允许读者与客户参观博物馆，并通过远距离交易的方式购买物品，但实验室始终谢绝参观。

Chapter 5——商业认识论
勒伊斯与比德洛的解剖学争论

1713 年对于亨德里克耶·迪尔克兹（Hendrickje Dircksz）来说是心力交瘁的一年。这一年的 4 月 20 日，她的丈夫、莱顿大学解剖学教授戈瓦德·比德洛撒手人寰，因此迪尔克兹不得不在这一年努力维持家庭财务状况。迪尔克兹被迫拆除了比德洛的图书馆和博物馆，并要求出版商塞缪尔·拉奇曼斯（Samuel Luchtmans）于同年 10 月底组织了一场公开拍卖会。比德洛的藏书于 10 月 23—25 日售出，换来将近 3000 荷兰盾。[1] 25 日下午，博物馆连同 131 件解剖学标本售出，但只卖了 177 荷兰盾。比德洛的藏书为迪尔克兹换来了维持几年生活的钱财。好在她还拥有其他资产（以及一个富裕的儿子），否则很可能需要靠 177 荷兰盾度过当年冬天。

与勒伊斯标本的价格相比，比德洛的标本所换来的收入少得可怜。我们在上一章里曾提到，比德洛离世仅三年之后，彼得大帝就花费了超过 3 万荷兰盾购买了勒伊斯的标本。当时这笔钱可以在阿姆斯特丹最时尚的运河区域购买几栋典雅的房屋。[2] 今天我们看到这种差别可能会非常吃惊，但当时的人们却习以为常。勒伊斯通过标本获得名气的同时，比德洛则通过发表《人体解剖学》开启了自己的事业。这部作品堪称继维萨里之后最杰出的解剖学图册。

图 5.1————图中的铭文将比德洛与维萨里相提并论。亚伯拉罕·布洛特林（Abraham Blooteling），《戈瓦德·比德洛》（*Govard Bidloo*），1685 年。

勒伊斯和比德洛曾互相鄙夷。在 17 世纪 90 年代超过一半的时间里，二人一直在撰文激烈地争论标本和图册对于解剖学研究所发挥的作用。勒伊斯主张，他的解剖学标本如实呈现人体结构，纸面上的内容永远都不可信。比德洛则反驳，标本只是一种具有欺骗性的证据，图册才能更好地表现解剖学结构。比德洛把自己的认识论研究工作和财力主要倾注于图册，因此没有通过标本获得高额回报。对于比德洛来说，出版作品并不必然是一种用来管理奇珍异品交易的工具，他的《人体解剖学》就成为一种具有科学价值的商品。

本章通过论述勒伊斯和比德洛这两位荷兰解剖学家之间的分歧和工作内容差别，分析标本与图册在解剖学研究中各自起到的作用。他们曾经通过死亡的标本来努力描绘鲜活的器官，并且在此过程中偶然发现了具有客观性的全新哲学概念。因此可以说，他们二人之间的分歧反映了由来已久的关于人体的视觉表现方法的争论。在盖伦的时代到来之前，理性主义者主要依赖（动物）尸体进行研究，而经验主义者则强调观察伤口。近年来，学界针对功能性磁共振成像（FMRI）与活体生化成像（PET）之间的比较优势也展开了争论。[3] 不过，比德洛和勒伊斯的研究工作具有的意义已经超越了哲学领域，并与解剖学标本的物质价值产生了直接联系。他们之间的争论产生于现代早期的资本主义荷兰。在当时的荷兰，视觉表现是一种频繁交易的商品。因此人体器官的视觉表现与哪种表现技术可以生产高价商品联系了起来。对于解剖学标本来说，交易价格与其所具有的认识论地位密切相关。

观察人体的工具——解剖学标本

解剖学与第一手观察并非必然融合。肉眼无法看到皮肤之下鲜活的人体器官的结构。在无法进行人体解剖的情况下，现代早期的解剖学家曾试图通过其他方法来观察人体器官，其中包括观察动物。对动物进行解剖可以提供有关人体器官的比较性证据。另外，威廉·哈维曾指出，一部分小型动物的皮肤是透明的，比如人们不用切开虾就可以观察虾的心脏跳动。[4] 不过这些动物模型无法完整地反映人体解剖结构，而且自维萨里以来，医学专业人士曾多次谴责那些只针对动物展开的研究，称这些研究仅提供了有关人体器官外貌的不完整证据。颈动脉的网状分支在绵羊身上清晰可见，但在人体中的存在情况则具有重大争议。[5]

与动物相比，人类尸体可以更好地反映人体器官的情况，是研究生命与疾病奥秘的首选。

荷兰的医学博士和他们的学生会定期参与解剖活动。莱顿大学自建校以来，一直定期向政府机构申请使用合适的遗体来开设解剖学课程。[6] 在相关行业系统内，实习医生和助产士同样需要

138

通过解剖来了解人体结构。社会公众则可以参与荷兰各地解剖剧场举办的公开解剖活动。解剖剧场在报纸上发布公开解剖广告，并使用画作和象牙雕塑纪念这些解剖活动。公开解剖在当时很受欢迎，但对于教育和研究所起到的作用却十分有限。因为这些活动的性质通常是针对游客的付费娱乐活动，学生无法在活动过程中对有关问题进行探讨，而且学生只能坐在教授和官员的后面，在很远的距离之外观察解剖台。解剖活动现场需要严格的规则来维持秩序，学生之间的探讨和争论只会让自己被请出活动现场。因此社会公众无法接触人体方面的各类细节。

当时人们也可以通过参加医院或私人场所举办的解剖活动对人体进行更好地观察。然而这些活动同样无法提供有关人体器官特性的确凿证据。勒伊斯曾提到，血液和其他体液一旦泄漏，承载这些体液的脆弱管道就会崩溃，因此人们无法观察这些体液在人体内进行循环、滋养人体的真实情况。勒伊斯提出的问题正是阻碍解剖学观察的重大因素。人体内部的管道是器官的重要组成部分，承载了血液、淋巴液、乳汁、精液、眼泪、汗水以及其他腺体分泌物的流通。所有器官都可以简化为管道系统，人体不过是各种循环系统的集合体。各类体液一旦发生泄漏、管道塌陷，对于解剖学家来说，人体器官就无法继续提供有价值的信息。

勒伊斯曾频繁地指出，解剖学标本可以有效地规避人体器官的上述缺点。蜡注射法可以把蜡作为体液的替代品，维持管道在自然状态下的形状和位置。如果说管道是人体解剖学的唯一组成要素，那么这种方法就可以如实地再现人体的完整构造。勒伊斯的这种理论曾备受争议，但比哈维在血液循环方面的发现更具有吸引力。很多医生曾经认为，人体神经同样是中空的管道，内部流动着连接人体与思想的液态灵魂。[7]

　　与其他观察方法相比，解剖学标本在实用角度同样具有优势。标本不会出现腐烂现象，因此标本的流通数量出现了稳步上升的趋势。在很难找到尸体的年代，这种特性成为标本的极大优势。莱顿解剖剧场因无法获取尸体而关闭了数年时间，与此同时，勒伊斯的博物馆则展示了数千份标本。勒伊斯认为，与其他研究方法相比，蜡注射标本的其他优点是能够提供关于人体的确凿证据。与新鲜尸体相比，标本是可以反复进行检查的。当时，对实验进行复制已经成为科学研究领域的常态，标本的这一特性使其极具实用性。在没有做成标本的情况下，人类尸体在几天内就会腐烂，人们需要证据来支持解剖学家观察情况的真实性。此外，解剖信息只能通过书面报告或者刻版插图进行传达。在想象力的引导下，解剖学家往往会对实验的文字叙述进行美化，而刻版师则倾向于添加各种虚构元素。因此，科学文本和插图无法保证解剖学信息的真实性，人们需要其他证据。对解剖证据的寻求逐渐演化为一种社会行为。

　　解剖学标本克服了以上缺点。用现代术语来表达勒伊斯的观点，我们可以说蜡注射法相当于一种自动铭刻技术，可以根据机械客观性（mechanical objectivity）发挥作用。历史学家洛兰·达斯顿和彼得·加里森认为，19世纪的科学家之所以会接受摄影，是因为这种媒介为他们带来了一种无需科学家主观介入就能如实地反映自然的希望。[8] 通过机械化流程生产的图像不会说谎（除非对图像进行修改）。蜡注射法在处理器官管道的过程中避免了人为因素的干扰，同样值得信赖。蜡注射标本相当于一种自动产生的图像，使人体器官保持了自然状态。在上一章里我们曾经提到，勒伊斯发表的作品主要依赖于这种客观性。[9] 解剖学家可以借助蜡注射法获得标本证据，进而对解剖学的发现展开探讨。如果有人不同意某些观点，勒伊斯就会邀请对方参观自己的博物馆查看标本。这些标本可供大众观赏，还可以了结争议，与容易腐烂的尸体相比具有极大的优势。

因此勒伊斯认为，蜡注射标本不仅是能够辅助道德反思、反映死亡现象的物品，而且是一个能够帮助人体器官重现生命原貌的医学奇迹。在使用蜡来代替体液填充循环系统的过程中，衰竭的器官重新获得了具有生命力的自然状态。勒伊斯的标本战胜了死神，并且极其美观。[10] 遗体的褶皱皮肤再度光滑起来，下陷的双颊重新变得红润。而且使用酒精进行保存的器官不会散发腐臭气味。勒伊斯曾多次提到，彼得大帝参观他的藏品时看到了一名年轻女孩的遗体。彼得大帝以为这个女孩只是睡着了，于是亲吻了她。[11] 勒伊斯十分迷恋自己的标本，以至于他的出版作品几乎都成为标本艺术的赞歌。曾有同时代的人精心计算过勒伊斯在自己的作品《书信集》(*Epistolae*) 和《解剖学外科观察》(*Observationum centuriae*) 中使用"奇迹"(mirum) 或者其他同源词的频率。根据计算，这一类词汇共出现过 96 次。据猜测，进行统计的这个人可能正是戈瓦德·比德洛。[12]

蜡注射存在的问题——约翰尼斯·拉乌 与赫尔曼·布尔哈夫

勒伊斯的标本名声大噪且价格不菲。然而医学界在标本制备技术的理论基础方面仍然存在分歧。1713 年,切石专家约翰尼斯·拉乌接替比德洛担任莱顿大学教授。拉乌发表了一场就职演讲，演讲对勒伊斯的标本仅表达了温和的支持态度。在讨论学习解剖学的最佳方法时，拉乌鼓励学生们多读古代和现代文献、参与教授讲座并参加私人解剖活动。[13] 他认为，在这些学习活动中，标本只起到了次要作用。蜡注射标本确实可以在研究过程中起到一定的引导作用，但也扭曲了人体器官的结构。使用蜡填充静脉和动脉血管的时候，会使血管壁出现超出正常状态的扩张现象，使器官看起来超过了实际状态下的尺寸。因此标本无法如实地表现人体，而仅呈现了人体器官的相似状态。

　　拉乌对勒伊斯标本所持有的保留态度得到了其他科学工作者的认同。在 18 世纪 20 年代早期发表的一封信件中，拉乌的莱顿大学同事赫尔曼·布尔哈夫曾反复主张，蜡注射标本对人体循环系统进行了扩大。把蜡注射进肝动脉的时候，血管会扩张，并对邻近的其他解剖结构产生了压迫。对于布尔哈夫来说这是一个致命缺点。根据他此前的理论推测，人体内存在各种腺体，体液会像曲颈瓶里的化学物质那样，在腺体中进行混合与分离。布尔哈夫认为，这种结构的存在对于人体来说非常重要，否则血液就会在具体成分不变的情况下在体内循环。由于蜡注射可能影响腺体的存在，并且只显示了循环系统本身的存在，所以他认为蜡注射标本的解剖学用途非常有限。[14]

　　近年来，有关研究强调了布尔哈夫的批评观点所包含的理论基础。不过这里需要注意的是，视觉证据概念其实也受到了争议。[15] 勒伊斯的标本制备技术无法检测到腺体的存在，因此布尔哈夫提出了另外一种技术。近年来，多米尼克·贝托洛尼·梅利（Domenico Bertoloni Meli）把这种技术称为"疾病显微镜"（the microscope of disease）。[16] 这种技术方法最初由马尔皮吉发明，该方法来源于某些疾病会使腺体长成异常肿大的肿瘤这一现象。这些变成肿瘤的腺体在形状和结构方面会发生变化，可以肉眼观察尺寸。布尔哈夫的观点在"疾病显微镜"方法中得到了印证。

勒伊斯曾尖刻地反驳道，布尔哈夫借助疾病得出有关健康人体的结论，可靠程度有待商榷。总之，布尔哈夫对标本的自动铭文功能持有怀疑态度，他选择使用存在谬误的理性分析来对肿瘤进行理论化，并对腺体进行形象化。[17]

论文认识论：比德洛与勒伊斯之间的争论

在勒伊斯的整个职业生涯中，最强大的对手就是解剖学家兼戏剧作家戈瓦德·比德洛，比德洛生于 1649 年，17 世纪 70 年代在阿姆斯特丹做外科医生学徒期间开始接触上层社会。比德洛曾短暂参与过一个旨在利用法国古典主义准则对荷兰文化进行现代化的文学社团"志向"（Nil volentibus arduum），于 1682 年成为一名医学博士。勒伊斯通过解剖学标本博物馆取得事业成功期间，比德洛把全部精力投入了著作撰写。[18] 1684 年，比德洛发表了高乃依《庞贝之死》的荷兰语版本，1685 年，他通过一部讽刺作品手册对上述文学社团的僵化的古典主义进行了嘲讽。1686 年，他创作了荷兰第一部歌剧《谷物女神、爱神和酒神》（Ceres, Venus and Bacchus）的剧本。[19] 比德洛的名作《人体解剖学》出版于 1685 年，这部作品为他赢得了医学专业人士的名誉。《人体解剖学》包含了由当时饱受赞誉的古典主义画家杰拉德·德·莱雷瑟（Gérard de Lairesse）设计的 100 幅对开版画。在上述作品的帮助下，比德洛成为奥兰治亲王威廉的客户，而奥兰治亲王很快就成为英国国王威廉三世。担任过各种职位之后，比德洛在威廉三世的鼓动下，于 1694 年任职莱顿大学教授。威廉三世后来又把比德洛聘请为私人医生，比德洛获得了在英国协助医治威廉三世的"荣誉"。后来在缺乏赞助人的情况下，比德洛返回莱顿担任教职，于 1713 年离世。

比德洛曾在出版业享有盛名。他曾创作了精美的图册，通过出版作品手册与自己的宿敌展开争论，也曾与剽窃行为进行激烈地斗争，维护自己的版权。1702 年威廉三世离世之后，比德洛曾详细地描写了这位国王最后的生活情况，并在一部简短的手册中为自己的行为进行辩护。这部手册同时成为史上最早的名人离世讣告范本之一。[20] 比德洛还在宣传威廉三世的重大生活事件中发挥了作用。1691 年，威廉三世于光荣革命之后回到了荷兰，在海牙受到了热烈欢迎。比德洛很快利用这一事件与著名刻版师罗梅恩·德·霍夫（Romeyn de Hooghe）共同印刷了一部插图叙事作品。[21] 威廉三世来到海牙的三天之后，比德洛的这部作品《威廉三世陛下的到来》（*Komste van zyne Majesteit Willem III*）就获得了威廉三世的独家授权。巴伦特·贝克（Barent Beek）也曾针对迎接威廉三世出版了一部作品，比德洛通过独家授权申请了限制令，使贝克作品的出版推迟了 6 个月。

图 5.2————图中的丘比特举起一幅版画，版画似乎是将下方的解剖的人类手臂刻印而成。
比德洛，《人体解剖学》扉页，在原版拉丁语版本中同样为扉页。

比德洛的上述作品与《人体解剖学》的目的都是把第一手观
察资料交付印刷进行展现。比德洛曾在威廉凯旋作品的前言中解
释道,历史学家通常无法依靠自己的经验或者可靠的"视听见证",
因此他们的描述通常不可信。[22] 但这部威廉凯旋作品与其他历史
作品不同,因为比德洛当时就在现场,并且接触了凯旋活动的设
计原稿。比德洛的个人经历使得这部作品优于其他同类型作品,
但并非所有的第一手观察资料必然会直接体现为书面形式。比如
威廉三世与海牙摄政王在韦斯滕德堡(Westenderbrug)正式会
见的时候,刻版师把画中的人物放在大桥前的位置,由此获得更
清晰的构图效果。[23]

《人体解剖学》起初同样强调了比德洛在第一手观察方面的
优势,声称"解剖学的真相只有通过解剖才能发现"。比德洛曾
自豪地宣称自己在这部作品的写作过程中解剖了超过 200 具尸
体。比德洛并非对标本不熟悉,也并非没有发现通过尸体来判断
活人特征的局限性。他之所以决定对自己的解剖工作进行印刷处
理,主要基于一种复杂的书面表现认识论。以下三点可以说明出
版作品相较于标本所具有的优势。第一,标本虽然可以把人体器
官定格于鲜活的外貌状态,但是书面表现形式可以通过连续的图
像来表现活体器官在形状方面发生的变化。第二,书面形式还提
供了一种可能性,即对那些使用各种观察技术(如显微镜观察或
蜡注射)制成的标本进行并置与比较。第三,版画比其他解剖标

本更清晰、更便于观察。比如版画可以对显微镜无法探测到的微型解剖结构进行呈现。

　　我们曾得到特别的机会对比德洛的书面表现认识论进行深入研究，然后与勒伊斯制备标本的偏好进行对比。我们发现，在17世纪90年代的大部分时间里，这两位解剖学家都在研究对方的科学发现。17世纪90年代早期，勒伊斯发表了自己与其他解剖学家大量通信中的一部分内容，其中包括对《人体解剖学》版画中的脾脏内部结构、主动脉分支、蛛网膜等方面的批评。比德洛发表了一部手册《一些解剖细节与弗雷德里克·勒伊斯的荒唐观察不符的证明》(*Vindiciae quarundam delineationum anatomicarum contra ineptas animadversiones Fred. Ruyschii*)，对批评意见进行了回应，随后勒伊斯马上作出了回应。勒伊斯在自己的作品《回应戈瓦德·比德洛》(*Responsi ad Godefridi Bidloi libellum*)中声称，比德洛曲解了自己对《人体解剖学》最初的批评意见。[24]

　　比德洛的一部分论点后来得到了拉乌和布尔哈夫的发展。比德洛与其他莱顿大学教授认为，勒伊斯的标本看起来活灵活现，但这存在问题，任何技艺都无法让死尸起死回生。彩蜡虽然可以让尸体的面颊再次红润，但器官的内部结构会随之遭到损坏且无法修复。上文曾提到，为器官注射朱砂、猩红色物质或者铅白，会使血管膨胀到超出自然状态的程度。对于这些教授来说，仿生态

145

标本不具有科学价值，只是一种用来娱乐大众的"庸俗艺术"。[25]

比德洛上述手册中的批评意见并非仅是对血管系统扩张现象的吹毛求疵，其最重要的观点是尸体与鲜活器官之间复杂的表征关系。对于比德洛来说，鲜活的器官处于运动状态，因此二者无法简单对应。来自外部和内部的压力会持续改变心脏、肺以及皮肤等器官的形状，而解剖学标本处于静止和僵硬的状态，无法体现节律性变化。鲜活心脏的 4 个腔体会按照特定节奏收缩，因此从这个角度来讲，心脏标本的问题尤为突出。此外，蜡注射法会对心脏腔体起到充盈、膨胀与固化的作用，使心脏状态定格在舒张期。因此人们很难通过标本来理解心脏的功能以及循环系统的运作原理。

比德洛认为多样性和变化性是人类特征的重要组成部分，因此解剖学标本的僵化既是生理层面的问题，又是哲学问题。《人体解剖学》出版于 1685 年。同年，比德洛曾对自己参与的文学社团"志向"进行了嘲讽，批评那些具有亲法倾向的戏剧作家过度拘泥于人为的僵化规则。他主张应该对诗歌规则进行更为宽松地解读。同样，一份标本如果在几百年里一直保持着同样的形状，就无法正确地反映生命的变动。在这方面，比德洛与法国古典主义艺术理论学家安德烈·费利比安（André Félibien）的观点一致。费利比安认为，蜡制死亡面具虽然能够如实地反映自然原貌，但无法体现一个人的美。[26] 因为这些面孔缺乏动态，永远凝固在特定的时点。在这种情况下，人们需要找到其他艺术手法使静止的死尸重新焕发生命力。

因此，比德洛批评勒伊斯对皮肤乳突状腺体形状的理解过于僵化。比德洛最初声称，这些腺体的形状类似于圆锥体，用比德洛的原话来讲，它们是具有"圆底的金字塔形状"。勒伊斯对此表示反对，于是比德洛误解了对方的观点，认为二人之间的分歧在于金字塔形圆锥体的概念。比德洛认为，勒伊斯从严格的数学意义上理解了圆锥形，却误以为腺体完全符合这种形状。勒伊斯对于腺体底部开口的表现，给人留下了腺体自身僵化、缺乏弹性且静止不动的印象，用比德洛的话来说，"就像一块大理石"。

对于自己的观点，比德洛曾写道："我从来不认为这些神经腺状器官会严格遵守数学意义上的圆锥形，只是比较相似而已。"[27] 他表示，乳突状腺体具有各种形状，多多少少与圆锥形比较相近。每个腺体及其开口之间都有些许差别，而且会随着运动、特有倾向、外部压力以及松弛程度等在一段时间内的变化而变化。因此比德洛更倾向于通过一种高度特殊化的方法把大量乳突状腺体进行排列描绘，以便展示腺体的变异性。图 5.3 中的 6 号图形（Fig. Ⅵ）可以理解为对具有细微差别的相邻腺体的形状的特殊化表现。1 号图形（Fig. Ⅰ）展示的是腺体底部开口截面图，再次强调了腺体特征的变异性。不过我认为，这里的图形也可以解读为腺体开口随时间变化而产生形状变化的动态展示。[28] 当人的皮肤受到挤压和扭曲的时候，腺体开口会连续扩大、缩小和移动。比德洛针对腺体的变化特性作出了合理解释，他认为如果乳突状腺体无法产生变化，人的触觉就无法区分各种材料摩擦皮肤的感觉。

比德洛其实误解了自己与勒伊斯之间的争论。勒伊斯的主要问题不是对圆锥形概念的理解，而是对乳突状腺体概念的理解。他认为乳突状和腺体是两种不同的器官。勒伊斯认为，乳突状呈

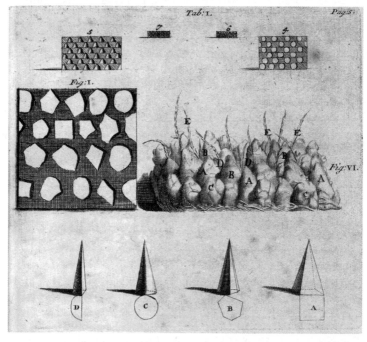

图5.3————比德洛在图中对勒伊斯所理解的严格几何形状腺体与自己的腺体插图进行了对比。比德洛，《证明一些解剖细节》（*Vindiciae quarundam delineationum anatomicarum*），第5页。

圆锥形，而腺体呈球形。如果比德洛把乳突状与腺体明确合并为同一个器官，概念的问题也就迎刃而解了。不过我们同样可以从比德洛的误解中了解到他关于标本和书面形式视觉化作用差别的观点。根据比德洛的推测，勒伊斯的标本与认识论之间存在关联关系。标本的形状无法变化，因此制作标本的人可能认为人体器官处于静止状态。相比之下，书面形式可以表达物体的动态属性，比德洛可以按照时间顺序描绘乳突状腺体的形状变化。因此与立体的标本相比，插图能够更好地反映自然界的变异性。

此外，书面形式还有一个优势。作者可以在同一个页面上使用不同的视觉表现方法为读者展示各种视角。在《人体解剖学》的图 22 中，比德洛展示了很多心脏图像，各个图像分别强调了心脏的不同角度。图 22 中的 1 号图形展示的是肉眼观察到的心脏，但没有表现心脏的各个组成部分和结构。为了展示心脏的肌肉、肌腱、纤维等结构，首先需要对心脏进行蒸煮加热处理。2 号和 3 号图形展示了加热之后心脏的正面和背面。不过加热处理并非研究心室的最佳方法，干燥的心脏标本可以清晰地观察心室。7 号和 8 号图形从不同角度描绘了干燥心脏标本，展示了心脏的内部腔体。9 号图形则展示了心脏腔体之间的关联关系。比德洛在这里使用了几根针，刺透不易观察的瓣膜，插进了干燥的心脏标本。在这几根针的帮助下，我们可以看出心房和心室之间的连接关系。11 号图形的心脏标本注射了水银和蜡，可以从心

148

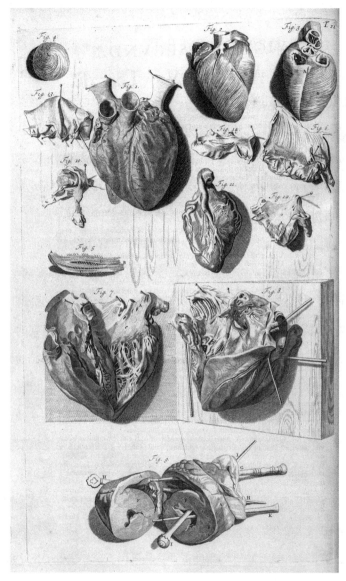

图 5.4————对于比德洛来说，心脏不存在唯一正确的表现方法。《人体解剖学》图 22。

216　金钱、奇珍异品与造物术：荷兰黄金时代的科学与贸易

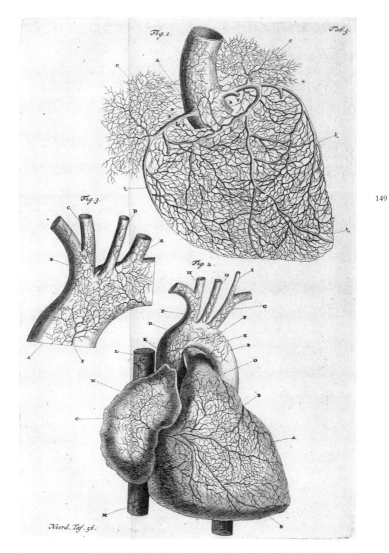

图 5.5————对于勒伊斯来说,蜡注射法是正确表现心脏的唯一方法。勒伊斯,《所有的作品》
（Alle de werke）心脏插图。

脏表面看出冠状动脉和静脉血管。11 号图形较好地描绘了血管的复杂结构，但与左边的 1 号图形相比，11 号图形同样强调了蜡注射法对标本造成的扭曲。

　　附图 16 通过心脏提出了一种有关视觉表现的功能理论。没有任何方法能够一次性透明地描述心脏的所有组成部分，肌肉、腔体、瓣膜、血管等部分各自需要采用特定的视觉表现模式。《人体解剖学》图 23 第 15 号图形采用了同样的方法来表现婴儿的循环系统，并且强调了蜡注射法只是一种存在局限性的人体表现方法，血管呈现的是填满蜡之后的状态。比德洛曾明确指出，蜡注射法只能取得近似的表现效果，因为蜡无法填充肌肉内部以及骨骼周围的一些血管。为了说明这种方法扭曲器官真实状态的可能性，比德洛对自己所使用的蜡注射法进行了详细介绍，[29]读者可以自行判断蜡注射法包含的人为干扰因素。

　　比德洛有关心脏和血管的视觉表现的论述对勒伊斯造成了直接攻击，勒伊斯很快作出了回应。勒伊斯在给高比乌斯的第三封信中提出，比德洛在图 23 中对婴儿的循环系统的表现不准确，心脏冠状动脉的问题尤为突出。勒伊斯读过比德洛的蜡注射方法之后，只是重申，只有他和他的儿子了解蜡注射标本真正的制备方法。勒伊斯表示，比德洛指出的标本缺陷确实是一个很严重的问题，但这个问题只适用于比德洛的标本，自己的标本则不存在这种问题。勒伊斯还表示，自己终于理解了比德洛解剖学博物馆不对外开放的原因，[30] 比德洛肯定是担心游客会发现他的标本毫无用处。比德洛博物馆中的一些标本"（甚至）并非由他亲手制备，而是从他处获取"[31]，而勒伊斯博物馆的大门一直向所有人敞开。

比德洛在对自己的婴儿冠状动脉表现方法进行辩护时，提出了书面形式优于标本的第三个论点。他认为，蜡注射法是一种盲目地跟随动脉血管的自动铭刻技术，书面形式则为作者的理性提供了介入机会，有助于进行如实地再现，并且只有理性才能帮助作者正确地表现冠状动脉。比德洛不支持机械客观性的观点，他认为，对人体器官插图进行润饰是一种处于允许范围内的行为，有时也是一种必要行为。乍一看，比德洛的主张似乎与近年来的书面认识论史学观点一致。自布鲁诺·拉图尔的经典作品问世以来，很多作者都主张书面形式是对外部世界固有的混乱特性进行简化和规范的最佳媒介。[32] 理性的介入使得科学家能够通过书面图表的抽象形式，对大自然进行掌控与表现。洛兰·达斯顿和彼得·加里森曾经从历史的角度指出，在自然真相客观性（机械客观性出现之前）的认知文化中，解剖学图册对人体器官的图像进行了润饰，使其更符合数学和古典文献中的理想主义。[33] 因此很多类似的分析资料都使用了书面形式和理性的方法，对自然进行了抽象化或者理想化地表现。[34]

这种史学研究观点把科学工作者对自然法则的信仰作为前提假设，认为科学工作者把书面形式作为一种技术，表现那些不会在外部世界直接显现的自然法则。不过，现代早期的科学工作者曾强烈地反对这种以规则为基础的对世界进行理解的方式。一些自然哲学家认为宇宙遵循数学法则，其他科学工作者则主张大自然变化无常、无法预测，各种神迹、奇迹以及偶发事件会扰乱自然规律。作为一名极具创造力的戏剧作家，比德洛同样持有这种观点。因此他没有使用书面形式对人体器官进行抽象化、理想化地描述，而是通过书面形式准确地描绘了混沌自然那光怪陆离的所有特征。

婴儿冠状动脉就是一个很好的例子，这种循环系统表明人体处于无穷变化之中，无法被简化为抽象的图像。比德洛声称，婴儿冠状动脉的细小分支尺寸过小，无论使用显微镜还是标本都无法进行肉眼观察，不过可以通过理性来假设这些分支的存在。这些分支需要与毛细血管一起连接动脉和静脉。那么应该如何对这种不可见的解剖结构进行形象化呢？其中的一种方法是，不做任何自然主义主张，同时使用抽象图表对冠状动脉的分支进行粗略地勾勒。比德洛使用了一种截然不同的方法，他借助大量特殊的细节对冠状动脉进行了一种特殊表现。比如，标有字母 B 的动脉血管向下弯曲延伸，然后分为两支，右边的一支血管进入了心脏内部，左边的一支则分化为 4 条更小的动脉血管。理性本身无法保证细节方面的必然真实性。那么比德洛在这里为什么描绘了 4 条无法观察的较小血管，而不是 3 条或者 5 条呢？

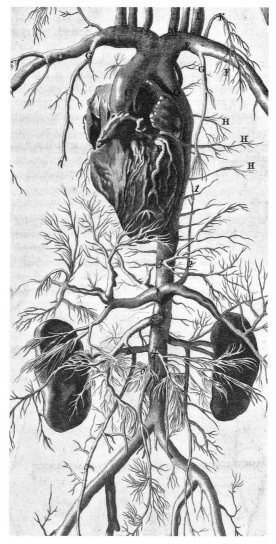

图5.6————勒伊斯曾对图中的主动脉对称分支进行了强烈批评。比德洛,《人体解剖学》
图23。

我认为，比德洛的描绘手法建立在人体混沌属性的基础之上。在显微镜及以下水平的人体结构中，循环系统因人而异。有一些人的冠状动脉向左弯曲，有些则向右弯曲。有些人的特定动脉血管分为4条血管，有些则分为3条或5条。由于存在这种无限的可能性，比德洛对动脉的特殊描绘决然不会出现错误。无论他画出了3条还是4条血管，在范围足够大的人群中，肯定有人符合相应特征。根据大数定律，世界上总会有一部分人的冠状动脉向右弯曲分成2条血管，随后分为4条血管。

与日后的其他启蒙图册相比，比德洛的《人体解剖学》没有展示人体的理想状态或者普遍特征，但很有可能与数百万人中的其中一个标本相符。比德洛把这种自然主义表现手法称为"心灵之眼"。他兴奋地宣称："所有头脑正常的人都会欣然赞同，我们可以通过'心灵之眼'观察冠状动脉，并且对冠状动脉在心脏中的分布方式进行理解。"[35]

勒伊斯对《人体解剖学》图23持有强烈的批评态度，他认为图中的婴儿主动脉分支位置不正确。比德洛在探讨图中的婴儿主动脉分支时，阐述了自己的理性自然主义表现理论，为自己的作品进行了极具说服力的辩护。比德洛首先声称，变化性对于这些器官来说至关重要。他还写道："大自然往往会通过支气管动脉搞恶作剧。"[36]根据勒伊斯的观察，很多人的主动脉都可能出现分支。不过，大自然那变幻莫测的特性同样保证了必然会有人符合比德洛插图所表现的特征。比德洛的表现手法可能不具备典型性，但仍然代表了一种现实的存在。[37] 实际上，比德洛的插图依据恰恰来源于对尸体进行的解剖。即便缺乏视觉证据来源和第一手观察，概率法同样可以确保比德洛冠状动脉的真实性，大自然的变化特性为自然主义赋予了客观性。比德洛在反驳勒伊斯的疑问的同时，主张制图人员不会通过插图来说谎。在大自然特性的作用下，现实中总会有案例与插图相符。

达斯顿和加里森认为，比德洛为《人体解剖学》表现手法所作出的辩护，在 20 世纪之前的科学领域，成为自然真相客观性与机械客观性之外的第三种认识论。自然真相客观性和机械客观性对观察者施加了规律性规则约束。机械客观性主要依靠可信程度较高且具有自动化特征的表现技术来消除人为干预因素；而自然真相客观性发挥作用的原因仅是，科学家对理性秩序的追求创造了抽象且独特的自然原型图像。相比之下，比德洛认为变幻莫测的大自然在一定的限制条件下不服从于任何规则。因此他认为，制图员在描绘主动脉分支或者冠状动脉的时候，理应拥有相对自由的发挥空间。艺术家的作品仅是模仿大自然本身的那心血来潮的运作方式，创造力可以对事实判断起到补充作用。

总而言之，比德洛的视觉认识论以及针对标本的立场主要包含了三大基本观点。第一，解剖学标本无法捕捉人体器官随着时间推移所发生的变化。第二，解剖学标本呈现的只是单一且失真

154

的人体器官图像，并非全面且真实的图像。第三，解剖学标本的观察作用有限，"心灵之眼"可以借助理性推理，对器官的显微结构进行特定程度的展示。因此标本对于比德洛的解剖学研究来说起到的作用非常有限，勒伊斯的博物馆摆满了粗糙的器官标本，成为"勒伊斯公墓"[38]。

因此，理解了比德洛与勒伊斯之间的争论要点，是理解解剖学家为何对图像进行功能主义解读的关键。比德洛不仅打破了勒伊斯标本的传统，而且摒弃了透明表现的理念。对于他来说，任何单一的图像都无法如实地再现人体器官的原貌。解剖学家首先需要明确自己希望了解某个器官的哪些信息，然后才能选择合适的途径来进行表达。书面形式最大的优点是可以在同一个页面上并列呈现各种表现模式。因此，比德洛决定出版一部经典图册，而没有试图打造一家世界级博物馆。

解剖学标本的物质价值

认识论方面的争论并非仅发生在知识领域。17世纪90年代晚期，勒伊斯与比德洛之间发生争论的时候，这两位解剖学家已经为自己的表达媒介付出了大量时间、精力以及金钱。在此前的20多年里，勒伊斯一直在为自己的解剖学博物馆填充蜡注射标本。1691 年，他推出了自己的第一部博物馆目录，开始向大众推广自己的标本艺术。另一方，比德洛也为自己的书面媒介付出了将近 20 年的时间。17 世纪 80 年代早期，他花费了数年时间创作《人体解剖学》，仍然致力于向大众推广这部作品。比德洛印刷手册反驳勒伊斯的同时，比德洛的出版商正在向英国伦敦的塞缪尔·史密斯（Samuel Smith）和本杰明·沃尔福德（Benjamin Walford）出售《人体解剖学》英文版的出版权。因此这场争论的结果将对两位解剖学家产生经济方面的影响，可能会影响比德洛作品的英文版销量，也可能对勒伊斯博物馆的名声和价值产生影响。他们各自的认识论观点与自身的商业利益密切相关。勒伊斯坚定地捍卫自己的标本，他的解剖学博物馆是荷兰最重要的一座解剖学奇珍宝库，而他的出版作品则往往价格低廉。比德洛致力于推广图册作品，且只有少量标本。但出于人体解剖学研究目的，他积累了大量相关资料。

155

勒伊斯的博物馆是一个大型经济项目，他通过出售标本进入了阿姆斯特丹的最高社会阶层。我们曾经提到过，勒伊斯于 1717 年向彼得大帝出售了第一批标本，获得了 3 万荷兰盾。这批标本约 2000 件，其中包括了一部分动植物标本。出售之后不久，勒伊斯又制备了第二批价值相当的标本。1730 年，勒伊斯开始考虑出售第二批标本，他明确提出价格不得低于 2.2 万荷兰盾。[39] 通过这些数据我们可以看出，勒伊斯的标本价格高昂。他的标本在 1717 年平均售价 15 荷兰盾。根据 1730 年的定价，他的标本价格大约每件 16 荷兰盾。

15 荷兰盾在当时是一笔很大的数额，相当于一名熟练工两周的工资、一位行会会长购买一幅精致画作的出价，或者一部博物学图册的价格。[40] 因此，勒伊斯的标本本身就是一种价格相对稳定的高价商品。1752 年，塞巴的第二套藏品共有 73 件标本，总售价超过 560 荷兰盾，其中包括勒伊斯制作的干标本和湿标本。此时，勒伊斯已经离世 20 多年，他的标本价格有所下滑，每件湿标本平均价格约 10 荷兰盾，干标本略高于 4 荷兰盾。不过在当时仍然属于相当昂贵的价格。塞巴拍卖会上的其他藏品价格低于干标本价格，浸泡处理的蛇类标本和鸟类标本平均售价约 1.5 荷兰盾，鱼类标本价格低于 2 荷兰盾，成箱的奇异昆虫标本则仅售 5 荷兰盾。其他动物标本平均售价约 4 荷兰盾。[41]

比德洛的标本藏品无法与勒伊斯相提并论。比德洛在职业生涯早期可能尝试过制备并收集昂贵的解剖学标本，但后来不再亲手制作精致的标本。17 世纪 70 年代，药剂师、诗人约翰尼斯·安东尼德斯·范·德·格斯（Johannes Antonides van der Goes）曾对比德洛的标本大加赞赏。范·德·格斯是荷兰文学社团"志向"的一名成员，他从奇珍异品文化的角度对这些标本进行了描述，与勒伊斯称赞自己标本的方式颇有几分相似。范·德·格斯声称，比德洛的标本是一种"解剖学领域的奇迹，把艺术与自然结合在一起"，这种艺术品"为死者重新赋予了生命"。[42] 他还指出这些标本符合博物馆的实用性研究的需求。根据范·德·格斯的描述，比德洛的标本包含了血管、肝脏、肺脏以及生殖器官等蜡注射干标本,对于胚胎以及其他复杂器官的湿标本却只字未提。与勒伊斯的标本相比，比德洛可能仅对循环系统和呼吸系统进行了可视化。

表5-1　塞巴藏品价格表

藏品类型	总售价（荷兰盾）	数量	平均单价（荷兰盾）
贝壳类	12772.25	253	50.48
珊瑚	1682.50	72	23.37
石化标本	418.50	39	10.73
矿物	2236	484	4.62
玛瑙	1723	312	5.52
化石	71.50	20	3.58
珍稀物品	166	20	8.30
动物标本	579.50	150	3.86
勒伊斯标本	127.75	30	4.26
勒伊斯湿标本	436.50	43	10.15
精致橱柜	643.50	10	64.35
昆虫标本	2433	487	5
蛇类	573	422	1.36
鸟类湿标本	75.75	51	1.49
鱼类湿标本	402	214	1.88
总售价	24340.75	2607	9.34

资料来源:《优秀收藏柜目录》(*Catalogues van de uitmuntende cabinetten*)

157 除了上述溢美之词，范·德·格斯对比德洛标本的其他描述包含了更有参考价值的评价内容。莱顿大学曾经有意购买比德洛的植物标本，于是委派科森（Cosson）博士和药剂师托里努斯（Taurinus）对这些标本进行评估。科森和托里努斯报告称，比德洛的植物标本与莱顿大学收藏的植物标本质量参差不齐，部分标本甚至质量堪忧。但如果把双方的标本进行合并，就可以挑选出一套质量很好的标本。于是莱顿大学的几位管理者决定以 250 荷兰盾的适中价格购买比德洛的植物标本，用于补充大学标本。[43]比德洛曾经拥有一些珍稀动物标本，他向英国收藏家兼药剂师詹姆斯·佩蒂弗赠送了一件蛇类标本。除了这件来自比德洛的标本，佩蒂弗还从勒伊斯那里获得了 10 多件异国奇珍标本。[44]

生前，比德洛并没有通过出版物为自己的解剖学博物馆进行宣传，并且限制了访客数量。此外，比德洛的标本保存环境缺乏稳定性。18 世纪初，他没有把所有标本存放在自己家中，一部分标本保存在莱顿大学的解剖剧场。1710 年，旅行家约翰·法林顿走访莱顿期间看到了比德洛的标本，于是错误地声称这家解剖剧场"补充了比德洛教授的大量藏品后，价值大幅提升"[45]。实际上，比德洛并没有把自己的藏品捐赠给莱顿大学，只是借用莱顿大学解剖剧场的空间存放。解剖剧场工作人员杰拉德·布兰肯（Gerard Blanken）曾抱怨道，比德洛保存标本的方式缺乏秩序。比德洛把标本从收藏柜取出进行研究或者教授课程之后，经常不把标本放回原处，以至于布兰肯无法区分哪些标本属于比德洛，哪些属于莱顿大学。因此莱顿大学的管理者曾责令比德洛为自己的标本列出清单，然后运回自己的家中。比德洛没有立即执行，一年之后管理者再次催促他。[46]

比德洛的标本缺乏固定的存放位置，因此标本的功能相当于研究工具，而非用来展示人体奥秘的展品。这些标本的经济价值同样反映了比德洛对标本的功能定位。比德洛的博物馆共有 131 件标本，总价值 177 荷兰盾 8 斯图弗。此外他还有 149 件动物湿标本，价值 276 荷兰盾 14 斯图弗；24 块肾结石标本，价值 18 荷兰盾 15 斯图弗；62 件头骨、骨骼标本等，价值 117 荷兰盾 9 斯图弗。所有这些标本总价值仅 590 荷兰盾。[47] 与之相比，勒伊斯的标本价值数万荷兰盾。158

与勒伊斯相比，比德洛不仅持有的标本数量较少，而且没有为这些标本付出足够的精力和注意力。他不打算把自己的标本长久保存下去。原则上讲，这些标本使用过后就可以丢弃。这一点很好地反映在比德洛的账本中。比德洛的解剖学标本平均价格仅 1.35 荷兰盾，而勒伊斯标本的最初定价已高达每件 15 荷兰盾。造成这种价格差异主要有两个原因。第一，比德洛的标本大多是干标本，干标本与湿标本相比价格较低，因为湿标本的保存基液价格很高。即便是勒伊斯的干标本，定价也仅相当于湿标本价格的 40%。

第二，通过对勒伊斯和比德洛的同类型标本进行对比也可以看出，比德洛的标本在质量方面明显不及勒伊斯的标本，因此价格较低。在塞巴藏品的拍卖会上，一名买家曾花费23荷兰盾购买了一批拍品，其中包括勒伊斯"精心制作的一截阴茎标本"、一件肠子标本、一本书以及一副鼹鼠骨架。1713年，比德洛"最迷人的鼹鼠标本"售价仅4荷兰盾10斯图弗，"饰以蜡、水银以及人类真皮"的人类肠子标本售价1荷兰盾10斯图弗。一件"阴茎干标本"外加"两颗注射了水银的睾丸"，总售价1荷兰盾2斯图弗。"阴茎与犬齿"售价14斯图弗，其中还附带了阴茎骨。鼹鼠骨架、肠子以及阴茎标本总售价7荷兰盾2斯图弗，另外附带了人类真皮和两颗睾丸。1752年，塞巴藏品的拍卖价格显示勒伊斯标本的价格有所下降，但仍然是同时期比德洛标本的3倍。

通过对比胎儿标本同样可以看出双方的价格差异。塞巴藏品拍卖会共出售了4件胎儿标本，其中3件价值为十二三荷兰盾，第4件可能因为质量较差，仅售7荷兰盾。相比之下，比德洛质量最好的胎儿标本也仅售8荷兰盾。还有一件胎儿标本售价6荷兰盾，另外3件胎儿标本每件定价2荷兰盾。这些数据再次表明，比德洛的标本价格仅相当于勒伊斯标本价格的三分之一。可以看出，比德洛标本价格较低的原因是标本数量较少，而且大多属于质量较差的干标本。

除了比德洛与勒伊斯，当时很多荷兰医学专业人士以及爱好者同样制作并收藏了解剖学标本。大致浏览一下这些标本藏品就可以发现，勒伊斯的标本确实具有特殊地位，而其他大多数藏品都类似于比德洛的标本，规模较小且价格较低。我们可以通过塞巴的拍卖目录看出，勒伊斯的名字在当时的收藏界已经成为高品质藏品的代名词。业余哲学家兰伯特·泰恩·凯特的藏品进行拍卖的时候，使用了类似的方式，特别注明了勒伊斯的标本。泰恩·凯特藏品的拍卖目录没有特别注明标本作者，不过一些听觉器官象牙模型标注了"来自勒伊斯教授的藏品"，还有一本书注明了"勒伊斯教授的书"，并且附赠了植物标本。[48] 勒伊斯的标本已经像"华氏温度计""哈特索克显微镜"那样，成为一个品牌。1720 年，阿姆斯特丹医生亚伯拉罕·范·林堡离世。范·林堡的藏品拍卖目录上注明，他的标本采用了勒伊斯的标本制备方法。即便如此，范·林堡藏品的售价仍然远低于勒伊斯标本的价格。在售的 40件标本，最终只有 33 件售出，平均售价 2.77 荷兰盾，相当于比德洛标本平均售价的 2 倍。[49]

对勒伊斯标本的作用持有保留意见的其他批评者，同样没能制作出奢华级别的标本藏品。拉乌是一名德国贵族，他的标本与比德洛的标本类似，市场价格较低。乌芬巴赫参观拉乌的藏品时，拉乌提到自己的标本"并非装饰品，而是用来使用的"[50]。乌芬巴赫曾在自己的描述中提到，拉乌的几瓶湿标本里的酒精没有装满，乌芬巴赫推测这可能是为了节省高价酒精的开支。拉乌的标本数量超过了比德洛的标本，但仍然不及勒伊斯的藏品规模。他使用两个大收藏柜和一个小收藏柜存放了476件标本，后来把这些标本送给了莱顿大学，但没有说明这些标本的经济价值。莱顿大学对这一捐赠行为表示了感谢，但根据现存资料，莱顿大学认为这些标本的价值相当有限。莱顿大学曾委派伯恩哈德·西格弗里德·阿尔比努斯（Bernhard Siegfried Albinus）为这些标本制作目录，扔掉没有价值的重复标本。[51] 根据阿尔比努斯的描述，这些标本中的大多数与拉乌在骨骼、眼睛以及睾丸方面的解剖学研究直接相关。超过20%的标本为头骨，其中包括52颗成人、儿童以及胎儿头骨，42颗流产胎儿头骨，以及9块头骨碎片。约10%的标本为部分或者成套的听骨，共52瓶。另外，目录还列出了16瓶成人牙齿标本、38件眼睛及部分器官标本、33件睾丸湿标本。该目录没有提到胚胎湿标本或者其他更大型的人体器官标本。拉乌的标本主要为了满足自己特定的研究兴趣，而非如实地展现人体。

表5-2　现代早期荷兰精选解剖学标本价格表

解剖学家	总价（荷兰盾）	拍品数量	平均单价（荷兰盾）
勒伊斯（1717年）	30000	2000	15
勒伊斯（1732年）	22000	1300	16.92
塞巴藏品中的勒伊斯湿标本	436.10	43	10.14
塞巴藏品中的勒伊斯干标本	127.73	30	4.26
比德洛（解剖学标本）	177.40	131	1.35
比德洛（动物湿标本）	276.70	149	1.86
比德洛（肾结石标本）	18.75	24	0.78
比德洛（骨骼、骨架）	117.45	62	1.89
范·林堡	91.40	33	2.77
拉乌	捐赠	471	—

　　莱顿大学医学中心的解剖学博物馆至今仍然保存着拉乌的一部分标本，其中大多数是保存完好的骨骼标本。不过这些骨骼的排列方式不便于进行细致观察，很多骨骼相互错杂地塞满了标本瓶。这些标本中尺寸最大且最突出的是一件胎盘蜡注射标本。不过与勒伊斯的标本相比，这件标本相形见绌，几处血管里的蜡漏了出来淹没了大部分胎盘，把标本染成了红色。

比德洛的藏书与作品

　　如果说勒伊斯对于标本艺术的哲学偏好反映在多产的精美标本中，那么比德洛就通过书籍贸易表达了自己的书面认识论。

比德洛是一名狂热的图书收藏家，也是一位多产的作家，出版过少量手册以及精美图册等各种类型的作品。根据比德洛离世后的拍卖目录，他的藏书超过了 1800 部，总价值将近 2900 荷兰盾。这些藏书的价格低于勒伊斯的标本，不过已经相当于比德洛标本价格的 10 倍。仅是医学或者博物学对开版图书，价格就已经超过了他所有的解剖学标本。每一部对开版图书的平均价格已经超过了标本单价。在平均价格方面，解剖学图书为 5.07 荷兰盾，博物学图书为 4.38 荷兰盾，古典著作为 5.4 荷兰盾。相比之下，一件标本的平均价格仅为 1.35 荷兰盾。

比德洛购买并收藏图书，也撰写了大量作品。除了手册，他还出版了面向高端市场的精装作品，相当于勒伊斯在标本领域占据的地位。例如，比德洛的《人体解剖学》堪称自维萨里以来的第一部重要的解剖学图册。这部作品中的图像由莱雷瑟绘制，并由阿姆斯特丹的顶级刻版师亚伯拉罕·布洛特林刻版。通过《人体解剖学》目标读者的一件趣事，我们可以看出这部作品所涉及的社会利害关系。1702 年，英国国王威廉三世从马背跌落导致肩膀脱臼，这起事故最终导致威廉三世于几周之后离世。比德洛听到国王受伤的消息之后，便一只手拿着《人体解剖学》，另一只手持着人体骨骼，来到国王面前向他解释摔倒时的详细情形。[52]

《人体解剖学》即便对于皇室成员来说价格也相当高。这部作品当时的定价为 30 荷兰盾，是同时代整个欧洲价格最高的插图百科全书之一。在比德洛藏书拍卖会上，英文版《人体解剖学》以 27 荷兰盾售出，是整个拍卖会成交价格最高的一部图书。对于英国书商塞缪尔·史密斯来说，《人体解剖学》也是他在漫长的职业生涯中，自欧洲联络人那里收到的最昂贵的图书。[53]

《人体解剖学》与《自然宝藏》类似，制作成本很高，由包括亨德里克·博姆（Hendrick Boom）在内的 4 家出版商共同出资。这部作品的盈利情况不得而知，但通过多种语言版本可以看出，欧洲其他国家的印刷商认为《人体解剖学》是一项具有良好前景的投资。这部作品最初的出版商于 1689 年出版了荷兰语版本，几年后开始计划俄语版本，并且为彼得大帝制作了手稿版本，1735 年又出版了全新的拉丁语版本。[54] 不过在同时代的"书信共和国"中，最受欢迎的仍然是英文版本。1695 年，书商塞缪尔·史密斯、本杰明·沃尔福德与出版商博姆签订了英文版本的出版协议。他们向博姆订购了 300 部《人体解剖学》，雇用英国外科医生威廉·考珀（William Cowper）翻译了英文版本。英文版本只在不列颠群岛内发行，因此这个数量的精装图册已经具备了相当的发行规模。不过博姆必须替换印版，对英文版本重新压印，影响了拉丁语和荷兰语版本的数量。[55]

表5-3 比德洛藏书价格表

图书类型	总价（荷兰盾）	数量	平均单价（荷兰盾）
解剖学对开版	218.05	43	5.07
医学对开版	208.10	67	3.11
博物学对开版	249.80	57	4.38
哲学与数学对开版	72.15	24	3.01
希腊语与拉丁语对开版	232	43	5.40
其他	613.85	86	7.14
对开版图书小计	1593.95	320	4.98
解剖学四开版	111.80	74	1.51
医学四开版	221.50	174	1.27
博物学四开版	70.95	28	2.53
哲学与数学四开版	86.45	66	1.31
希腊语与拉丁语四开版	69.95	30	2.33
其他	129.45	135	0.96
四开版图书小计	690.10	507	1.36
解剖学八开版	86.70	104	0.83
医学八开版	93.80	225	0.42
博物学八开版	64.55	55	1.17
哲学与数学八开版	21	50	0.42
希腊语与拉丁语八开版	77	67	1.15
其他	207.60	212	0.98
八开版图书小计	550.65	713	0.77
十二开版图书小计	46.70	257	0.18
禁售图书小计	4.70	7	0.67
合计	2886.10	1804	1.60

资料来源：《比德洛的图书馆与博物馆》（*Bibliotheca et Museum Bidloianum*）

然而英国人对于"翻译"具有宽泛的理解方式，延续了 18 世纪以前编辑与作者界限模糊的传统，这一传统曾在涉及塞巴的章节中讨论过。考珀为《人体解剖学》添加了 9 幅版画，使用自己的一些评论对作品文本进行了修订。他把英文版《人体解剖学》作为自己的作品进行了出版，扉页上全然未提比德洛的姓名。比德洛勃然大怒，他出版了一本手册对这种做法进行了指责，并且致信英国皇家学会要求对考珀的行为进行谴责。[56] 然而除了作者信誉，这起事件还涉及其他问题。相较于比德洛的名誉而言，出版商更关心利润问题。出版商提到，考珀的修订版本额外添加了插图，很可能抢占原作的欧洲市场份额。普通的英文译本在欧洲大陆范围内的接受程度有限，而修订版本很容易影响原作销量。[57]

人们经常会通过考珀侵占《人体解剖学》的事件来说明现代早期印刷文化的不稳定现象。勒伊斯在有生之年成功地保住了标本制备方法的秘密，比德洛对于盗版出版物则无能为力。不过这一类解读其实没有抓住整个事件的重点。在有关塞巴的章节中我们提到，精装图册的出版离不开铜版。与成本较低的纯文本图书出版不同，插图作品需要使用铜版原件或者雕刻全新的铜版，因此只有在出版商参与重大投资的情况下才能推出新版本。出版商通常会对铜版进行严密保管，即便作者本人也无法接触到铜版。布尔哈夫曾谈道："出版商出于卖书的目的而买下了作品，因此铜版往往由买方（出版商）所有，这样一来卖方（作者）或者其他人就无法对买方的权益造成损害。买方有权利对铜版严加防范。"[58]

因此，比德洛的出版商如果对铜版进行了妥善保管，就不会出现盗版问题。英国出版商想必买下了原出版商手中的铜版。

《人体解剖学》的受欢迎程度与盈利能力同样通过当时医疗市场的反响得到了体现。有人曾对勒伊斯的标本进行模仿，比德洛的插图作品同样被效仿。斯特凡努斯·布兰卡特的《改革解剖学》是一部价格低廉的袖珍型教材，第二版定价 14 斯图弗，对比德洛的版画进行了小规模重印。[59] 这部作品在整个欧洲非常有名，来自特兰西瓦尼亚（Transylvanian）的医生费伦茨·帕保伊·帕里兹（Ferenc Pápai Páriz）曾于 17 世纪 90 年代进行订购。[60] 不过比德洛并没有针对这部作品重印插图的问题主张版权。这一类 8 开版作品不会对《人体解剖学》这种对开版作品产生经济影响，反而可以使比德洛的名气在全世界的医学生群体中得到传播。

通过《人体解剖学》可以看出，出版作品具有一种可与勒伊斯标本比拟的流通模式。比德洛的标本数量较少且质量较差，但他的解剖学作品得到了荷兰以及其他国家作者的追捧与复制。这种现象可能会为出版商带来可观的利润，并且必然为比德洛赢得奥兰治宫廷中的职位。在比德洛作品的"半衰期"，我们同样可以看到相同的模式发挥作用。他的标本没有保存到今天，不过我们只要在互联网上搜索一下，就可以看到全世界的图书馆总共保存着超过 100 部《人体解剖学》。

总结

　　本章介绍了 17 世纪末期商业激发了视觉表现属性哲学探讨的现象。尽管比德洛与勒伊斯在几乎所有问题上都存在分歧，但两个人都具有创业精神。他们一致认为，如果想成为一名事业有成且受人尊敬的解剖学家，就需要拥有价格高昂的奇珍作品。只不过在应该把标本还是图册进行商品化，进而在当时蓬勃发展的欧洲医学市场上出售的问题上，二人存在分歧。[61] 这种分歧导致了他们之间的争论，在争论过程中，比德洛和勒伊斯向各自的潜在客户阐述了自己的商品价值所包含的哲学问题。

　　有关知识与实物传播方面的研究，曾针对全球交换系统对信息和物品的持久性要求进行了探讨。例如，马克·拉特克利夫（Marc Ratcliff）曾主张，亚伯拉罕·特伦布莱（Abraham Trembley）的交易策略主要依赖他可以使自海牙送往巴黎的微型标本完好无损。[62] 哈罗德·库克曾提到，标本制备技术最初的意图就是确保商品可以经受时间的考验。[63] 那些具有持久性的标本，使得勒伊斯在远途交易市场中成为一名优秀的科学企业家。

比德洛认为，标本艺术或许可以被解读为对人类生命的物化。解剖学标本具有僵化与静止的特征，无法模拟时间变化，因此无法捕捉大自然的变化特性。与之相比，书面形式具有动态特征，并且可以把蜡注射标本、干标本以及蒸煮处理标本等表现技术并列摆放在一起进行对比。另外，循环系统的存在是理性推断的结果，而书面形式在大自然变化特性的前提下，同样可以对循环系统的特定细节进行表达。因此，比德洛一方面反对解剖学标本的机械客观性，另一方面也不赞同其他图册中的抽象化与理想化倾向。与学术判断相比，他选择接受"心灵之眼"包含的自然主义。在大自然变幻莫测的前提下，制图员的创造性想象绝非谎言。

　　出于上述原因，比德洛不打算让自己的标本作为高端商品进入市场流通，而是留在实验室中作为书面作品的一次性工具。除了用于个人解剖学研究，比德洛的标本几乎不具备认识论与经济方面的价值。比德洛的博物馆未曾出现过贵族访客，也没有帮助他提升社会地位。大众对于比德洛的标本如实地表现人体功能持有怀疑态度，因而这些标本对于他们来说并非有价值的投资对象。于是比德洛转身投入了出版业，专注于制作有价值的奇珍科学图册。

　　关于并非所有的解剖学研究产品都要转化为商品的问题，勒伊斯与比德洛持有一致的观点。不过，比德洛把书籍奉为展现人体的终极商品，而勒伊斯认为印刷出版物仅是对标本进行传播推广的一次性工具。对于勒伊斯来说，书面插图并不是一种适当的表达方法，因而对于消费者来说不值得购买，但插图可以作为标本的补充手段。勒伊斯的藏品目录和其他手册得到了广泛传播，却没有为他带来可观的收入。这些书册的目的仅是推广藏品。

由此可以看出，书册与标本之间具有一种辩证关系。在勒伊斯看来，解剖学标本在认识论和经济方面都占据首要地位。来自荷兰、英国、德国以及俄国的收藏家把解剖学标本奉为宝贵的奇珍异品，直至今天仍然有 1000 件左右的解剖学标本保存在圣彼得堡。勒伊斯的出版物主要用来推广标本，本身不具备认识论功能。与之相反，对于比德洛来说，标本只是高端图册制作过程中的一次性廉价工具。《人体解剖学》使他的名声遍布荷兰、英国、俄国以及其他欧洲国家和地区。不过，标本和刻版图册并非用来表现人体的仅有工具。18 世纪第一个十年，勒伊斯把自己的藏品卖给彼得大帝之后不久，彩色版画作为一种全新的媒介出现在市场中。

166

Chapter 6——知识商品
彩色印刷术的发明

在 18 世纪 20 年代早期的英国伦敦，出生于德国的版画家雅各布·克里斯托夫·勒·布隆罗列了一份清单，内容为他使用自己发明的机械可复制彩色印刷技术出版的彩色版画。[1] 几个世纪以来，版画家只能在黑白版画上手工上色。勒·布隆对自己发明的技术进行了保密，不过这种新技术似乎可以突破手工上色的局限性。机械可复制彩色印刷技术巧妙地应用了色彩理论，可以呈现出光谱所包含的所有色调。勒·布隆在这份出版物清单的开头罗列了一些略显怪异的条目："圣维罗妮卡的面纱附带我主头部图像，$4\frac{1}{2} \times 3\frac{1}{2}$ 英寸"（一先令），"圣安德烈根据科伯恩医生的方法注射并制备的解剖学标本"（五先令），"英国国王肖像"（五先令六便士）。[2]

这些作品体现了勒·布隆全新印刷技术所蕴含的美学价值与经济价值。勒·布隆认为，彩色版画对"圣维罗妮卡的面纱"进行了最直观的表达。根据天主教的有关传说，耶稣受难时曾借用维罗妮卡的一块布巾擦拭脸庞，在汗水和奇迹的作用下，这块布巾显现了耶稣的面部形象。这幅作品不仅呈现了耶稣的神性，而且是一种极具象征性的宗教符号。"圣维罗妮卡的面纱"首次出现于 11 世纪的相关记载中，很快就成为艺术家的最爱，无数画家开始依据相关题材展开创作，强调了艺术可以对有形世界进行如实呈现，并且对耶稣那无形的神圣进行实体化。宗教改革之后，新教徒开始强烈地质疑维罗妮卡的面纱所具有的象征性地位与神力，不过仍然允许把相关题材作为关于完美视觉表现的寓言故事。勒·布隆把"圣维罗妮卡的面纱"作为第一幅彩色印刷作品，借此主张机械介入的上色方法可以改变表现手法不完美的状况，为图像赋予生命力。[3] 此前的上色工作主要依靠手工，具有不精确且易于出错的缺点，勒·布隆的机械彩色印刷对图像技术进行了完善，值得最高社会阶层的关注。勒·布隆的"英国国王肖像"以乔治一世肖像为主题，他借此主张这种技术应该具有王室地位，同时通过这幅作品争取乔治一世的赞助。

第三幅版画是威廉·科伯恩（William Cockburn）的作品《淋病的症状、特性、成因与治疗》（*The Symptoms, Nature, Cause and Cure of Gonorrhea*）中的一幅插图。勒·布隆声称，彩色版画不仅可以应用于美术领域，而且能够增强当代生命科学作品的表现力。彩色印刷可以对花朵盛开时的花瓣、珍奇鸟类羽毛上的花斑以及人体内部器官深浅不一的红色进行生动地呈现，因而这种技术与科学领域同样存在关联。科学工作者对此表示了赞同。但泽博物学家布雷内读完勒·布隆的论文之后，曾在日记中写道："这项发明可能会在博物学领域找到最伟大的用途。"[4] 这项技术在 18 世纪初期曾获得了广泛关注。当时，纤维解剖学如日中天，来自东印度群岛的珍稀物种推翻了动物学领域的传统观点。

第三幅版画借助了科伯恩的名气，因此对勒·布隆的技术进入科学插图市场来说极为有利。勒·布隆是一名毕业于莱顿大学的医生，曾为作家乔纳森·斯威夫特提供治疗，并且成为医师协会的著名成员以及皇家学会研究员。他关于淋病的著作曾大获成功，被多次重印。另外，第三幅版画同样与著名医生纳撒尼尔·圣安德烈（Nathaniel St. André）有关。圣安德烈曾为乔治一世以及著名诗人亚历山大·蒲柏等人进行治疗。这幅版画声称展示的并非人体器官的鲜活状态。版画铭文提到，图像内容为圣安德烈的"解剖学标本"，并且"通过主动脉对所有的腔体、海绵体以及血管等注射了蜡"。人体生殖器官中的血管高度密集，因此该标本的制成相当不容易。勒·布隆的版画是一种对表现手法的表现，呈现了图像与现实之间错综复杂的关系。这些版画同样表明，标本这种最新的立体可视化技术，现在可以通过彩色平面方式进行充分表现。勒·布隆的版画可以对制备水平最高的解剖学家制作的标本进行模仿，当他最终从印刷机上取下这些版画的一瞬间，肯定非常自豪。毕竟，他的刻版印刷技术已经与注射标本制备技术的表现能力不相上下。

彩色印刷技术之所以与科学领域相关，不仅因为这种技术可以用来描绘博物学与解剖学的相关物品。据勒·布隆称，他曾对数学、光学以及色彩理论进行过长达 10 年之久的研究，最终才发明这项技术。勒·布隆曾反复强调，他对于版画和美术工艺知识的掌握，主要建立在科学研究的理论基础之上。他声称，自己对版画技术的掌握与那些虚无缥缈的天赋无关，与当代学者帕梅拉·史密斯细致研究过的隐性知识同样毫无关联。[5] 近年来史密斯得出结论，现代早期的工匠认为自己所掌握的知识来源于他们主动对物质进行的实体化接触，相关内容无法单纯地通过规则或方法进行充分地总结与表达。勒·布隆的职业发展标志着早期的手工艺认识论开始衰落，并且象征着 18 世纪的很多科学工作者开始转向牛顿科学理论方面的理论修辞学。他们怀着幻想，希望把所有类型的知识都简化为数学法则。

手工艺自我认识方面的巨大转变会产生怎样的实际结果呢？本章认为，现代知识产权制度产生于这一类概念和理论的转变，不过这种转变并不必然伴随着手工艺实践内容的转变。如果从业者把版画或者与版画相关的发明当作无法通过语言表达的实体知识或隐性知识，那么他们就不会认为有人能够剽窃自己的工作方法。[6] 毕竟，只有在常年认真观察并模仿肢体动作的情况下，人们才能从刻版师那里习得相关知识。此外，如果表现技术可以简化为数学法则，很容易就会出现剽窃现象。[7]不良商家只要窃取一条公式就可以获得相关技术。在这种手工艺自我认识的全新体系之下，发明者需要通过商业机密或者法律来保护自己的发明成果，否则他们的地位就会受到威胁。

当物品的所有权可以发生变动的时候，这种物品就成为财产。同样，当知识可以在科学工作者之间转让、传播或者移动的时候，知识就转变为知识产权。在牛顿与机械革命之后，很多工匠开始使用具有理论性且能够数学化的科学语言来形容自己所掌握的知识和从事的活动，这时就首次出现了现代专利法的有关架构。[8]至此，手工艺技术开始具有了移动属性，成为一种商品。勒·布隆的故事恰恰揭示了知识产权历史中的大趋势。[9]本章介绍了勒·布隆把彩色印刷当作科学理论产物的细节，并讲述了勒·布隆出于保护新发明不受侵害的目的，直接申请专利和特权的有关情况。勒·布隆离世之后不久，他的彩色印刷专利技术就遭到了法国工匠戈蒂埃·达戈蒂的剽窃，勒·布隆的继承人不得不求助法国法院来维护自己的垄断地位。由此可见，勒·布隆针对自己的发明所采取的保护措施并非完全出于性格方面的原因。

印刷技术的创新：铜版与墨水瓶

　　现代早期的版画领域曾出现了各种各样的发明创造。从古腾堡的活字印刷术到平版印刷术，印刷领域一直处于技术停滞状态。传统观点认为彩色印刷术的出现不过是该领域取得的微小进步。不过经过仔细观察我们就会发现，几个世纪以来，印刷领域零星地诞生发明创造。[10] 这段时期，印刷工匠一直努力开发全新的印刷装置和更高效的墨水，并且发明了在纺织品、皮革以及玻璃上印刷图像的技术。史学界往往倾向于忽略这些进步，原因在于很多新技术都没有把纸张作为印刷媒介。研究现代早期科学插图的学者传统上都把注意力集中于图书插图，直到近年来，艺术史学者才开始专注于研究绘画、雕塑以及纸质印刷品。[11] 如果我们把注意力扩展到纸质印刷品以外的领域就会发现，彩色印刷构成了 1700 年左右开始出现的整套成像技术的一部分。

　　印刷术于 15 世纪彻底改变了欧洲的文化形态，原因并非仅是古腾堡发明了活字印刷术。1400 年前后欧洲出现木版画，随后不久造纸厂雨后春笋般遍布整个欧洲大陆。当时的人们在木头表面刻下图像浮雕，上墨之后压印在纸张或牛皮纸表面，便制成了木版画。凹版印刷术（包括雕刻与蚀刻）同样在 15 世纪得到了完善，并且为勒·布隆的发明奠定了基础。在进行凹版雕刻的过程中，工匠使用"V"字形刀刃的雕版刀把图像刻在铜版上，

171

给整块铜版上墨，随后擦拭铜版表面，墨水就仅留在了雕版刀刻出来的缝隙里。最后使用很大的压力在纸张表面压印铜版，这样就制成了版画。蚀刻版画的制作方法与之类似，不过会在铜版表面涂抹一种耐酸性较强的蜡。工匠使用针形工具挑除蜡来绘制图像，让铜暴露出来，随后把铜版浸入酸性物质。酸性物质与暴露的铜发生反应烧出图像，最后把蜡去除，上墨压印，就制成了蚀刻版画。

1500 年，这些印刷技术传遍欧洲各地，人们开始使用这些技术制作扑克牌、木版图书、宗教图像、博物学插图等。当然，其中也包括一些技艺精湛的艺术作品。木版、雕刻以及蚀刻技术得到普遍传播，因此各界学者并没有把版画当作发明创造的温床。根据历史学家的研究，丢勒、鲁宾斯等大师级别的画家曾经把自己的签名转变为受到保护的商标，在多个司法管辖区维护自己的版权。不过根据推测，这段时期有关专利的法律并没有对版画家起到保护作用。[12] 翻看一下荷兰共和国议院和英国王室的专利登记簿就可以发现，当时的印刷领域是一种相当复杂的局面。古腾堡的活字印刷术在当时似乎并非一项完整的技术发明，1634年，阿诺尔德·罗迪斯本（Arnold Rotispen）对相关模型进行了改进并在荷兰获得了特权。[13] 纸张在当时同样需要改进，因为当时的纸张颜色各异。1692 年，纳撒尼尔·吉福德（Nathaniel Gifford）因"制作各种蓝色、紫色等颜色的纸张"而在英国伦敦获得专利，预示了欧洲启蒙运动时期书信作家的蓝色信纸时尚的到来。[14] 另外，墨水和颜料也在这段时期得到了改进。为了避免墨水在使用之前变得干燥，荷兰书商阿德里安·博科尔特（Adriaen Bockaert）发明了玻璃墨水瓶并获得了专利，这种墨水瓶可以避免墨水遭到污染或者变得黏稠。[15] 在英国，乌芬巴赫曾了解到，英国国王詹姆斯二世为查尔斯·霍尔曼（Charles Holman）的一项发明授予了专利。这是一种粉末墨水，不会变干、变稠、冻结或者变质，使用的时候加水调和即可。几年之后的光荣革命过后，霍尔曼的商业竞争对手托马斯·哈宾（Thomas Harbin）发明了"闪亮的日本墨水"并获得了专利，这种墨水同样具有极为突出的特性。[16]

172 图像同样可以印刷在纸张以外的媒介。当时的工匠迎合了荷兰富裕市民以及英国贵族对室内装饰的需求，把装饰性图案印刷在纺织品、镀金皮革等墙面装饰物表面并获得了专利。[17] 1611 年，来自荷兰的扬·安德里兹·莫尔比克（Jan Andriesz. Moerbeecke）因在挂毯上"附有美丽且多样化人物的装饰性印刷及着色"获得了专利，这种技术还可以用于印刷丝绸、亚麻和羊毛纺织品。[18] 来自海牙的雅各布·迪尔克斯·德·斯沃特（Jacob Dircxz. de Swart）因"使用金银及各种颜色……在皮革、绸缎、霍尔木兹丝绸、亚麻等材料上印刷人物、历史题材、狩猎场景、野生动物、鸟类等"而获得特权，还因在镀金、镀银以及彩色皮革上印刷"各类鲜花、花环、人物、动物、鸟类"而获得了一项专利。[19] 几年之后,雅各布·费斯特根·史蒂文斯(Jacob Verstegen Stevensz)获得了在多种纺织品表面进行彩色印刷的专利。[20] 很多这类技术在当时都引起了科学工作者的兴趣。17 世纪 70 年代,版画家威廉·舍温(William Sherwin)开始研究在棉布上染色或印刷的技术,与此同时,罗伯特·胡克(Robert Hooke)也对这种技术表现出了浓厚的学习兴趣。[21]

以白纸、蓝纸、丝绸、亚麻和绸缎为媒介的彩色印刷盛极一时,而最新出现的"美柔汀"(mezzotint)铜版印刷超越了这些技术的风头。"美柔汀"的早期历史反映了当时的工匠与自然哲学家对于成像技术具有共同的兴趣,表现手法的问题同时涉及了科学、艺术以及商业因素。这种技术的新奇之处在于较强的色调变化表现能力。刻版师首先会使用附带摇杆的锋利工具在铜版表面进行雕刻,如果在这个阶段印刷的话,图像会呈现全黑色调,因为墨水会充分浸入铜版表面的刻痕。为了制造比全黑图像亮度更高的白色或灰色图像,刻版师对铜版表面进行打磨,光滑的表面会使墨水的附着变少。在此过程中,刻版师可以通过微调光滑程度,来表现微妙的色调变化与亮度。相比之下,雕刻法与蚀刻法只能通过影线来达到类似的效果。[22]

"美柔汀"铜版印刷自早期开始就被认为是一种可以带来经济价值与荣誉的机密技术。[23] 发明者路德维希·范·西根

173

图 6.1————"美柔汀"铜版印刷可以表现高度的色调变化。范·西根,《阿梅莉亚·伊丽莎白公主》,
1642 年。

（Ludwig von Siegen）曾于 17 世纪 40 年代使用这种技术制作黑森—卡塞尔公主阿梅莉亚·伊丽莎白（Amelia Elizabeth）肖像，并借此寻求赞助。[24] 后来，具有传奇色彩的鲁珀特王子（Prince Rupert）通过范·西根掌握了这种技术，为这种技术增添了手动摇杆，并采取措施避免了技术的传播。根据荷兰传记作家豪布拉肯（Houbraken）的记载，鲁珀特王子"让瓦扬（他的仆人）起誓永远不会泄露与这种技术相关的机密"，然而这名仆人后来不小心把技术透露给了巴黎的一些刻版师。[25]

斯图亚特王朝复辟之后，英国皇家学会宣布成立，学会成员马上投入了针对代表性技术的研究工作。[26] 1662 年，英国皇家学会创始成员之一、英国艺术大师约翰·伊夫林（John Evelyn）发表了有关印刷技术的观点。伊夫林声称，版画有望改革自然知识方面的研究，并且对于那些"沉溺于更加高尚的数学科学"的人来说，版画会发挥特别的作用，这些人"可以愉快且有把握地绘制并雕刻自己预想的作品"。[27] 版画还推动了注重事实收集的培根哲学的发展，伊夫林告诫其他研究人员应该"在艺术领域和科学领域中进行最精确地观察，并收集所有相关的画作、印刷品、设计、模型以及各种如实反映事物原貌的作品"。不过针对版画的科学研究未能转化为公共知识。伊夫林把"美柔汀"铜版印刷技术称为"一种非常罕见、独特且得到普遍认可的奥秘，此前从未出现过这种技术"[28]。这位英国艺术大师不愿公开这种"奥秘"，其原因并非学习版画只能通过多年的身体力行来积累经验。他担心公开相关技术细节可能会使得"所有的精巧人士"剽窃这种技术为己所用。伊夫林绝不希望这种技术"以低廉的价格泛滥"[29]。为了解决披露与艺术庸俗化之间的矛盾,伊夫林决定把自己有关"美柔汀"铜版印刷技术的报告存放在英国皇家学会的档案中,这样一来只有少数人才能了解相关内容。英国皇家学会曾经发表过民主化言论,但那些以商业盈利为导向的版画家仍然无法融入皇家学会受荣誉约束的特有网络来获取有关机密。

在接下来的 15 年里,"美柔汀"铜版印刷技术在英国一直局限在少数人范围内。[30]鲁珀特王子曾与伊夫林、日记作家兼科学爱好者塞缪尔·佩皮斯(Samuel Pepys)、宫廷刻版师威廉·舍温、建筑师兼皇家学会会员克里斯托弗·雷恩(Christopher Wren)、荷兰自然哲学家克里斯蒂安·惠更斯(Christiaan Huygens),以及马丁·利斯特撰写的蜘蛛作品的制图员弗朗西斯·普莱斯(Francis Place)等人分享了这种技术的有关细节。版画家威廉·费索恩(William Faithorne)的知名度较低,未能接触到相关内容,他的作品《雕刻与蚀刻的艺术》(*Art of Graveing and Etching,* 1667 年)也没有提到这种技术。[31]亚历山大·布朗(Alexander Browne)的作品《绘画艺术》(*Art Pictoria*)于 1669 年首次公开描述了"美柔汀"铜版印刷技术,不过他没有披露摇杆的形状,承诺只进行当面展示。[32]1672 年春天,熟悉这项

175

技术的一批荷兰工匠为了躲避法国入侵来到英国伦敦，打破了鲁珀特王子对这项技术的垄断地位。其中，亚伯拉罕·布洛特林的技术和作品在相关领域尤为突出，他后来还为比德洛的《人体解剖学》制作了蚀刻插图。[33] 不过当时的这批荷兰工匠不愿向那些与鲁珀特无关的其他英国工匠披露技术细节。一个英国版画家协会为此联络了布洛特林身边一名即将返回荷兰的仆人，支付了数目可观的金钱来换取"美柔汀"铜版印刷技术。[34] 这种技术的所有者无意进行披露，因此技术传播速度缓慢。只有当大量刻版师聚集在一购买技术细节时，这一技术才成为公共知识。

当艺术转化为理论

"美柔汀"铜版印刷技术成功地吸引了科学工作者和手工艺人士的兴趣，彩色印刷更是获得了强烈的反响。彩色印刷技术的发明者勒·布隆是启蒙运动的追随者，他相信自然、艺术以及技术性发明存在行为规律，并且曾在自己的职业生涯中声明，彩色印刷技术的原理涉及牛顿的光学定律。长久以来，历史学家认为 17 世纪与 18 世纪的科学事业领域曾出现大规模数学化现象，这种现象经常但不绝对伴随着微粒论和机械哲学的出现。[35] 自然界数学化现象并非来源于牛顿，但 18 世纪的很多追随者都把牛顿当作相关观点的旗手。在尚克（J. B. Shank）、玛格丽特·雅各布（Margaret Jacob）、拉里·斯图尔特（Larry Stewart）等历史学家著作的帮助下，今天我们已经在很大程度上了解了牛顿思想在英国以及欧洲大陆追随者中被接受、受到选择性采纳以及出现离奇转变的复杂历史。[36] 荷兰的爱好者和手工业者、法国哲学家以及英国工程师，经常会针对牛顿哲学所包含的内容与数学原理产生极大的分歧，不过各类群体仍然达成了广泛共识，其中同样包括了那些反对牛顿的人们。根据共识观点，自然界、艺术以及技术性发明可以通过简单的定律进行表达，这些定律有时会表现为数学定律。不过关于这种观点的适用范围仍然存在较大分歧。[37]

数学领域的最大成功主要体现在天文学和物理学，不过其他领域同样受到了影响。荷兰医生赫尔曼·布尔哈夫认为，即便医学尚不够成熟，无法完全接受数学方法，数学最终仍然可以为医学提供变革手段。[38] 还有一些学者对数学怀有更强烈的热情。比如殖民地内科医生约翰·米切尔（John Mitchell）曾主张，可以通过把牛顿光学直接应用于解剖学，解决肤色方面的种族差异问题。[39] 此外，雅克·德·沃康松（Jacques de Vaucanson）曾把人类和自然界的理论转变为物质，制造了著名的自动横笛吹奏机，巧妙地把力学和声学定律应用于复杂的音乐演奏过程。[40] 德·沃康松并没有把生活中的所有方面都归因于力学定律（他的机器鸭的排便行为主要基于消化行为的化学模型），但他显然认为人类和自然界的很大一部分都可以通过这一类定律进行表达。[41]

数学不只统御着星空和人体。欧洲的艺术理论学者曾主张，美妙的画作同样可以借助数学进行制作和分析。法国作家罗杰·德·皮莱斯（Roger de Piles）曾按照构图、绘画、色彩以及表达等四个方面对艺术大师进行评分，满分 18 分。其中，伦勃朗的构图获得 15 分，绘画 6 分，色彩 17 分，表达 12 分。拉斐尔则在四个方面分别获得 17 分、18 分、12 分以及 18 分。[42] 还有一些艺术作家认为，数字不仅有助于评价艺术家，而且决定了如何画出完美图像。来自荷兰的威廉·戈里（Willem Goeree）等古典主义作家曾试图以数学作为大部分基础来建立基本规则，指导艺术家确定人体比例、把人体置于虚拟的三维空间等。荷兰记者彼得·拉布斯（Peter Rabus）曾提出，这些理论学家的任务之一是研究色彩的混合以及光、影的相互作用，"到目前为止还没有人能从数学角度论证相关问题"[43]。根据拉布斯的观点，除了色彩理论，美学已经成功地简化为一套定义清晰的规则。

1700 年前后，手工艺技术同样经历了类似的概念重建。现代早期占主导地位的手工艺认识论主要集中于知识产生过程中的具象化与隐性特性，17 世纪晚期和 18 世纪，技术发明与手工艺逐渐转化为"机械训练"（mechanick exercises）。英国印刷商约瑟夫·莫克森曾写道："机械训练"受到了普遍"规则"的支配，"所有努力参与其中的人都必须遵守相关规则"。[44]时隔100年，德·沃康松借助同样的理念设计了自动织布机，使用机械设备替代了人类纺织工。[45]勒·布隆等刻版师在探讨手工艺或者艺术方面的作品和发明的时候，同样倾向于削弱天赋、隐性具体知识以及经验的重要性，与德·沃康松和莫克森相比作出了更加着重的强调。不过，勒·布隆等人把艺术看作对一整套便于沟通的数学表达或语言学表达的具体应用，主张任何人都可以轻松地获取相关知识。另外，艺术方面的规则倘若能够得到充分传播，那么每个人都可以成为优秀的艺术家或者工匠。

本章的主角勒·布隆出生于1667年，"美柔汀"铜版印刷在当时已经应用于博物学领域，只有少数人掌握着相关技术。勒·布隆的父亲从属于法兰克福梅里安王朝，拥有17世纪最有影响力的版画家族背景。勒·布隆的曾祖父是刻版师马托伊斯·梅里安（Matthaeus Merian），其他亲属还包括刻版师兼外交官米歇尔·勒·布隆（Michel Le Blon）、艺术史学者格奥尔格·桑德拉特（Georg Sandrart）、博物学家玛丽亚·西比拉·梅里安，以及出版商西奥多·德·布里（Theodor de Bry）等。经由德·布里编辑和重编的旅行书籍曾于16世纪末期在欧洲市场大卖。因此，勒·布隆自幼便拥有17世纪欧洲版画领域最优越的家庭环境，为他日后成为一名具有创新意识的版画家奠定了基础。

乌芬巴赫曾提到，勒·布隆在罗马与卡洛·马拉蒂（Carlo Maratti）共同开展研究工作之后，1704年定居阿姆斯特丹，并决定"研究伟大的牛顿理论在绘画色彩中的应用"[46]。正是在这段时期，勒·布隆开发了全新的印刷技术。在勒·布隆之前的几百年里，也曾出现过很多针对彩色印刷的尝试，其中包括明暗木版画（chiaroscuro woodcuts）以及约翰尼斯·提勒（Johannes Teyler）的球状填料版画（à la poupée prints）。约翰尼斯·提勒是一位来自阿姆斯特丹的艺术家，他开发的这种技术可以依靠"美柔汀"印刷技术对色调变化进行精密调控。勒·布隆的技术需要使用三块铜版在同一个页面上进行印刷。[47]首先使用一种摇杆工具对铜版分别进行刮擦、打磨，控制色彩亮度，随后每块铜版各使用红黄蓝三原色之一的墨水进行上色。如果在这一阶段使用铜版分别进行印刷，就会制成单色图像。三块铜版在同一张纸上进行印刷，三种颜色会融合，产生光谱中的各种色彩。勒·布隆的学徒、荷兰艺术家扬·拉德米拉尔曾经透露了相关技术细节，由此我们才得以逐步了解这项技术的工作原理。不过拉德米拉尔没有使用三原色给铜版上色，而是挑选了蓝色、黄色和绿色。他使用这三种颜色的铜版在同一张纸上进行印刷，随后手工添加了一部分红色，最终制成了勒伊斯硬脑膜标本彩色插图。在"美柔汀"印刷的帮助下，这种技术可以有效地控制各种色彩的亮度，适当表现色调的细微变化以及光、影之间的复杂交互。这项技术在理论上完全行得通，实践中却困难重重。拉德米拉尔必须手工为硬脑膜插图添加红色，同时代以及后来的艺术史学者同样曾指责勒·布隆使用手工上色的方法来美化印刷作品。勒·布隆穷其一生也未能实现完全机械操作的彩色印刷，不过他仍然坚信自己理论的正确性，并且能够获得预期效果。

阿姆斯特丹对于勒·布隆来说具有探讨理论基础的良好科学环境，他曾与谷物商兰伯特·泰恩·凯特维持着密切的联系。泰恩·凯特是牛顿光学理论的狂热信徒，同时是一名业余美学理论学者。在前面的章节中我们提到，他曾经收集了一些奇珍异品和解剖学标本。当时，荷兰有数量众多的思想家，泰恩·凯特也是其中一员。为了对抗斯宾诺莎的激进思想，这些思想家曾试图证明数学无法得出无神论结论，而是会引导人们对上帝产生更深层次的崇敬。在 18 世纪的第一个 10 年里，勒·布隆在开发彩色印刷技术，泰恩·凯特则与古典主义画家亨德里克·范·林博克（Hendrik van Limborch）合作开创一种可以广泛应用于雕塑、光学以及"美柔汀"彩色印刷技术的毕达哥拉斯比例定律。[48]

泰恩·凯特、范·林博克和勒·布隆针对一种综合理论展开了共同研究，这种理论可以使用统一的科学框架来解释看似截然不同的艺术实践活动。泰恩·凯特在其中堪称精神领袖，他是"艺术可简化为普遍规律"这一观点的坚定支持者。[49]勒·布隆后来曾写道，泰恩·凯特这位荷兰理论学家显然发现了"古希腊的类似案例，毕达哥拉斯曾为希腊找到了绘画、雕塑、建筑、音乐等领域和谐比例的关键因素"。勒·布隆认为这种"理论科学"是"最重要且实用性最强的发现与进步"，曾帮助希腊人"在科学与艺术领域超越了其他国家"，因而泰恩·凯特的研究工作有可能促进荷兰的复兴，在技术创新与艺术领域重新获得领导地位。泰恩·凯特在研究工作方面的灵感来自美学领域。他认为，每一幅画作都具有"一种独特的和谐系统以及部分与整体之间的结合关系，就像优秀音乐作品中的音阶系统或者音调系统"。对于那些掌握了这种和谐规则的人来说，此前"对于大多数人来说神秘莫测"的绘画艺术，可以转化为科学理论，使用语言表述来轻松地表达沟通。[50]

179

泰恩·凯特对于这种"毕达哥拉斯类比定律"的首次研究，主要围绕着人体解剖学比例展开。勒·布隆曾在相关研究中与泰恩·凯特进行了密切合作，1707年勒·布隆以自己的名义发表了泰恩·凯特的研究成果，后来又把泰恩·凯特的相关著作翻译为英文版本。[51]泰恩·凯特相信，理想且美观的人体器官可以使用数学语言中的比例来进行描述。如果把泰恩·凯特称为相关领域的开拓者或者失落知识的发现者，似乎有些不妥。毕竟自文艺复兴以来，艺术理论学者一直探讨相关问题。来自意大利和德国的一些作家曾依据古罗马学者维特鲁威的作品声称，成人的身高可以通过头部长度的整数倍来进行表达，倍数通常为7、8、9。

另外，其他身体部位的尺寸同样可以按照头身比例来进行表达。阿尔布雷希特·丢勒（Albrecht Dürer）是一位德国艺术家，他在自己的作品《人体比例》（De symmetria partium）中附加了一张详细的表格，对相关研究那令人惊讶的准确性进行了说明。丢勒仔细地计算了人体最小器官的长度比例，其中包括指节。根据他的测算，男性和女性的头部尺寸与指节长度的倍数包括7、8、9，最大倍数可达11倍。[52] 身处荷兰黄金时代的艺术理论学者追随了丢勒的步伐，并通过参加解剖活动改进了测量方法。曾担任比德洛作品《人体解剖学》制图员的杰拉德·德·莱雷瑟对自己可支配的尸体进行了仔细测量，把相关研究结果发表在他的作品《大绘本》（Groot schilderboek）有关人体比例的章节中。该作品是一部供画家训练使用的实用指南。[53] 在寄给泰恩·凯特的信件中，范·林博克曾严厉地批评了德·莱雷瑟，强调德·莱雷瑟的系统"真的没有比丢勒使用的测量方法更好"[54]。

泰恩·凯特的系统针对相关热门研究领域中的衰老问题提出了全新的解决方案，因而极具创新性。泰恩·凯特认为德·莱雷瑟对比德洛曾接触过的病恹恹的荷兰尸体进行研究的做法非常令人不快，只有古代那些美丽的雕塑才能反映理想人体的真实比例。于是他使用《拉奥孔群雕》以及美第奇的维纳斯石膏模型开始了自己的研究。这些雕塑作品提供了近乎完美但并非绝对完美的理想人体模型，比如米开朗基罗的大卫雕像头身比例偏小。不过使用这些雕塑获得的研究成果仍然优于同时代雕塑作品。泰恩·凯特对雕塑的比例进行了精准测量，精度通常可达三分之一毫米。他欣喜地发现，自己的研究结果为毕达哥拉斯和谐定律提供了全新的基础。[55] 文艺复兴时期的理论学者往往误认为头部是测量人体的基本单位。然而泰恩·凯特发现，胸部才是人体变动最小的部位，应该把胸部当作基本单位。理想的人体身高往往是胸部长度的9倍。[56]

美丽的人看起来并不完全一样。文艺复兴相关理论有一则著名的信条：即便身高不同的人体在比例方面有所差别，仍然可以十分美丽。泰恩·凯特采纳了这一观点。根据他的研究，不同身高的人体的腿部、腹部以及胸部的基本长度比例相同，差别在于头颈比例。高个子的头部长度与胸部相同，但颈部长度相当于胸部长度基本单位的一半。中等身高的人，头部长度为 $1\frac{1}{8}$ 基本单位，颈部长度为 $\frac{3}{8}$ 基本单位。最矮的人头部长度为 $1\frac{1}{4}$ 基本单位，颈部长度为 $\frac{1}{4}$ 基本单位。泰恩·凯特由此得出了与文艺复兴传统截然不同的结论——人体的头身比例并非整数。

至此，毕达哥拉斯和谐定律基本形成，并且揭示了人体在功能方面与乐器有几分相似。众所周知，毕达哥拉斯的音乐理论认为音程可以通过整数之间的比例进行表达，比如五度音程的比例为 3∶2，四度音程的比例为 4∶3，大二度音程的比例为 9∶8。泰恩·凯特吃惊地发现，不同身高之间的头部

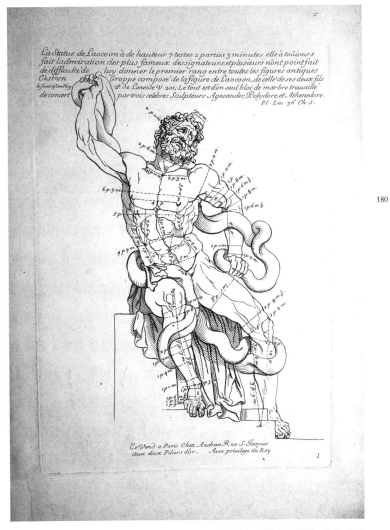

La Statue de Laocoon a de hauteur 7 testes 2 parties 3 minutes elle a toûiours
fait l'admiration des plus fameux dessignateurs, et plusieurs n'ont point fait
de difficulté de luy donner le premier rang entre toutes les figures antiques
C'est un Groppe composé de la figure de Laocoon, de celle de ses deux fils
de concert par trois celebres Sculpteurs Agesander, Polydore, et Athenedore.
                                                                Pl · Liu · 36 Ch · 5 ·

Ce Vend a Paris Chez Audran Rue S: Iacques
aux deux Piliers d'or . Auec priuilege du Roy

180

图 6.2—————奥德朗（Audran）曾对古代雕像进行测量，图中为《拉奥孔群雕》。泰恩·凯特
的灵感很可能来源于奥德朗的作品。奥德朗，《人体比例》（*Les Proportions du corps
humain*）图 2。

长度比例对应了音程比例。高个子和中等身高的头部长度比例
为 1：1$\frac{1}{8}$，也就是 8：9，与大二度音程相等。中等身高与矮个
子的头部长度比例为 1$\frac{1}{8}$：1$\frac{1}{4}$，也就是 9：10，与小二度音程相等。
高个子与矮个子之间的头部长度比例为 4：5，相当于大三度音
181 程。泰恩·凯特又对不同身高的颈部长度进行了对比，发现长度
比例可以对应四度、五度以及八度音程关系。发现音乐与解剖学
之间的完全相关关系之后，人们就可以借此制定简单的定律来支
配艺术解剖学方面的实践。泰恩·凯特对自己的研究成果十分满
意，他饱含热情地宣布了这项发现所具有的重要性："因此音乐
的整个基础以及其中的所有美妙之处，都与理想的人体美感比例
出奇地一致。多么令人赞叹的和谐！美丽的大自然在歌颂它神圣
的创造者，咏唱着迷人的曲调！"[57]

182   泰恩·凯特的毕达哥拉斯和谐定律不仅可以应用于艺术解
剖学，而且能够应用于光学领域。他在 1716 年的一次演讲中对
牛顿有关阳光通过棱镜衍射出各种色彩的发现进行了扩充和纠
正。[58] 他在自己的作品《光学》中提到，牛顿曾经在一面墙壁的
小洞中放置一面棱镜，让阳光透过棱镜照进了墙壁另一面的黑暗
房间，[59] 于是阳光投射出一条类似彩虹的矩形光谱，映出了紫色、
靛蓝色、蓝色、绿色、黄色、橙色以及红色的斑块。牛顿曾注意
到这些斑块的宽度不一，泰恩·凯特发现这些斑块的宽度其实遵
循毕达哥拉斯和谐定律。如果把光谱总宽度的两倍作为基本测

量单位，红色光斑的宽度加总宽度之后就相当于 $\frac{9}{16}$ 个基本单位，该数值同时对应了小七度音程。在此基础上添加橙色光斑的宽度，就得到了 $\frac{3}{5}$ 个基本单位，对应了大六度音程。按照这种操作方法进一步相加，就可以分别得出与五度、四度、三度以及二度音程相对应的比例。

牛顿是一位来自英国的著名科学家，他的光学系统居然与来自荷兰的泰恩·凯特在人体比例方面的发现极为相似，我们由此也就不难理解泰恩·凯特对牛顿理论的热情所在。泰恩·凯特对牛顿的理论作出了改进，目的在于协调光学理论与毕达哥拉斯和谐定律之间的关系。他以音程与棱镜实验光斑的相似之处为基础，把映射出的整个光谱等同于音乐领域的一个八度。不过，管风琴等乐器一般包含若干个音区，即多个八度，但光谱中的不同色斑仅出现了一次。那么应该怎样为两者进行对应呢？

在这里，泰恩·凯特使用了肥皂泡。[60] 他在酒杯的开口处罩上了一层肥皂泡薄膜，仔细观察了光在这层薄膜上的反射情况。薄膜表面起初未能显示出色彩，但很快就显现了与彩虹相似的光谱。肥皂泡起到了棱镜的作用，把白色的光转变为由光谱组成的一个八度。几秒钟过后，肥皂泡薄膜表面又出现了第二组光谱，类似于并列排列的双彩虹。最后，肥皂泡破掉之前，薄膜表面总共并列显现了 8 组光谱。新出现的光谱与较早出现的光谱相比，宽度更大、光强度更低。在这项实验中，肥皂泡薄膜起到了光学领域乐器键盘的作用，对色彩和声音进行了连接。

勒·布隆同样投入了与泰恩·凯特比例研究相似的科学研究，他开发了一种色彩理论，进而通过相关理论对"美柔汀"铜版印刷技术进行了改进。[61] 从一开始，勒·布隆便对这种极具创造性与商业价值的印刷技术充满了热情。他写道，他的"精神被打印出和谐排列的色彩的可能性所占据，无法停止思考相关内容"[62]。发明成功之后，只要勒·布隆能够成功保守机密，就可以在 18世纪早期繁荣发展且竞争激烈的印刷文化市场中获取利润，并取得垄断地位。勒·布隆的印刷方法通过对三原色进行混合来重现整个光谱所包含的色彩，这种对红黄蓝三种色彩的强调，似乎与牛顿通过折射来同时呈现七种色彩的理念不一致。泰恩·凯特在 1716 年的演讲中探讨了这一矛盾之处，并通过一个依据类推法则的技巧进行了化解。[63]

到目前为止我们可以看出，勒·布隆的彩色印刷技术似乎不需要那些比较复杂的理论基础，如泰恩·凯特的比例理论、数学。然而他在高质量印刷过程中其实面临了一个很重要的操作问题，勒·布隆打算借助数学方法来解决相关问题。为了混合三原色来重现光谱中的色彩，勒·布隆需要对各种色彩进行认真地分解。这一步对于绘画来说相对比较简单，只要在画布上涂抹颜料，就可以直接看出是否混出了需要的色彩。然而在"美柔汀"印刷过程中很难对误差进行纠正。印刷过程对色彩强度的把握主要通过打磨印版来实现，并且只有印刷过后才能够看到色彩调配结果。拉德米拉尔的心脏标本插图证明了纠正印刷误差的方法。版画师在插图需要添加更多黄色的位置标注了字母"A"，在需要增强红色强度的位置标注了字母"G"。接下来，印版就需要按照这种指示重新打磨和印刷。工作过程相当繁复。

为了提高这种印刷技术的生产效率，并为这种技术寻找理论基础，勒·布隆和他的团队开始尝试寻找印刷特定色彩所需颜料的精确数学比例。他们特别关注了人体皮肤的阴影与反射效果，相关问题在当时也是法国画家与艺术理论学者进行广泛研究的课题。[64]1709 年，勒·布隆在他的工作室进行了一项确定"阴影的缩放与连续和谐调配"的实验，[65] 实验的主要对象为油画。勒·布隆当时肯定希望把相关实验结果应用到印刷领域。在实验过程中，版画师在光源附近放置了一张白纸，这张白纸与观察人员之间距离 3 英尺。然后版画师又放置了另外两张白纸，这些白纸距离光源和观察人员的距离分别按照 3 英尺递增。随着距离越来越远，这些白纸看起来就会越来越暗。为了在绘画中表现这些不同程度的阴影，勒·布隆在距离观察者 2 英尺处放置了一块纯白画布，并开始为画布涂抹黑色颜料，一直涂到观察者认为画布的黑色程度与第一张纸上的阴影相同为止。随后，他继续为画布涂抹黑色颜料，分别涂到与第二张和第三张白纸阴影相同的程度。勒·布隆通过这项实验仔细地测量了在白色背景中制造阴影所需的黑色颜料数量。他发现，这一过程可以"按照算数比例"对白色进行调和，制造三种阴影程度所需的黑色颜料数量形成了一种递归数列。[66] 另外他发现这种方法同样可以用来调和其他颜色，比如给红色增加亮度时，可以为 1 单位的红色颜料添加 15 单位的白色颜料。想把红色调得更亮的话，就需要把白色颜料增加到 31 单位。[67] 勒·布隆列出了一张表格，记载了很多测量数据。按照我们现代的表达方式，这些数据可以简化为以下公式：

$$F_{(n)} = 2 \times F_{(n-1)} + I \ (\ n = 亮度，F = 白色颜料数量\ )$$

这项实验中的颜料调和规律类似于前文提到的艺术解剖学、棱镜以及肥皂泡，遵循有关和谐的科学定律，而这些定律则可以通过语句进行表达。为了创作色彩表现力较强且美观的画作或者版画，艺术家牢记数学比例规则即可。常年的艺术从业经验无法取代这种描述性知识。勒·布隆承认，艺术家有时"会在自己不了解原因的情况下通过自己的笔触创造出绝妙的技巧"[68]，但这种现象往往只是出于偶然。艺术家想要持续创作优秀作品的话，就需要了解勒·布隆制定的相关法则。

毕达哥拉斯类比的所有权

勒·布隆的光影实验使得泰恩·凯特的理论研究得以应用在

版画领域。毕达哥拉斯和谐定律不仅揭示了大自然神奇的运作方式，而且在艺术和手工艺领域引发了变革。牛顿曾经确立了力学与光学领域的定律，泰恩·凯特和勒·布隆也在美学和版画领域确立了定律。牛顿曾希望自己的数学化光学实验科学能够得到全世界学术团体的普遍理解与复制，泰恩·凯特等人同样希望自己的艺术定律能够得到全欧洲艺术家的应用。[69] 不过泰恩·凯特等人与牛顿的差别在于，他们对相关期望并未怀有高度的热情。理论思想的传播是一种值得令人称赞的理想，但是像勒·布隆这类艺术企业家，如果出现他的发明被大规模挪用的现象，他的事业将会遭受巨大打击。

因此勒·布隆对自己的技术发明进行了保密，希望借此维护自己在相关领域中的垄断地位。通过勒·布隆的谈话记录、出版作品以及与他人针对法律问题的辩论可以看出，勒·布隆对保密问题的关注与对彩色印刷理论基础的信念具有关联关系。值得注意的是，泰恩·凯特及有关人士在 20 多年里从未发表过与毕达哥拉斯和谐定律研究有关的作品，日后的作品也未曾提及相关内容。1711 年，勒·布隆曾与范·林博克通信探讨光影表现的问题；同年，勒·布隆接待了德国旅行家乌芬巴赫兄弟，向他们展示了自己的一部分"美柔汀"彩色印刷作品。在本书的第一章我们曾提过，乌芬巴赫兄弟很想深入了解这项新技术的有关细节，但勒·布隆拒绝透露。乌芬巴赫写道："勒·布隆先生对这项技

185

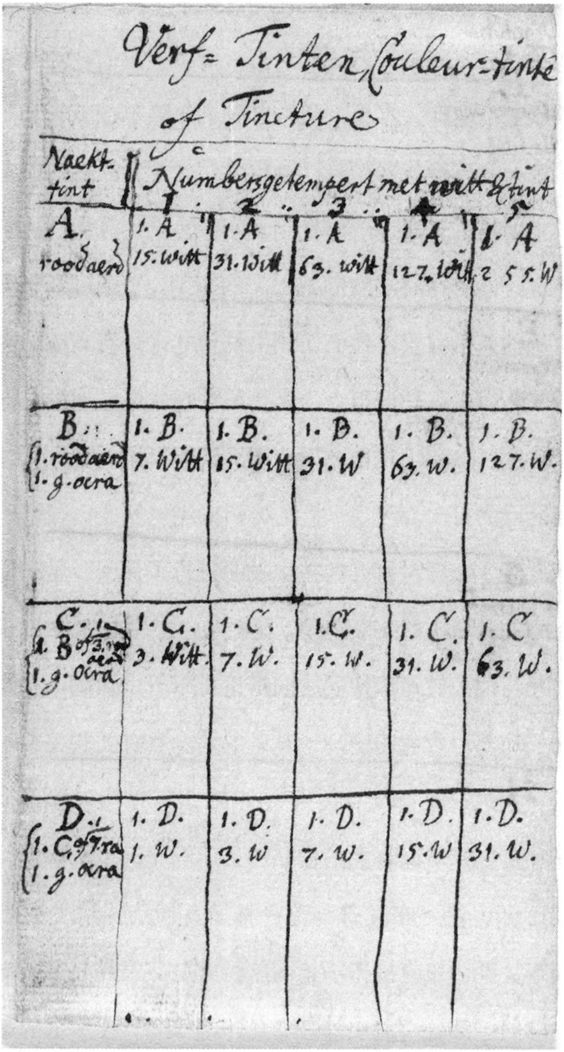

图 6.3————勒·布隆的颜料调和表格，记载了四种红色（左侧第一列的 A、B、C、D）按照
严格的递归数列添加白色颜料（标记符号为 Witt 或者 W）依次增加亮度的过程。
图片来自 1711 年勒·布隆与范·林博克之间的通信。

术守口如瓶，他说这项技术的细节只面向那些愿意出高价的伟大绅士们。"[70] 对于勒·布隆来说，他的发明已经成为一件具有经济价值的商品。

勒·布隆没有得到伟大绅士们的高价，不过他移居伦敦之后不久，于 1718 年因"发明了利用压印自然色彩复制图文的新技术"而获得了英国乔治国王颁发的特权。[71] 此前他曾在荷兰申请专利却遭到了拒绝，原因可能是约翰尼斯·提勒的球状填料版画技术先于勒·布隆获得了专利。在英国获得专利之后，勒·布隆先后参与了几次大型业务项目，但运营时间都不长。比如 18 世纪 20 年代中期他曾经在纳撒尼尔·圣安德烈的监督下使用彩色印刷技术对一系列解剖图表进行推广。随着公众对解剖学兴趣的日益浓厚，勒·布隆希望彩色印刷可以"确凿地证实上述特许经营权的有效性"[72]。此时，距离勒伊斯当选为英国皇家学会会员刚过去了几年，威廉·切泽尔登（William Cheselden）即将发布著名作品《骨骼学》（*Osteologia*）。

然而圣安德烈后来公开支持了一篇虚假报告，报告称英国萨里郡一名女性为一只兔子进行了接生。另外，圣安德烈曾经承诺出版的作品也没能面世，导致他的名誉受损。[73]

为了对这个解剖学项目进行宣传，勒·布隆出版了一部名为《色彩》（*Coloritto*）的手册，向公众介绍了自己的印刷方法，简要说明了自己对于艺术和科学的一些观点。勒·布隆认为向泰恩·

凯特的研究工作致以了谢意，他得以把手工艺知识转化为科学理论，这种理论可以在手工艺从业者中进行沟通和交流，还可以维护相关人士的垄断地位。勒·布隆在一封与泰恩·凯特语言风格十分相近的书信中声称："古希腊人深谙'色彩的和谐'，或者所谓的上色，当代一部分伟大的色彩学家对相关内容同样有所了解。只不过现代人把自己的知识当作伟大的秘密隐藏了起来，使得公众丧失了一笔巨大的财富。在探索这门艺术的过程中，我发明了使用自然色彩对图像进行印刷的技术，为此，国王陛下慷慨地为我授予了专利。"[74]

　　勒·布隆后来还解释道，这类知识不属于"某种无法习得的特殊天赋或灵感，也并非通过长期练习才能熟练掌握的技能"[75]。自此，勒·布隆与工匠群体划清了界限，因为工匠的认识论主要依赖于生产知识不可言说的具象化特性。另外，勒·布隆不相信那种极具浪漫气息的天才观点。对于他来说，手工艺知识在原则上可以交流，只不过工匠在实践过程中为了维护自身利益而拒绝透露。勒·布隆虽然已经获得了专利，但不愿讨论色彩和谐定律方面的具体内容。这部手册仅对绘画过程中混合颜料的方法进行了模糊地描述，没有提到红色与白色相混合的递归数列。勒·布隆在手册中使用了一些含糊的字眼，比如"一点黑色""一些广泛使用的酊剂"等，对核心内容进行了保密。[76]这部手册成功地推广了勒·布隆的解剖学版画，但没有起到传播知识的作用。

勒·布隆自 1732 年开始翻译泰恩·凯特的作品《十全十美》（*Beau Ideal*）。这部译作就是勒·布隆的第二部出版作品，作品内容同样含糊其辞，对核心技术内容进行了保密。他出版这部作品的目的是推广自己另一项获得了专利的新发明——利用毕达哥拉斯原理编织挂毯的新方法。当时的其他工匠主要使用各种颜色的纱线制作挂毯，勒·布隆的方法则与他的彩色印刷方法相似，仅使用了三原色纱线。他把红、黄、蓝三种颜色的纱线编织在一起，188使色彩出现了混合，从远处观看可以达到重现光谱所有色彩的效果。不过这个项目同样以失败收场。《基督头像》是勒·布隆幸存的编织作品，通过作品可以看出，三种纱线编织在一起的时候会使挂毯表面凹凸不平，从而丧失了美感。在介绍《十全十美》时，勒·布隆强调了自己的纺织技术理论建立在泰恩·凯特重新发现的毕达哥拉斯和谐定律基础之上。这里之所以称之为"重新发现"，是因为古希腊人曾掌握了相关知识，但"不愿把相关的类比知识透露给其他人"。另外，现代人也曾经掌握了相关知识，却没有传授给他们的学徒，比如拉斐尔和布拉曼特（Bramante）。[77] 因此，泰恩·凯特是毕达哥拉斯和谐定律的第三代发现者，但由于为人谦逊，泰恩·凯特长期以来并未发表有关内容。读完上述介绍内容，读者可能会吃惊地发现，这部英文译作同样没有披露和谐定律。原作对泰恩·凯特的解剖学比例进行了总结，勒·布隆却省略了这部分内容，只留下了夹杂着个人倾向的艺术历史讲解：意大利画家提香的作品透露着"某种威严和西班牙式凝重"，安尼巴尔·卡拉奇（Annibale Carracci）的作品则以"恢宏的气势以及适当凝重的绚丽自然"而闻名。[78]威廉·霍格思（William Hogarth）曾严厉地批评道，他本来希望通过勒·布隆的译本学习"古人的秘密"，"却失望地发现其中没有任何相关的信息或者解释性内容，甚至也没有提到让我眼前一亮的'类比'这个词"。[79]为了安抚读者，勒·布隆承诺"只要业务状况允许"，他就会发表毕达哥拉斯的类比定律。目前而言，对于勒·布隆来说，挂毯厂的运行情况似乎比永恒的声誉更加重要。

勒·布隆声称，毕达哥拉斯的理论对于纺织来说十分重要，因为质量最佳的挂毯恰恰来源于拉斐尔的作品以及那些掌握并遵循了和谐定律的古人的作品。他指出："无论对于拉斐尔和古希腊人还是当代人而言，拉斐尔的作品和最优秀的古希腊作品都无法复制。即便当代人掌握了相关原则或者理论科学知识，在发明精神方面仍然远不及这些前人。"[80]

因此当时的织工无法生产基于拉斐尔设计作品的挂毯。勒·布隆曾挑选了拉斐尔为一批《圣经》场景挂毯所绘的图稿。这批图稿当时保存在汉普顿宫，现今保存于维多利亚与阿尔伯特博物馆。当时那些不懂类比法则的艺术家只能生产出不尽如人意的相关主题挂毯，勒·布隆对泰恩·凯特的作品和思想有较深入的理解，因而可以制作出较好的挂毯。根据勒·布隆信件中的内容，机缘巧合，他"获得了特权，得以对保存在汉普顿宫的拉斐尔作品进行复制，以便发明成功之后编织成挂毯"[81]。由于对类比法则进行保密，勒·布隆成为拉斐尔作品挂毯的唯一生产商，借此维持了纺织厂的运转。《十全十美》的英文版本类似于勒伊斯的藏品目录，起到了营销的作用。通过暗示类比法则的存在，勒·布隆提醒读者，他拥有为客户制作汉普顿宫画作精美挂毯的超凡能力，与此同时又对类比法则的内容细节进行了保密，维护了自己的垄断地位。此外，为了进一步维护自身的利益，勒·布隆还获得了编织技术发明的特权。直至今天，即便特别有创作力的工匠再次发现了毕达哥拉斯和谐定律，也无法与勒·布隆竞争，因为他受到了英国国王提供的法律保护。

专利与知识产权的发展

启蒙运动时期的很多学者可能不会像勒·布隆和泰恩·凯特那样，对毕达哥拉斯和谐定律如此着迷。不过在当时的欧洲，艺术作品的机械化及其与知识产权制度的关系已经成为热门话题。英国皇家学会秘书克伦威尔·莫蒂默（Cromwell Mortimer）曾在《哲学汇刊》发文介绍了勒·布隆在版画和编织领域的工作内容，并赞许道，勒·布隆"已经把绘画色彩和谐方面的内容简化为某些可靠的规则"。莫蒂默声称："最重要的是……这项发明的理论部分在于通过三原色的混合来表现真实事物的'自然色彩'，这一点同时是勒·布隆在阴影方面的研究主题。一旦完成对色谱的分析，版画制作过程的其他工作就只是简单的'机械操作'。"[82]

190 莫蒂默对这场挂毯的改革充满热情。他用一种极具乌托邦气息的方式解释道，对自然色彩的分析可以简化为一种易于传播的理论知识，进而彻底改变手工艺领域的现状。在勒·布隆之前，人们需要支付高价聘请经验丰富的织布艺术家，由这些艺术家查看具有特定设计风格的挂毯，猜测使用哪些纱线可以重现相关设计，随后进行仿制。自勒·布隆之后，这种猜测被计算所取代。勒·布隆对色彩的科学分析可以机械地决定挂毯实现画作效果所需要的纱线组合方式。编织工人不需要研究画作，而是按照图样手册上的指示，在特定情况下使用特定纱线。勒·布隆通过机械化流程，用"普通的编织工人"取代了收费高昂的纺织艺术家。毕达哥拉斯和谐定律可以把那些不可言说的经验转变为一种机械化重复工作。[83] 但由于《哲学汇刊》没有透露勒·布隆所追捧的色彩分析法则，相关技术仍然属于勒·布隆的商业机密，尚未引发大规模变革。

除英国人之外，法国的相关群体也在苦苦追寻理论知识、手工艺认识论以及保密机制之间的全新可能性。勒·布隆在英国伦敦的项目破产之后，曾于 1734 年移居法国。法国的启蒙运动哲学家、工匠以及皇室同样在探讨技术发明简化为可传播知识的可能性，以及简化之后是否应该从国家层面杜绝剽窃行为。[84]在法国大量出版作品以及相关资料的帮助下，我们才得以了解相关问题的哲学观点。《百科全书》（Encyclopédie）的编辑狄德罗曾引用了很多哲学家的观点来说明手工艺发明需要公开。利利亚纳·伊莱尔-佩雷兹（Liliane Hilaire-Pérez）指出，狄德罗把发明理解为科学方法在技术方面的应用，并且把技术发明与文学和艺术方面的天赋进行了对比。[85]在文学方面，人们需要通过版权来保护天才作品中不可言说的品质免遭出版商剽窃。另外，那些对科学法则进行机械式应用的发明则不值得官方进行保护。狄德罗认为，在缺乏天赋的情况下，工匠没有权利对自己的发明主张财产权。狄德罗是一名职业作家，技术知识的出版公开可以使他受益；与此同时，他对于鼓励勤奋工匠工作毫无兴趣。

不过早在狄德罗登上相关领域舞台之前，政府机构就已经采取了截然不同的立场。他们认为，手工艺知识可以进行传播，并且必须公开，以免相关技术随着发明者的离世而消失。不过他们也意识到，可传播的知识属于一种有价商品，工匠的相关权益必须得到保护，并且应该因披露知识而可能遭受的损失得到赔偿。为了刺激相关领域的发展，法国王室设立了奖励基金并且赞助了各类竞赛活动，对那些向公众或者政府公开知识的发明者提供奖励。此外，法国政府还颁布了越来越多的独家与非独家特权，这

191

些特权正是现代专利制度的前身。[86] 在这种背景下，勒·布隆在法国开启了自己的职业生涯，依靠法国政府提供的法律支持重新振兴了自己的印刷事业。

法国人从一开始就认识到了勒·布隆的技术发明具有的科学地位和重要性。夏尔·弗朗索瓦·杜·费伊（Charles François du Fay）在法国科学院的一次演讲中探讨了勒·布隆的发明，耶稣会杂志《特雷乌期刊》（Journal des Trévoux）对勒·布隆的作品《色彩》进行了评论。[87] 这篇评论文章的作者很可能是路易-贝特朗·卡斯特尔（Louis-Bertrand Castel），他把勒·布隆的发明称为"一门全新的科学，一种全新的艺术"。卡斯特尔怀着民族自豪感解释道，勒·布隆的项目之所以没有获得成功，原因是英国赞助人没有为其提供足够的支持。英国人对色彩理论不够了解，因此没能在勒·布隆那部手册的简要评论中发现这项发明的重要性。相比之下，法国人在科学领域达到了足够先进的发展水平，即便通过少量的隐晦内容也能理解勒·布隆的思想。在英国，勒·布隆可以随意解释"他分别使用红、黄、蓝中的一种色彩为三块印版上色，随后制作出了所有颜色，印刷了完整的画作。他还可以先后把这些色彩印在纸张、塔夫绸或者缎子上"[88]，然而最终一无所获。

无论英国那些潜在的赞助人还是存在竞争关系的版画家，都无法理解这项发明的理论基础。然而在法国，所有人"听过一次之后"就可以直接理解勒·布隆所表达的内容，赞助人很快就会为他提供支持。与此同时，卡斯特尔意识到，对勒·布隆的研究成果进行广泛探讨可能会为这位发明者带来损害。既然法国的赞助人可以理解彩色印刷技术的核心内容，那么其他竞争者同样可以理解。为此，卡斯特尔缩减了评论内容的篇幅，以免"为这项技术引来过多关注"[89]。

大众对于这项技术褒贬不一，勒·布隆很快就去申请了独家特权。在卡斯特尔发表了那篇信息量可能过大的赞赏评论3个月后，勒·布隆于1737年11月获得了特权。法国国王明确表示，勒·布隆应该与法国政府分享这项发明的有关内容，由此可见，法国越来越相信发明具有可交流的特性。有一位科学顾问（可能正是杜费伊）曾写道："这项技术具有很强的实用性，唯一能够保护这项技术的方法就是为勒·布隆授予特权。授予特权的条件是，在国王陛下的指示下把相关内容透露给人民。"[90]

此时的勒·布隆年事已高，被迫在自己的工作室中向一群经过挑选的学者"展示并陈述了这项技术、这种艺术实践中的所有细节"[91]。这项技术的披露是一件大事，出席人士为几位高级科学专业人士，其中包括杜费伊、皇家植物园绘图员巴瑟波特小姐（Basseporte）、戈蒂埃·蒙多尔热（Gautier Montdorge）等。蒙多尔热后来与另一名学院院士在《百科全书》中发表了一篇有关彩色印刷的文章。自18世纪以来，科学工作者一直都是法国手工艺评论文章的热心读者。根据法国国王回忆录的记载，国王明确指出，勒·布隆不必担心其他科学工作者利用他的发明来达成自己的目的，因为这些人"无权主张因实施这项特权而获得的任何利润"[92]。此时的勒·布隆已有七十岁高龄，或许无力顾及特权到期之后产生的竞争问题。

法国行政当局依照规范的标准回应了勒·布隆的专利申请。通过这些标准可以看出 18 世纪手工艺发明、知识产权以及专利概念的转变。其中，"知识产权"（intellectual property）这一术语恰恰来自 18 世纪。18 世纪之前，人们把手工艺知识当作一种隐性技能，现代早期的技术转移和创新主要通过提高工匠流动性来实现。当时的统治者主要把专利用作一种吸引具有创新技能的外国工匠的工具。[93] 一名意大利移民曾把通心粉的烹饪技术带到荷兰，因而荷兰政府于 1660 年为这名意大利人授予了专利。[94] 当时的人们认为这一类知识具有涉身性质，因此流动工匠在获得专利之后不必披露技术发明的有关细节，政府当局要求他们到工作场所培训学徒来传授知识。[95] 这种培训与勒·布隆向学者展示技术细节截然不同。学徒期是一种长期的实践学习过程，无法实现文本化、说明性知识的快捷交流。

马里奥·比亚吉奥利认为，随着专利协议出现在革命时期的法国与美国的全新民主政权之中，早期的专利制度经历了一次转变。[96] 在新制度下，统治者不再通过授予专利来吸引外国技术人

193

员，而是拟订了一种法律协议：发明者拿出自己原创的全新发明、公开技术细节，以此换取对这种发明进行开发利用的有限制条件的垄断。不过，手工艺发明只有在能够简化为文本专利说明的情况下才能获得专利。为了对知识进行公开和交流，知识的相关内容必须可移动且可表达。某种知识只有在可传播的情况下才能转变为公共物品。

勒·布隆的案例表明，早在启蒙运动之前的欧洲，上述现代专利制度的先决条件已经出现了。科学工作者和政府官员都相信，手工艺知识可以简化为文本、数学公式或者图表。[97] 在 1734 年的英国，发明的简要描述成为获得专利的标准程序和必要条件，这种趋势体现了上述信念的发展。不过发明描述直到 1778 年才成为法律定义。曼斯菲尔德勋爵（Lord Mansfield）在利亚德特诉约翰逊（Liardet v. Johnson）案件中指出，发明描述必须足够详细，以便他人可以对这项发明进行改进。[98] 法国科学院负责审查所有提交给国家的发明。1735 年，法国科学院委托让 - 加芬·加隆（Jean-Gaffin Gallo）出版了一部附带插图的专利说明，也就是《机械与发明》（Machines approuvées）。加隆解释称，这部作品的目的在于完善业已公开的发明，借此激励更大范围的公众来推动本国的经济发展。技术性知识在公开披露方面的难度较低，因此列出简要描述即可。加隆为所有发明都附加了插图，以确保"人们可以充分地理解这些发明，有必要的话还可以对相关发明进行复制"，文本的作用则在于"帮助人们理解所有机械及其零部件，解释制造方法并说明用途"。[99] 勒·布隆的发明之所以会受到法国科学院的欢迎，原因或许是勒·布隆与科学院达成了共识，双方都认为简要明了的印刷作品可以很好地向公众传达手工艺的技术细节。[100]

历史学家长久以来一直认为，18 世纪科学领域的特征是开放性和知识自由交流水平不断得到提升。本章持有截然不同的观点，本章认为在牛顿、勒·布隆等人之后，手工艺从业者对技术发明与实践操作产生了全新的观念，开始相信手工艺知识能够轻松地传播与公开。这种观念不一定正确。我们曾提到，俄国宫廷曾花费数千荷兰盾购买了勒伊斯的标本制备方法，后来却发现他们无法根据文字说明来复制出同等质量水平的标本。不过，勒伊斯等人对知识流动性的信念确实产生了相应的结果。手工艺从业者感受到知识公开与传播对自身利益产生的威胁，于是开始把自己的发明当作高价商品，用来换取金钱或者专利形式的法律保护。因此最终未能产生公众科学，而是诞生了知识产权。

科学启蒙时代的手工业竞争

技术知识方面的全新观念不仅推动了知识产权新制度的出

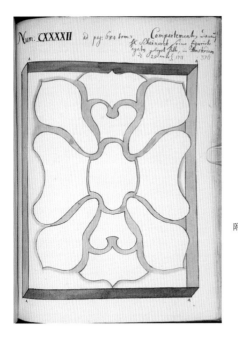

附图 1————乌芬巴赫兄弟于 1711 年 3
月 23 日拜访了希伊姆沃
特。乌芬巴赫,《西蒙·希
伊姆沃特珍品收藏柜的抽屉
画》(*Drawing of a Drawer from
Simon Schijnvoet's Cabinet of
Curiosities*)。

附图 2————图中的几何排列图形与附图
1 中乌芬巴赫的手绘图形相
近。希伊姆沃特《一屉贝壳》,
1725 年。

附图 3————乌芬巴赫兄弟走访了水坝广场上的阿姆斯特丹交易所。
贝克海德（Berckheyde），《交易所内部》（The Interior of
the Bourse），1670—1690 年。

附图 4————可以比较一下图中血管的纹理与手帕的纹理。

勒伊斯,《百科全书·一》,图 1。

附图 5————图中左侧的小孩子手里拿的可能是一管发光的磷。
德·曼（De Man），《化学家房屋中的集体画像》
（ *Group Portrait in the Chemist's House* ），1700 年。

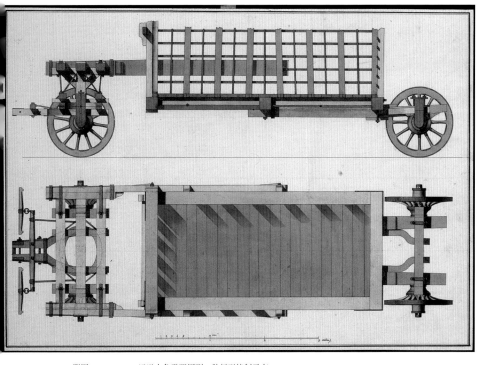

附图6————运送大象需要用到一种新型特制马车。
《用于运输大象的马车绘图》(*Dessin du chariot qui a
servi au transport des Eléphants*), 1800 年。

附图 7————可以看到图中各处摆放的贝壳和房顶悬挂的鳄鱼。
德·曼,《奇珍异品商人》(*The Curiosity Seller*),
1650—1700 年。

附图8————塞巴的右手持有一份标本，左手指向自己的书面
博物馆。塞巴，《最丰富的自然宝藏的准确描述》
（*Locupletissimi rerum naturalium thesauri accurata descriptio*）
卷首插图。

附图 9————塞巴的药店就坐落在这条大街上。杀猪的场景可以让
人联想到，在现代早期的诸多城市中，解剖动物属
于日常景象。范·米歇尔（Van Musscher），《以哈勒
默梅德为背景的梯子上的猪》（*A Pig on a Ladder with
the Haarlemmerpoort in the Background*），1668 年。

附图 10————塞巴的蟒蛇标本，现存于柏林。塞巴，《最丰富的自然宝藏的准确描述》第 2 卷图 19。

附图 11————图中的标本可以与附图 10 中的插图进行比较（塞巴的蟒蛇标本原件）。

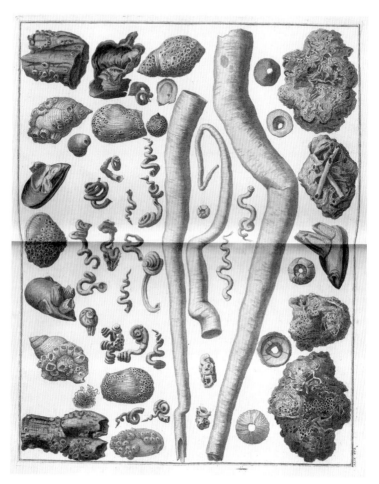

附图 12————藤壶插图。塞巴,《最丰富的自然宝藏的准确描述》第 3 卷图 94。

附图 13————底部刻有作者签名 "C. B. f"。贝尔金,《附带神话主
题的贝壳》(*Shell with a Mythological Subject*),1650—
1700 年。

附图 14————注意图中左下角的菠萝和背景里的温室。韦尼克斯
（Weenix），《阿格内斯·布洛克、塞布兰德·德·福
利内斯，以及在维弗霍夫的两个孩子》（*Agnes Block,
Sybrand de Flines, and Two Children at the Vijverhof*），
1684—1704 年。

附图15————范·德·海登的消防引擎与旧消防设备在效率方面的
对比。范·德·海登,《新发明并获得专利的软管消
防引擎描述》(Beschryving der nieuwlijks uitgevonden en
geoctrojeerde Slang- Brand- Spuiten)图2。

附图 16————红蜡把胎盘的部分结构染成了红色。拉乌,《胎盘的制备》(*Preparation of the Placenta*),1700 年。

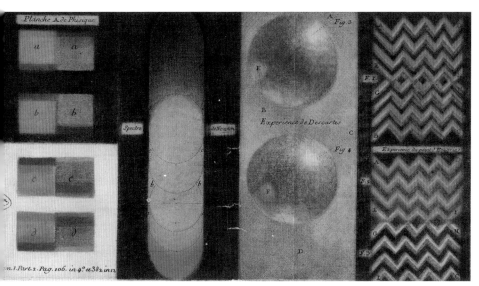

附图 17————各种光学实验。左起第二个为牛顿的棱镜实验。戈
蒂埃·达戈蒂,《对博物学、物理以及绘画的观察》
(*Observations sur l'histoire naturelle, sur la physique, et sur
la peinture*),1752 年,第 1 卷图 2。

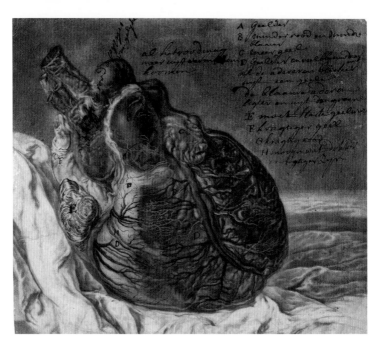

附图 18————图中的铭文简要地说明了如何对铜版进行重新雕刻。
扬·拉德米拉尔（Jan Ladmiral），《人类心脏的解剖学研究》
（*Anatomical Study of a Human Heart*），1730—1740 年。

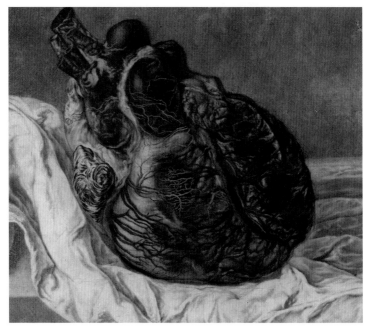

附图 19————本图可与初印图像的色彩进行对比。扬·拉德米拉尔，
《人类心脏的解剖学研究》，1730—1740 年。

现，而且改变了手工艺从业者相互竞争的方式。随着专利法日益占据主导地位，这些从业者必须摆脱行规，在日益占据主导地位的专利法律制度框架中，对彼此的产品进行模仿。另外，客户群体同样要求手工艺从业者在科学理论的帮助下开发发明项目。勒·布隆的竞争对手不仅需要制造出优秀的产品，还要让自己的产品与其他人的原创产品相区分。同时他们必须向潜在客户说明，自己的产品具有更新、更好的理论基础。由此，科学命题及相关争论变成工匠对发明和产品进行推广、推销的重要组成部分。

勒·布隆在世时几乎没有遭遇过竞争。除了他曾经的荷兰学徒扬·拉德米拉尔，没有人能够挑战勒·布隆在彩色印刷领域中的垄断地位。不过1741年勒·布隆离世之后，情况发生了根本性转变，勒·布隆曾经的学徒戈蒂埃·达戈蒂迅速申请了彩色印刷技术方面的特权，继续经营印刷业务。在法国商务部的推荐下，达戈蒂获得了为期30年的独家特权。勒·布隆的女儿、继承人玛格丽特对这次授权进行了抗议，表示自己仍然享有父亲曾经拥有的独家特权。[101]根据法律规定，专利权利是一项可继承的可转让财产。法国王室支持了这一主张，并于1742年2月初接管了达戈蒂的企业。[102]达戈蒂试图重新夺回此前获得的特权，于是在接下来的几个月里，双方展开了激烈的法律辩论，以达戈蒂败诉告终。达戈蒂最终决定通过另外一种方式来获取特权。同年5月12日，一位自称"德普雷先生"的代理人自玛格丽特·勒·

布隆手中购买了这项专利，随后把专利权转让给了一家投资公司。达戈蒂正是这家公司的成员之一。[103] 不过这家公司同样存在一些问题，公司投资者频繁更换。为了解决这项技术的所有权和使用权问题，这家公司还制定了一系列法律安排。

195

1747 年，达戈蒂忙于出版一系列解剖学版画，其间他所面临的状况变得更加艰难。公司投资者不愿向他支付工资，并且对他处置公司财产的方式进行了批评。经历过艰难的开端之后，达戈蒂终于迎来了为期几十年的逐渐发展。18 世纪五六十年代，达戈蒂出版了第一部彩色印刷期刊，题为《对博物学、物理以及绘画的观察》(*Observations sur l'histoire naturelle, sur la Physique et la Peinture*)，此外还出版了一系列解剖学图册以及植物学专著。[104]

达戈蒂除了在法律和经济方面维护自己的特权地位，还出版了一部小册子，向法国公众主张自己在道德权利方面同样应该享有彩色印刷技术的相关权利。他在 1742 年出版的第一部作品中，通过质疑勒·布隆的优先权，主张了自己享有的特权。达戈蒂声称，曾在《特雷乌期刊》上对勒·布隆作品进行评论的耶稣会士卡斯特尔才是彩色印刷技术真正的发明者。根据达戈蒂的说法，勒·布隆曾经在出版作品中承认自己对卡斯特尔欠有债务，因此勒·布隆无权垄断这项技术。达戈蒂在工艺过程中同样参考了卡斯特尔的作品，因此他认为自己同样有权利制作"美柔汀"彩色印刷版画。[105] 勒·布隆此前在英国和荷兰享有盛名，因此无论是法国王室还是大众都没有接受达戈蒂的说法。

达戈蒂买下勒·布隆的独家特权之后就改变了策略。为了贬低勒·布隆的"美柔汀"印刷作品，他决定把自己包装成一位有科学倾向的艺术家，让大众相信他的哲学专业知识保证了版画的高水平制作水准。达戈蒂曾在自己的出版作品中反复强调，没有接受过艺术训练的科学家无法观察自然，而不具备科学思维的艺术家则是盲目的。比如，解剖学家必须也是一名制图专家，否则他们的观察结果和插图作品都可能不可信："好比使用显微镜进行观察的人，如果他们不懂得光影作用效果以及物体的形状和轮廓，就会把气泡误认为分子，把微生物当作弹簧。"[106]

从另一个方面来讲，即便历史上的人体绘画作品也需要大量解剖学知识，画家必须追随米开朗基罗的步伐，拿起解剖刀研究解剖学。随后，达戈蒂转而向其他艺术家提问，他们是否"研究过肠道，是否对血管进行过注射，是否了解关节以及肌肉机械运动方面的内容"[107]。他认为，一名画家如果不熟悉勒伊斯的标本制备方法，就无法创作赫拉克勒斯以及"三位一体"等内容的作品。在这里，达戈蒂声称自己是唯一一个结合了科学与艺术两种领域优点的从业者，并提议建立一所绘画学院，供艺术家和科学家愉快地交流与学习。

彩色印刷与之类似，既是一门艺术又是一门科学。或者更准确地说，它是两门艺术，同时是两门科学。勒·布隆是一位合格

196

的艺术家，但不是一位合格的哲学家。勒·布隆和达戈蒂在手工艺知识理论基础方面存在共识，分歧在于采用了不同的科学原理：勒·布隆依赖于牛顿的色彩理论，但这种应用不够充分，达戈蒂则提出了全新的反牛顿哲学。达戈蒂有一部多达上千页的两卷本著作《染色体》(Chroa-genesie)，他在这部作品中否定了笛卡尔、伽桑狄、哈特索克（Hartsoeker）等众多哲学家，并推翻了牛顿光学，进而否定了勒·布隆的印刷技术。[108] 比如，达戈蒂曾对棱镜实验进行了重现并印刷了实验彩色插图，泰恩·凯特对此大加赞赏。不过达戈蒂重现实验的目的在于说明这项实验无法证明衍射定律。达戈蒂写道，牛顿曾错误地主张共有 7 种原色，勒·布隆和泰恩·凯特认为 7 种原色可以简化为 3 种，他们的观点同样存在谬误，而是应该分为 2 种原色（黑和白）以及 3 种次色（红、黄、蓝）。完全吸收了光线的物体表面会呈现黑色，反射所有光线的不透明物体则会呈现白色，红、黄、蓝三种次色则是由于某个物体同时存在黑色和白色物质而产生的，其他所有色调均由这 5 种色彩混合而成。

达戈蒂通过提出这种颠覆性色彩理论向人们暗示，自己才是"美柔汀"彩色印刷的真正发明者。他认为勒·布隆的方法存在缺陷，因为仅通过红、黄、蓝三种颜色无法重现黑色，而勒·布隆为了弥补这些缺陷，曾暗自使用黑色画笔为版画手工上色，因而勒·布隆的技术并非一项发明，而是一场骗局。达戈蒂则在全新的光学理论基础上准备了4块印版，分别使用普鲁士蓝、赭黄、朱红以及德国黑上色，用4块印版在白纸上进行印刷便得到了第5种色彩。[109] 当时对于机械复制色谱而言，这是唯一一种兼具科学合理性与技术可行性的方法，达戈蒂通过这种方法获得了专利和丰厚的利润，同时广受赞誉。有趣的是，今天的喷墨式打印机同样使用4种基本色彩。无论我们能否接受达戈蒂那令人费解的光学理论，他的技术在实操方面确实是正确的。仅使用3种色彩确实很难对大自然进行如实再现。

秘密、艺术以及手工艺知识

我们在前文中曾提到过勒伊斯与比德洛之间的争论，这两位荷兰解剖学家曾通过制作高端人体器官表现工具来发展事业。在争夺客户的过程中，二人各自开发了高度复杂且相互对立的视觉表现哲学体系，并借此取得优势与对方进行竞争。在勒·布隆与达戈蒂之间，我们同样看到了类似的情况。达戈蒂为了与勒·布隆划清界限，为自己的印刷技术打上了反牛顿的标签，并通过发表期刊文章、手册以及关于自己的印刷品所包含的科学创意的长篇作品来推广自己的印刷技术。达戈蒂在商业利益的推动下发起了关于科学与哲学的讨论，提出了新观点。他的这些观点在整个欧洲得到了密切关注。乌芬巴赫在法兰克福饶有兴致地阅读了达戈蒂在《汉堡杂志》上发表的印刷技术文章,还把相关内容写进了自己的日记。[110] 约翰·弗里德里希可能还把达戈蒂的技术介绍给了歌德。歌德是一位德国著名诗人,他的《色彩学》是一部非常奇特的科学杰作。在达戈蒂的同意下,《色彩学》引用了达戈蒂的作品。

　　勒·布隆与达戈蒂之间的故事同样揭示了手工艺作品与技术发明在启蒙运动早期被重新定义为科学理论的过程。勒·布隆、泰恩·凯特以及达戈蒂等工匠和艺术理论学者认为,美丽图像的产生取决于对科学法则的正确应用。尽管对牛顿理论所拥有的地位存在分歧,他们都曾致力于相关实验,揭示光学、人体以及手工艺作品所包含的自然规律。达戈蒂曾写道:"真正的艺术家同时是科学家,因为他们的创作行为总是建立在某类科学领域的基础之上。他们之所以被称为艺术家,是因为他们把作品与知识结合起来。"[111]

　　勒·布隆、泰恩·凯特以及鲁珀特王子和相关的"美柔汀"印刷作品爱好者同样认为,手工艺知识所发生的转变使得这一类知识更具有可传播性,因而很容易遭到剽窃。本章指出,18世纪的政府机构曾采纳了勒·布隆和泰恩·凯特的观点,把手工艺知识转变为一种受到知识产权保护的商品。18世纪40年代,达戈蒂在与勒·布隆的继承人以及法国王室争夺特权的过程中,与这种转变不期而遇，并尝试利用了这种新制度。不过在接下来的 10 年里，知识的可传播性慢慢地对达戈蒂产生不利影响。他的独家特权即将到期，自勒·布隆离世以后有关彩色印刷的知识已经得到了广泛传播，与此同时，戈蒂埃·蒙多尔热正在准备发表有关这种技术的详细内容。[112] 达戈蒂正在慢慢失去这项技术的所有权，摆在他面前的出路只有一条：对知识可传播性的修辞学进行扭转，并回顾早期的手工艺认识论概念。因此，在与一名艺术品管理员进行辩论的过程中，达戈蒂对"机密"与"艺术"作出了重大区分，他声称："机密可以得到即时传播，但掌握一门艺术需要花费 10 年时间。"[113] 对画作进行保护涉及的是机密，因为相关内容的理念比较简单，并且很容易传播。而真正的艺术知识依赖于科学，因此两者之间存在差别。达戈蒂的彩色版画之所以价格不菲，是因为他曾常年学习医学、解剖学、几何学以及光学等方面的知识，拥有超过他人的科学专业知识。[114] 达戈蒂毫不谦虚地解释道，对于解剖学插图而言尤为如此，因为"我想说明的是，在这个世界上，只有我才有能力制作解剖图表并对相关内容进行观察，因为我是一名解剖学家、医生，同时是一名画家"[115]。优秀的艺术家可能不再依赖于那些不可言喻的个人特质或者身体力行的实践经验，但仍然需要长期接受全面的科学教育。

我们在本章中曾提到，如果说启蒙运动早期的欧洲在认知方面发生了转变，那么这种转变就是使用可传播的数学术语对手工艺概念进行了重新定义。然而达戈蒂最终回归了先前的理念，认为所有知识的习得都需要接受全面教育，即便理论和数学方面的知识也是如此。因此知识不具有即时可传播的特性。这种观点说明了知识可传播性所具有的碎片性和局限性。自然知识的数学化现象可能为现代专利制度的诞生创造了先决条件，然而在全新的制度体系中，一旦有人受到打击，立即就会开始瓦解科学可传播性启蒙思想的理论基础。在与新制度受益者进行商业竞争的过程中，达戈蒂重新启用了不可言喻的手工艺认识论概念，以此争取自己在科学印刷品市场中的优势。[116]

那么，知识本身可以快速高效地传播，还是具有不可言喻、难以获取的隐性特征呢？这里的答案或许不是艺术知识与科学知识通常所具有的差别。我们曾提到，答案往往存在于科学工作者和艺术从业者所处的历史背景。勒·布隆和泰恩·凯特作为牛顿革命兴起之后的新技术发明者，认为自己的知识是一种可移动商品，随时可能遭到剽窃，因此开始向商业机密以及逐渐出现的知识产权制度寻求保护。达戈蒂作为一名"剽窃者"，也曾尝试使用相同的方法。他声称自己是彩色印刷技术的发明者，并通过购买独家特权维护了自己的商业利益。在技术内容即将被公开的时刻，达戈蒂又转变了策略，声称经验才是这项技术的基本要素，而经验无法得到即时传播，以此保护自己的市场份额。在工匠能够对知识主张所有权的情况下，他们就会尝试把这些知识作为能够交易的商品。只有在丧失垄断权的情况下，他们才会强调自身所拥有的专业知识。

Chapter 7—彼得大帝疯狂购物

最后，我们通过沙皇的角度看一下荷兰黄金时代晚期科学领域的创业情况。1716 年，俄国沙皇彼得大帝开始对荷兰进行访问。整个访问过程为期 11 个月，彼得大帝曾在但泽和很多德国小镇逗留，最终于 1716 年 12 月 17 日抵达阿姆斯特丹。1697 年，彼得大帝曾造访荷兰，当时他的目的是在俄国与奥斯曼帝国的战争中获得荷兰的支持，并在黑海建立一支现代化海军。在算不上成功地伪装成一名工人后，彼得大帝在码头学习了造船技术，并向荷兰正式请求购买了 200 艘船。1716 年，彼得大帝访问荷兰的政治目的则是在当时的北方战争中与瑞典结盟。这次外交工作的结果与 20 年前类似，没有完全取得预期效果，但促使俄国与中欧、西欧地区建立了科学、文化与艺术方面的联系。彼得大帝渴望了解荷兰共和国能够提供的最新艺术品与发明项目，他与随行人员一同参观了无数艺术家、工匠以及科学工作者的工作室和作坊。[1]

彼得大帝在整个统治期间，通过吸收西方国家最新的科学技术、文化时尚以及各类成果对俄国进行了改革。自 18 世纪第一个 10 年起，他开始有计划地通过荷兰供应商购买可实际应用的前沿科学知识，并通过这些知识获得了强大的军事与经济实力，满足了功利需求。俄国吸引荷兰工匠来到本国建立了烟草工厂，减轻了俄国对于进口烟草的依赖，[2] 并且自英国与荷兰购买了船舶和造船技术，建立了强大的海军。另外为了维护军队的健康，俄国官员每年只从阿姆斯特丹的塞巴那里订购药品。[3]

201

俄国进口其他科学商品，则没有直接的功利目的，而是为了创造本国的科学风气，提升民众对世界的熟悉度。[4] 1725 年，俄国科学院成立。那些主要来自德国与荷兰的学者开始在俄国科学院研究行星旋涡、图论（graph theory）、大象解剖等方面的内容。除了吸引外国学者，俄国还进口了一批奇珍物品与相关插图，向大众展示了大自然的美妙之处。这些物品最初被作为彼得大帝个人的藏品进行了保存，随着藏品数量规模的增长，俄国开始出现公开展览场所，把藏品存放在斯莫尔尼（Smolny）修道院附近的基尔金宫（Kikin Palace），后来又出现了普列奥布拉任斯基岛（Preobrazhensky Island）上的珍奇物品博物馆（the Kunstkamera）。自 18 世纪 20 年代以来，这些藏品始终保存在上述展馆，很多原始展品至今仍然在市中心供大众参观。[5]

本书的重点内容是博物学和解剖学，这两个领域的展品同样在珍奇物品博物馆中占据了重要地位。18世纪40年代，解剖学标本、动物、植物以及矿物方面的展品占据了这家博物馆目录中的一半内容，另一半包括科学仪器以及钱币收藏品。[6]这些展品中的很多物品都来自荷兰。我们曾提到，弗雷德里克·勒伊斯曾为俄国供应解剖学标本，此外俄国还引进了解剖学图册，其中包括比德洛《人体解剖学》的俄语翻译手稿。博物馆中的珍奇动物标本使用酒精进行了保存，采购自塞巴在哈勒默梅尔大街上的那处著名博物馆。贝壳展品来自荷兰建筑师西蒙·希伊姆沃特的收藏品，昆虫与花卉方面的画作则购自著名艺术家玛丽亚·西比拉·梅里安。博物馆中的科学仪器同样来自荷兰，由莱顿工匠扬·米森布鲁克与但泽移民丹尼尔·华伦海特（Daniel Fahrenheit）制作。二人曾专门生产温度计。博物馆中的古董硬币可追溯至尼古拉·希瓦利埃（Nicolas Chevalier）和雅各布·德·王尔德（Jacob de Wilde）的藏品，这两位荷兰商人曾酷爱历史。

上述很多展品均于彼得大帝访问阿姆斯特丹期间采购而来。其中，彼得大帝于1717年1月3日授权3000荷兰盾购买了梅里安的两卷水彩画，画作内容包含花卉、蝴蝶以及其他昆虫等等。1720年，彼得大帝的宫廷图书管理员约翰·丹尼尔·舒马赫（Johann Daniel Schumacher）走遍欧洲招募科学家，其间舒马赫收集了其他展品。舒马赫的"待办清单"包括到法国巴黎"绘制天文台上的机器模型""把曾经在莱顿为德·拉·考特先生

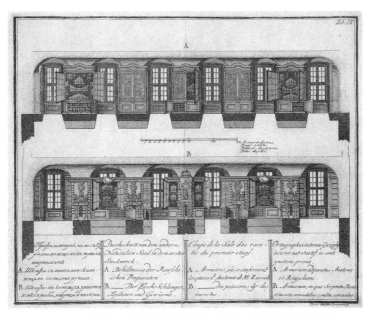

图 7.1————帝国图书馆与珍奇物品博物馆截面图。舒马赫,《帝国科学院大楼》(*Gebäude der Kayserlichen academie der Wissenschafften*)图 9。

工作的园丁带回俄国""从英国带回可以开展实验并制作必要仪器的人员",最重要的是"参观当地学者的博物馆,其中包括公共博物馆和私人博物馆,找出其中的藏品与陛下藏品的不同之处"。[7] 如果舒马赫在这些博物馆中发现了彼得大帝尚未拥有的藏品,则可以进行购买。

早在彼得大帝走访欧洲之前,俄国宫廷就已经安排购买了很多科学珍品。1716 年,在彼得大帝抵达荷兰的几个月之前,塞巴出售了自己的藏品并运往圣彼得堡。同年,俄国宫廷与勒伊斯开始探讨购买解剖学藏品的相关事宜,不过直至彼得大帝走访荷兰期间才最终达成交易。

这些交易之所以能够达成,显然是因为勒伊斯和塞巴此前与沙皇的私人医生和圣彼得堡的其他学者建立了联系,并且为俄国宫廷提供了有关阿姆斯特丹的热门趋势的信息。早在彼得大帝访问荷兰之前,荷兰科学界就已经在俄国获得了名声,而并非仅因为这次访问才声名鹊起。

本书曾提到,荷兰商人在商业基础设施方面的创新极大地推动了彼得大帝的购买行为。[8] 随着荷兰殖民帝国的崛起,商业网络把众多的荷兰城市与出岛、巴达维亚、好望角、新阿姆斯特丹以及莫斯科等地联系了起来。自 17 世纪早期开始,荷兰人便通过阿尔汉格尔斯克(Archangel)的商业港口与俄国保持着密切的贸易往来。1664 年,腰缠万贯的尼古拉斯·维特森随外交使团访问了俄国首都莫斯科。在此后的 50 年里，维特森开始对俄国以及远东地区展开了地理、博物学以及奇珍异品方面的研究。[9] 早在彼得大帝童年时期，荷兰商人已经在莫斯科的涅梅茨卡娅区（Nemetskaya Sloboda）定居了，这位年轻的皇太子通过在当地学习荷兰语，了解了有关异国土地的信息。[10] 勒伊斯和塞巴依靠这些商业网络基础设施在俄国与荷兰之间实现了标本运输和资金转移。

荷兰的科学企业家同样独立地进行了创新，促进了自然知识商业领域的发展。他们利用日益发展的印刷文化，以私人通信、手册、期刊文章以及书籍等作为载体，对价格不菲的奇珍异品进行了宣传推广。《自然宝藏》出版之前，塞巴在杂志《理性图书馆》（Bibliothèque Raisonnée）上提前为这部作品作了广告宣传，《理性图书馆》对这部作品进行了积极评价，还提供了订购全部四卷作品的价格折扣。荷兰的印刷网络同样向俄国上流人士推广了塞巴和勒伊斯的作品。勒伊斯制作了藏品目录，列出了自己所有的标本，塞巴则为自己的珍奇动物藏品制作了一份交易目录手稿。俄国宫廷只需在圣彼得堡耐心等待，因为荷兰商人最终会为他们送来这些科学商品。

荷兰人以及他们的异国交易伙伴在识别商品的过程中不只依靠交易目录。博物学插图百科全书的大量出版同样促进了植物交易的蓬勃发展。我们在前文中曾提到，圣彼得堡植物园的约翰尼斯·安曼并没有把这些百科全书仅当作对大自然的视觉表现，而是把这些作品看作一种可以在博物学市场上买到的通用目录。

安曼在与其他博物学家的通信里列出了各种植物、贝壳以及昆虫藏品的编号，这些编号来自印刷品中的条目。当时，所有博物学家都倾向于购买一部属于自己的著名作品，因此有观点认为，对著作条目的引用有助于促进跨国科学交流的发展。博物学家把科学图书这种高价商品转变为一种贸易工具，这种转变与文艺复兴博物学转向分类百科全书（如马丁·利斯特与菲利普·博南尼的贝类学著作）的现象相吻合。

保存手段是在博物学国际贸易中发挥关键作用的第三种创新。如果商品在到达客户手中之前便已经腐烂，也就无法出售和运输。所有的自然标本都会出现腐烂现象，因此德·比尔斯和勒伊斯独创的标本制备方法具有重要意义。彼得大帝购买勒伊斯藏品的 300 年之后，除了个别藏品出现腐烂现象，人们仍然可以在圣彼得堡观赏到这些标本藏品的全貌。对于科学贸易而言，除了时间的流逝，遥远的运输距离同样是一个很严重的问题。原因是运送大象或者其他大型动物的成本十分高昂，此外很多奇珍异品在运输过程中非常容易受到损坏。如何才能确保商品在公海遭遇风暴时不会受损呢？米森布鲁克家族在历史上曾制作了荷兰第一批科学仪器销售目录，该家族为俄国宫廷运送一台空气泵的时候，用纸把零部件认真地包裹起来，分装为 4 个箱子，还指定了箱子的运输和打开方式，并附上了详细的组装说明。根据有关说明，空气泵的玻璃容器易碎，因此搬运处理的时候需要特别小心。[11]

流通

勒伊斯、德·比尔斯、塞巴、布雷内、比德洛、勒·布隆以及泰恩·凯特在经营过程中的行事风格，似乎不太符合我们对于自然哲学家那种重视荣誉、风度翩翩，并且重视社会地位而轻视商业利益的印象。长期以来，历史学家一直使用"书信共和国"的概念描述现代早期欧洲的跨国学术交流系统。作为"书信共和国"成员的学者，显然通过无私追求科学的共同理念联系在一起，通过赠予系统相互交换知识与标本。不过本书认为，知识的流通在当时仍然属于一种商业行为。当时的邮政运输服务价格不菲，想要运送信件、标本乃至人员就需要花费大量钱财。博物学家必须对经济财务较为敏锐，唯此才能维持科学领域的国际网络，熟悉商业领域中的运输情况。本书所提到的诸多科学企业家不仅借用了荷兰共和国的商业基础设施，而且吸取了荷兰的商业精神，对挖掘知识的热情与维持利润的欲望进行了平衡。他们不仅通过沟通来维持"书信共和国"的社交网络，而且借助科学交流实现了盈利。

205

那么，在由这些科学企业家组成的商业世界中，相关物品和知识是怎样进行传播的呢？研究知识流通课题的历史学家往往会把焦点放在当地环境如何对动态科学信息的特性带来变化上。因此有学者认为，产自牙买加的可可豆于 18 世纪传入英国伦敦之后，被赋予了全新的含义，苏菲神秘主义提升了哥白尼理论在奥斯曼土耳其的受欢迎程度，等等。[12] 本书分析了商业流通对科学知识的性质所造成的改变，不考虑起源地和输入地的各类当地条件。无论奇珍异品来自苏里南、巴达维亚或是登波士，荷兰的科学企业家都把这些物品转变成贸易商品，面向俄国、英国、德国或者法国等地有购买意向的客户出售。把知识转变为普遍流通的商品需要进行大量变革性工作，荷兰人为打造流通基础设施付出了大量心血。

从理论角度来讲，我们最好通过三种价值尺度来描述荷兰科学界流通网络的运作，这些流通网络之间紧密相连。货币因素在各个层面发挥着不同的作用，不过流通网络的最终目的是商业利益。免费物品和廉价物品处于流通网络底层，促进了商品的生产和销售。报纸和博物馆中的广告以及贸易目录通过免费方式进行了分发与传播，或者类似于勒伊斯的《百科全书》，以几个斯图弗的低廉价格进行了出售。本书认为，勒伊斯的其他出版作品同样可以被解释为可免费获取的推广材料，因为这些作品的价格与他的标本价格相比非常之低。比德洛曾经为自己的解剖学出版作品制作了一些标本，目的在于辅助设计质量更好的插图。这些标本的本质是实验工具而非商品，因此大多数价格较低。拉乌的标本与类似，属于不具备经济价值的一次性工具。阿尔比努斯为拉乌捐赠给莱顿大学的标本制作目录之后，未经拍卖便丢弃了内容重复的标本。对于科学企业家和取得一定成就的科学工作者来说，上述广告和一次性工具不过是他们工作过程中必然出现的副产品，不具有内在价值，因而可以进行免费流通。但他们自己进行的评估显然无法代表客户的意见。来自特兰西瓦尼亚的贫困学生走访当地的时候，很可能会购买一份买得起的目录作为纪念品，返乡教书或者布道的时候将其视为珍宝。

　　勒伊斯的标本、比德洛和塞巴的图册，以及勒·布隆的"美柔汀"彩色印刷作品，在价值方面处于流通网络的第二个等级。这些物品是科学企业家进行交易的主要商品，价格从几荷兰盾到几十荷兰盾不等。勒·布隆的彩色印刷作品每件售价约 3 荷兰盾，勒伊斯标本的平均售价为 15 荷兰盾，比德洛的图册售价 30 荷兰盾，塞巴的一卷《自然宝藏》售价将近 60 荷兰盾。这一类商品的购买地点包括乌芬巴赫造访过的商店、阿姆斯特丹当地卡尔弗尔大街上的书店、塞巴曾经营的那一类药店，或者已故收藏家的藏品拍卖会。出售这样一件标本无法显著地提升一位知名科学工作者的经济水平，但这类商品的稳定交易可以为科学企业家带来持续的收入。并非每个科学企业家都取得了成功。塞巴通过自己的医药业务积累了大量财富，其中也包括大量奇珍异品交易。勒·布隆虽然曾在阿姆斯特丹、伦敦以及巴黎发展事业，但经济方面仍然存在困难。勒伊斯、比德洛、塞巴的标本商品和图册价格过于昂贵，无法进行免费流通，但有时仍然可以作为价格不菲的礼品进行赠送。赠予这种商品时，赠予人和受赠人都会察觉到商品的价值，受赠人应该回礼。勒伊斯曾向身处伦敦的佩蒂弗赠送了几件标本，佩蒂弗在自己的作品《自然与艺术》（*Gazophylacium naturae et artis decades*）中提到了这些礼品。勒伊斯把类似的标本作为藏品样本送往圣彼得堡的时候，曾要求对方支付费用。因此勒伊斯向佩蒂弗赠送标本的时候，很可能希望得到价值相符的标本作为回礼。在佩蒂弗与玛丽亚·西比拉·梅里安进行赠予来往的时候，佩蒂弗仅寄送了一些价格低廉的常见昆虫作为回礼，于是梅里安直接要求佩蒂弗回赠现金。在以贵重商品作为礼品进行流通的情况下，人们仍然会为相互之间赠送的物品贴上价格标签。[13]

流通网络的第三个等级中不存在礼品赠送行为。珍奇的四足动物、全套藏品、一部完整的图册（或版权）、商业机密以及专利等过于贵重，只能通过金钱进行交易。交易数额在经过公证的合同中进行了明确规定。塞巴藏品的价值超过了 2.4 万荷兰盾，勒伊斯的第一个收藏柜价值更高。我们曾提到，《自然宝藏》的投资成本高达数万荷兰盾，比德洛的《人体解剖学》共有 4 家出版商参与出版发行工作，因此这一类商品属于成本高昂的投资项目。手工艺发明一旦成为一件商品，同样会以高昂的价格进行交易。勒伊斯向俄国宫廷出售标本制备方法时售价 5000 荷兰盾，达戈蒂创业之初同样花费金钱购买了勒·布隆的独家特权。乌芬巴赫兄弟在阿姆斯特丹造访勒·布隆的时候，曾希望通过礼貌的交谈了解与技术有关的商业机密。机密信息过于贵重，因此这种做法必然行不通。当时，出售一个收藏柜或者卖出一项发明，对于一个人的职业生涯来说是人生大事，可以换来足够未来几十年开销的财富。因此也就不难理解，勒伊斯为何会花费数月时间与彼得大帝商讨合同细节，比德洛及其出版商为何与考珀版本的《人体解剖学》展开持久战，而塞巴的继承人又为何会花费超过 10 年的时间来解决藏品的继承问题。在第三个等级中，荷兰科学企业家的客户为君主、贵族、富商或者富有企业家组成的财团。如俄国沙皇、汉斯·斯隆、达戈蒂的赞助人等。

因此，荷兰的商业文化承载了三种流通网络：推广资料和一次性研究工具的免费交换、现金参与一部分交换行为的个别标本与书籍组成的交换，以及偶尔出售整个收藏柜、一项发明或者百科全书出版权利的交易。人类学家对这种多重流通网络进行研究的时候，往往会认为这些网络之间相互排斥。当时的法律禁止个人购买新鲜的人体肾脏等物品，因此西医药品、肾脏、血液以及其他人体器官的流通被严格排除在无所不在的交易之外。波兰人类学家勃洛尼斯拉夫·马林诺夫斯基（Bronisław Malinowski）曾在距今约 100 年前提出，美拉尼西亚人在他们的"库拉"（Kula）交易制度中，通过交易手臂装饰贝壳和项链来获取社会地位，这种交易完全处于商品使用价值的常规交易之外。[14] 不过在荷兰科学界的三重交换体系中，免费的资料、频繁交易的商品以及贵重的商业机密，相互之间并非处于隔绝状态。[15] 当时的人们完全可以使用博物馆目录来交换藏品，货币经济也可以确定免费物品的经济价值。勒伊斯的博物馆目录大多赠送，但在后来的拍卖会上定价半个荷兰盾进行了出售。那么假设一个人拥有 50 份目录，或许能够使用这些目录交换一件标本。比德洛的标本在价值方面远不及勒伊斯的标本，然而比德洛的遗孀出售这些标本所换来的钱财同样可以支撑自己几个月的生活开销。从另一种角度来看，各类标本、收藏柜以及商业机密之间的界限尤为模糊。所谓的收藏品不过是大量奇珍异品的集合，而机械发明也不过是生产或复制几千份相同标本的能力。因此，荷兰解剖学与博物学领域的商业流通可以通过三种明显不同但是可衡量、具备连续性的价格区间得到最佳描绘。

人类学家经常会将礼品交换与金钱交易进行对比。礼品交换的作用在于组建社会群体，而金钱交易则倾向于把社会资本的积累转化为客观交易行为，且出售方与购买方之间不存在情感关联。总体而言，本书支持这种观点。勒伊斯没有通过金钱交易成为彼得大帝的座上客，藏品交易并非双方之间关系的起点，而是双方都希望抵达的终点。技术知识的商品化现象同样有助于降低工匠之间个人关联的重要性。勒·布隆与其他工匠曾经强烈（且错误）地认为，交换非个人性质的文本最终可能传播启蒙技术，通过学徒形式传播的实体知识无法达到这种效果。荷兰科学工作者的国际倾向或许可以在一定程度上解释他们对这种货币经济的重视程度。科学工作者无法借助紧密社会群体中的传统荣誉体系，与那些远方的殖民地联络人或者欧洲客户交换信息与物品。他们互动的目的并非组建一个国家，也并不是为了在欧洲各地与殖民地建立一种博学且无形的社团，而是为了通过商业基础设施实现盈利。

视觉表现

莱维努斯·文森特的作品《大自然的奇迹场景》（*Wondertooneel der Natuure*）的卷首插画，对荷兰科学领域中的商业倾向和交易倾向进行了很好地总结。[16] 文森特是一名与塞巴、勒伊斯、勒·布隆等人同时代的锦缎商人兼业余艺术家，他所拥有的自然藏品受到了与彼得大帝、乌芬巴赫兄弟以及詹姆斯·佩蒂弗藏品同等水平的赞誉。[17] 文森特的这部作品包含了本人的奇珍藏品的插图，卷首插画通过一种象征性风格表现了他的收藏柜（或者说象征了一般的荷兰式收藏品）。这部作品向读者展示了商业、博物学以及视觉表现之间错综复杂的关联关系。根据卷首插画，文森特的收藏品陈列在一间极具古典风格的露天房间里，可以看到蓝天和太阳。设计师罗梅因·德·霍夫（Romeyn de Hooghe）曾在一篇解释性短文中描述道，画中房间的框架由两侧各一名极具象征意义的女性形象以及底部的四个象征性人物构成。图中左下角有一名使用捕虫网捕捉珍稀昆虫的男性形象，这名男性正在掀开自然女神伊西斯的衣物，露出数量众多的乳房。伊西斯手臂下方的地球形球体和饰带上的美洲、非洲图案，象征着博物学在全球范围内的影响力。文森特不仅收藏并研究了欧洲的动植物，而且对于世界各地的异域风情同样感兴趣。在图中的右下角我们可以看到"兴趣"的拟人化形象（象征收藏或奇珍异品），手中持有一罐标本和墨丘利节杖，耳后的笔象征着他想要在图册中描绘螃蟹、珊瑚、贝壳、别针固定的蝴蝶、瓶装蛇、苏里南蟾蜍等标本，右手持有的信件象征邮政网络的重要性。[18]这些内容表明，对于所有认真收集博物学物品的人来说，描绘和通信至关重要。图中下方还描绘了"导航"的拟人化形象，头戴鹦鹉螺壳头盔，手中持有船桨，象征航海运输在全球范围内为收发标本、信件以及信息提供了必要的基础设施。

文森特作品的卷首插画揭示了人们在全球范围内搜寻知识的过程中，科学研究、自然界、收集行为以及航海等因素相互存在关联关系。图中的墨丘利节杖表明，这种搜寻具有内在的商业属性。文森特不仅借助全球贸易网络获取了标本，而且积极地投入了科学交易经纪工作以及奇珍异品销售业务。这一类业务产生的利润对于文森特来说非常重要。梅里安曾向佩蒂弗抱怨道，文森特会对通过自己订购的书籍收取高达 50% 的佣金。文森特的出版作品与勒伊斯的作品类似，同样具有藏品销售目录的性质。1725 年，文森特主动给汉斯·斯隆写了一封信推销自己的藏品，并提到自己最近出版了一部有关苏里南蟾蜍的作品。斯隆此前已经收到了这部作品。文森特想知道，英国的收藏家会不会"决定购买全新描述内容里提到的两个小型收藏柜，藏品内容为这部作品第 86、第 87 页的编号 8 与编号 6 的标本"[19]。显然，文森特一旦获得藏品就会出售。

　　本书认为，荷兰的博物学与解剖学属于视觉事业。文森特卷首插画两侧的人物形象同样暗示了这一点。图中右侧的图像表现的是古代绘画艺术，使用水彩描绘花盆中来自东印度、西印度群岛的花卉。左侧表现的是刺绣，通过针、线、珠子等工具描绘自然景物。刺绣同时是文森特的妻子用来消遣的业余爱好。绘画、刺绣、对笔的"兴趣"、图册以及瓶装标本等图像，强调了成像技术是博物学的核心内容，或者说，它在自然研究所有细分领域中都处于核心位置。人们通过收集和制作视觉事实来认识世界。

　　在荷兰黄金时代的科学领域，无处不在的各种图像其实无

209

图 7.2————————文森特收藏柜的寓言式表现。文森特,《大自然的奇迹场景》卷首插画。

210

法自证。近年来，历史学家为16世纪那些复杂的间接争论找到了确凿的证据，这些争论使得博物学家和解剖学家接受了各类视觉方法。图画未必是研究、表现和传授大自然各类信息的最佳方式。例如，16世纪的博物学家塞巴斯蒂安·蒙特（Sébastian Monteux）曾主张，一种植物的医药价值无法通过图画提取，植物的形态总是会发生变化，但其医药价值不会发生实质性变化。[20] 17世纪末，针对图画的这一类怀疑观点早已消散，直到林奈时期再次短暂出现。荷兰人在所有细分科学领域都充分地接受了图像。荷兰科学工作者没有将视觉方法与传统文本研究对立，而是专注于开发全新的成像技术，以便对自然事物进行更好地呈现。在天文学领域，克里斯蒂安·惠更斯改进的望远镜与他的数学发现同样广为人知。来自荷兰的读者对于牛顿光学的兴趣完全不亚于牛顿在《原理》中提出的广受争议的引力理论。在生命科学领域，列文虎克的强大的显微镜、勒伊斯的标本以及勒·布隆的彩色版画，仅是科学成像技术发展过程中的冰山一角。彼得大帝在访问荷兰期间同样开始痴迷于图像。从他购买的各类标本、地球仪以及水彩画中就可以看出这一点。圣彼得堡的珍奇物品博物馆堪称科学视觉产品的仓库，俄国宫廷曾下令对博物馆里的所有展品制作图画。这样一来，现实中的博物馆就得到了纸面形式的复制，可防止原有标本腐烂或烧毁。

我们可能会认为，荷兰科学工作者的二维、三维视觉表现作

211

品具有真实性特征。诸如比德洛的《人体解剖学》、勒伊斯的博物馆插图目录等现代早期印刷品往往附带"真实""源自真实物品"等字眼，对内容的真实性作出了声明。[21] 视觉事实源自语言方面的理论繁荣，有望在不受想象力影响的情况下捕捉动植物或者人体器官的真实面貌。然而，根据洛兰·达斯顿和彼得·加里森的论证，针对真实性和客观性作出的各类声明其实具有很多变通方法。[22] 现代早期科学领域的视觉事实，通过简要的形式囊括了针对外在世界的复杂且强大的理论假设。达尼埃拉·布莱希马尔（Daniela Bleichmar）认为，视觉事实反映了博物学家在社会、文化、种族以及性别等方面的"盲点"。[23] 创作者在艺术和科学方面所拥有的哲学主张与专业训练，同样有可能对视觉事实作品产生影响。[24] 图像创作者通常会以特定的科学理论为指导创作真实图像。因而，相互存在竞争关系的艺术家和博物学家在质疑图像实际价值的时候，就必须指出相关假设和理论基础方面的问题。

　　本书认为，荷兰的商业文化在视觉事实的形成和塑造方面发挥了作用，但这种作用至今未能得到充分认可。视觉表现产品的制作成本很高，因此财务问题非常重要。相关人士需要以商业的态度，对蚀刻版画、彩色版画或者解剖学标本的高额投资进行管理。通过《自然宝藏》的出版事例我们可以看出，营利动机还可能导致出现伪造作者身份的现象。另外，为了促进标本的商业交易，当时还出现了一些全新类型的视觉事实。17 世纪，有关植物学、贝类学以及昆虫学的百科全书抛弃了文艺复兴时期的历史学体例，转向了一种更倾向于分类学的方法，以此帮助收藏家在远距离交易中对标本进行识别。福柯曾对分类学这种抽象的视觉表现模式进行过论证分析。这里的分类学没有对事物得到视觉化的方式进行一般性概括，而是把全新的博物学百科全书转变为一种工具，在商业环境中帮助收藏者的受众执行特定任务。毕竟，视觉表现是一种具有功能性和表现力的行为类型。[25]

商业带来的最重要的影响是引发了一场关于视觉表现本质的积极辩论。科学企业家不断相互竞争，通过开发更先进且更具有市场价值的视觉表现方法，为现有技术提供了优势。他们可能会通过哲学语言来表达自己对于先前存在竞争关系的成像技术所持有的不满，最终仍然由于在激烈竞争中获取客户的欲望而获得动力。比德洛、勒伊斯、勒·布隆以及达戈蒂等人的争论表明，市场竞争在描绘人体的最佳方法以及彩色印刷技术背后的光学理论方面引发了复杂的认识论分歧。蚀刻版画、彩色版画以及标本在通过各种媒介表现同一种自然事物方面，没有实现和平共处，不同的媒介带来了互不相容的表现方法，并且依赖于不同的形而上学假设——人类生命或者光的基本组成单位究竟是什么。科学市场阻碍了单一视觉认识论的发展。

在《客观性》（Objectivity）这部作品中，洛兰·达斯顿和彼得·加里森认为，归真客观性（truth-to-nature objectivity）是一种抽

213

象的、理想化的概念，同时是现代早期的标志。19世纪的科学家执着于对特定事件进行纯粹且机械地呈现，而现代早期那些学识渊博的学者早已发现，他们可以基于自己的学术判断对单个观察结果进行修正和改进。楠川幸子指出，至少在16世纪，文艺复兴时期的博物学家曾针对应该使用理想化还是特殊化图像，抑或完全不使用图像，展开了激烈的辩论。[26]《客观性》这部作品展示了商业元素推动大量相互冲突的视觉认识论发展的有关情况，进一步论证了楠川幸子的观点。达斯顿和加里森发现，分类百科全书遵循归真客观性的同时，勒伊斯的标本在19世纪仍然属于一种典型，可以通过特殊的、机械的客观性进行描述。此外，比德洛的《人体解剖学》提出了一种全新的表现手法，模糊了客观与主观之间的概念。比德洛曾指出，大自然在本质上十分顽皮，没有严格遵守任何规律。在显微镜水平上，人体解剖结构存在大量变异。因此科学插画师不必盲从通过尸体得到的任何观察结果，也不用建立全新的、理想化的人体模型。他们可以依靠自己的创造力自由描绘最细微的人体细节。考虑到人类群体所具有的差异程度，即便插画师在没有遵循一手观察结果的情况下创造了一些特殊的解剖结构，至少也会有少部分标本可能与之相符。大自然那顽皮的创造力终究胜过了艺术家的想象力。

争论

彼得大帝俄国（Petrine Russia）曾是一个专制帝国，沙皇把治理国家作为自己的个人事业。在当时的俄国，所谓的科学事实最终需要由帝国指令来决定。沙皇本人是一名科学工作者，他曾学习牙科知识，并通过为朝臣拔牙来磨炼自己的技艺。沙皇曾下令，整个俄国范围内所有在世或者已故的巨型人类都应该被带到珍奇物品博物馆进行展览。在俄国，帝国改革与科学发展紧密相连，彼得大帝的事迹只是冰山一角。科学社会学家很早之前就已经发现，科学共识的形成有赖于政治环境。在探寻伽利略在美第奇宫廷中的事业开展情况的过程中，马里奥·比亚吉奥利发现科西莫公爵在形成科学共识方面发挥了重要作用，与沙皇在俄国科学界起到的决定性作用别无二致。[27] 西蒙·谢弗与史蒂文·沙宾认为，复辟时期的英国贵族担心可能爆发新内战，因而在刻意避免制造没有必要的分歧，并且把科学共识等同于绅士礼仪。[28] 不过并非所有的政治局势都能够促成科学共识。现代早期的荷兰共和国长期以来被公认拥有活跃的政治分歧文化和政治辩论文化，但荷兰不存在能够即时解决政治问题的专制机构。根据马尔滕·普拉克（Maarten Prak）的观察，荷兰黄金时代的神秘之处在于，荷兰政府具有结构分散且高度矛盾的特征，而整个国家却仍然繁荣。[29] 这种政治影响力的相对真空是否会导致荷兰科学共识的瓦

214

解呢？哈罗德·库克认为未必如此。[30]库克雄辩道，荷兰的商业文化促进了一种科学环境的发展，这种科学环境非常重视可验证的经验知识。只有在交易双方相互信任的基础上，远距离贸易才有可能实现。因此荷兰商人在自己可以进行交易的科学事实方面积极地促进了共识的达成。库克认为，现代科学源自自然知识的交易，在这种交易中，所有参与者都希望能够达成共识并签订交易合同。

　　本书在商业对科学的影响方面持有相反的观点。荷兰商业文化可能确实促使荷兰人希望在可信且普遍接受的经验主义事实基础之上获取知识，但我认为这种乌托邦梦想在当时的商业实践过程中从未实现。荷兰人有意合作开发一种适用于远距离交易的商业基础设施，但对于哪类科学物品属于最有价值的交易商品，缺乏达成共识的动力。阿姆斯特丹的所有商人都持有威瑟尔银行（Wisselbank）的账户，经商和旅行的人群不再需要进行国际汇款，保险公司降低了远洋运输的风险。在这些创新的帮助下，商人有能力相互进行交易，但彼此无法达成共识。商业竞争促进的是科学争论的出现。企业家有充分的动机让客户相信自己的科学主张的真实性，但不需要与竞争对手达成共识。每个科学工作者都希望自己的产品具有特殊性并且能够获得垄断地位，而不想出售内容相同的知识。勒伊斯、塞巴、比德洛、勒·布隆、达戈蒂乃至文森特，都把自己的产品标榜为具有颠覆性的新奇商品，并且主张其他类型的科学产品从根本上而言无法与自己的产品相比拟。有趣的是，他们之间产生的争论从未平息。荷兰科学工作者之间非但没有达成共识，反而始终被困在经济学家所称的"未得到解决的协调问题"（unresolved coordination problem）之中。历史上所有的君主或者科学机构，从未针对标本、刻版图册或者任何类型的彩色印刷品之间有关相对价值的争论发表过任何决议。我们可以看到，当比德洛要求英国皇家学会就威廉·考珀直接剽窃《人体解剖学》的行为进行批判的时候，英国皇家学会拒绝涉入两者之间的争论。直到今天，对于二维与三维表现手法哪种才是用来研究并记忆人体解剖学众多结构的最佳媒介这一问题，学界始终没有达成共识。

怀着商业动机参与科学争论的现象是不是一件坏事呢？研究现代晚期技术科学的学者常常会批判一些公司为了商业利益而人为地宣扬愚昧，这些学者还娴熟地证明了某些行业通过恐吓科学家与伪造数据，来破坏有关肺癌成因或者人类活动导致气候变化的共识。[31] 荷兰共和国同样存在类似的道德行为案例。荷兰东印度公司曾利用自身的垄断地位，冷酷地对那些挑战其香料群岛殖民政策伪善解读的书籍进行了审查。我们还提到，塞巴的继承人曾经雇用写手伪造《自然宝藏》来愚弄大众，煽动读者购买。不过我们仍然可以说，当时的商业竞争并非仅对科学文化造成了负面影响。科学领域的商品化现象促使企业家提出全新的观点来解释自己的科学技术发明的功能原理。这些企业家非但没有达成共识，反而不断地提出全新的哲学观点与科学观点。这些观点虽然具有个人倾向且嘈杂刺耳，然而即便放到今天的环境中来看，我仍然觉得这种现象十分有趣。除了商业因素，勒伊斯、比德洛、勒·布隆、达戈蒂等人的视觉认识论仍然可以为今天那些客观公正的观察者提供宝贵的哲学见解。不过遗憾的是，当时那些激烈的争论往往仅停留在科学理论与哲学的层面。出于保守商业机密的考虑，当时的企业家很少愿意透露视觉表现产品的制作技术细节与方法，科学与技术之间早已出现了分化。

现代科学的出现或许并非源自针对全新科学发现所达成的共识。本书认为，商业引发的复杂哲学争论，恰恰能够更好地反映现代科学所具有的特征。与集中研究科学知识如何日趋稳定的过程相比，历史学家或许更应该关注科学知识的商品化过程与争论情况。随着知识在几百年里的积累，所有的科学共识最终都会被推翻。但有关的哲学观点以及为这些观点赋予动态的商业情境将会反复出现。现代科学事业的核心是分歧，而非共识。

后记

18 世纪末，荷兰在一定程度上已经失去了昔日的荣光。荷兰科学领域的情况同样如此。[32] 英国和法国逐渐成为荷兰强大的竞争对手。英国出现了工业革命与各种科学技术发明，荷兰却无缘这一类科学进步。1795 年，大革命后的法军占领了荷兰，把王室收藏品运到了巴黎。在国际贸易体系的作用下，荷兰博物学家的著名收藏品分散到世界各地，填充了乌芬巴赫住所的书架、彼得大帝的收藏柜，乃至英国、法国、瑞典等国名人的藏品。荷兰博物学家与医生所持有的档案也被出售了。研究现代早期荷兰科学领域的学者往往会发现，他们的资料来源包括英国、俄国或者德国的档案，不一定来自荷兰。在追寻这些商业网络的过程中，我经常会发现自己跟随了乌芬巴赫兄弟的脚步，坐在了牛津的图书馆里，造访了阿姆斯特丹卡尔弗尔大街的书店，或者来到公爵们的日耳曼城堡中翻阅了尘封的手稿。今天我们研究国际历史的方式，与几个世纪之前人们研究博物学和解剖学的方式没有太大差别。

另外，一些新的发现使得荷兰学者的很多早期发明开始变得无关紧要。平版印刷术出现之后，"美柔汀"彩色印刷便遭到了淘汰。随着其他医生不断完善标本保存方法，勒伊斯的独特的标本制备方法渐渐被世人遗忘。贝壳在博物学领域也逐渐过时，从科学领域的贝类学藏品变成与美学相关的物品。[33] 另外，19 世纪，进化生物学逐渐代替了分类学，正如分类学曾取代早期的文艺复兴博物学。不过，商业对科学领域产生的影响并没有消失。勒伊斯与塞巴时代过去 150 年后，查尔斯·达尔文曾写道，他个人的才华主要是"记账、回信和投资"[34]。在 21 世纪的美国和欧洲，商业与科学仍然紧密地联系在一起。本书主要探究了商品化、视觉表现以及现代早期荷兰科学领域三者之间的关系。现代晚期的科学商业情景在很多方面都有别于 300 年前的情况，然而回顾本书所讲述的故事我们仍然可以发现，二者之间的相似之处超过了差别。从塞巴到梅里安再到比德洛，我对这本书中的人物了解得越多，就越能感受到他们所关注的问题与当代科学领域所产生的共鸣。因此每隔一段时间，历史领域的研究或许都可以从两个历史阶段的比较之中获益，而非列举不同历史阶段之间的差别。本书的故事背景设定于现代早期的荷兰，但这样的故事仍然有可能在 21 世纪的今天重新上演。

首先我想感谢阿尼亚和莉莉。谢谢你们。

这本书的起源可以追溯到我在哈佛大学科学史系的岁月。在那些年里，我心怀感激地享受着哈佛大学为我提供的谨慎的财务支持。在西北大学人类文化科学项目做博士后的那一年，我展开了进一步的研究，这本书最终完成于亨特学院（Hunter College）历史系。由衷地感谢这三所大学的各位同事（包括研究生、教员、行政管理人员等），他们对这部作品的付出不胜枚举。

在各类机构的财务支持下，我才得以在欧洲和美国展开研究。感谢哈佛大学研究生学习委员会、哈佛大学明达·德·甘斯堡欧洲研究中心（Minda de Gunzburg Center for European Studies at Harvard）、社会科学研究委员会与国家科学基金会（奖项SES-0621009）以及亨特学院总统旅行奖。在相关研究的早期阶段，纽约医学院为我授予了保罗·克伦佩雷尔（Paul Klemperer）奖学金。在英国伦敦期间，伦敦大学医学院维康医学历史信托中心（Wellcome Trust Centre）为我提供了学术团队。在荷兰期间，感谢乌特勒支大学历史与科学基金会研究所的盛情款待。2011—2012年，我在乌特勒支笛卡尔科学与人文历史哲学中心度过了几个月，中心提供了理想的条件，我得以修改了手稿。我在纽约公共图书馆卡尔曼学者与作家中心（Cullman Center for Schoalrs and Writers）担任伯克伦德研究员（Birkelund Fellow）期间完成了本书的收尾工作。纽约公共图书馆是从事学术工作与创造性工作的最佳场所。衷心地感谢琼·斯特劳斯、玛丽·德奥里尼、凯特琳·基恩、保罗·德拉沃尔达克以及其他所有同人，我在纽约公共图书馆度过了愉快的一年。

我的研究工作还得到了若干图书馆、档案馆和博物馆的支持。在英国剑桥，我很感谢能够得到机会使用霍顿图书馆（Houghton Library）、比较动物学博物馆（the Museum of Comparative Zoology）珍本藏书室、弗朗西斯·M. 康特威图书馆（Francis M.Countway Library）医学历史中心、福格艺术博物馆（Fogg Art Museum）的藏品以及植物学图书馆珍本藏书。在美国芝加哥期间，感谢西北大学图书馆以及芝加哥大学雷根斯坦图书馆（the Regenstein Library）的各位图书管理员。在纽约期间，感谢纽约医学院的图书管理员，特别感谢阿琳·沙纳。在荷兰阿姆斯特丹期间，感谢阿姆斯特丹大学各位图书管理员的帮助，特别感谢艺术图书馆。同样感谢阿姆斯特丹市档案馆、荷兰国立图书馆的印刷品收藏柜以及热带博物馆的图书馆。在乌特勒支期间，感谢乌特勒支大学图书馆珍本藏书工作人员以及市档案馆的工作人员。在莱顿期间，感谢莱顿大学图书馆与市档案馆的工作人员。特别感谢能够准许我参观莱顿大学医学中心的解剖学博物馆。在海牙期间，感谢国家档案馆、国家图书馆和市档案馆的工作人员。在德国埃尔朗根（Erlangen）期间，感谢埃尔朗根大学的图书管理员允许我参观特鲁藏品（Trew Collection）。在哥达期间，感谢埃尔福特 - 哥达研究图书馆（the Forschungsbibliothek erfurt-Gotha）的图书管理员。在哥廷根期间，感谢赫尔穆特·洛尔菲博士（Dr. Helmat Rohlfing）与图书管理员为我提供了乌芬巴赫的手稿。在俄罗斯圣彼得堡期间，感谢俄罗斯科学院档案馆、圣彼得堡分院以及珍奇物品博物馆的诸位工作人员。在英国伦敦期间，感谢大英图书馆、大英博物馆、维康图书馆以及伦敦大学学院图书馆。在牛津期间，感谢得到机会参观牛津大学博德利图书馆，这次参观使我受益良多。在法国巴黎期间，感谢国家档案馆、法国国家图书馆以及艺术与建筑图书馆的工作人员。最后，感谢布达佩斯塞切尼国家图书馆（Országos Széchényi könyvtár）工作人员的帮助。

我在这本书中提到，图像的制作成本远远超过了纯文本。这种情况在 21 世纪的今天同样存在。因此我要特别感谢为本书出版工作提供了财务支持的诸多机构，感谢医学历史基金会（the

Stichting Historia Medicinae，荷兰）、C.路易斯·泰森-斯豪特基金会（C. Louise Thijssen-Schoute Stichting，荷兰），以及亨特学院舒斯特教师奖学金基金。同样感谢华纳基金在哥伦比亚大学研讨会上对本书出版工作提供的帮助，把相关研究工作的材料提交给了科学历史与科学哲学研讨会。感谢所有的博物馆、档案馆、图书馆、拍卖行以及诸位个人收藏家，以免费或者高度折扣的方式允许我出版了藏品图像。此前,我曾在《英国科学史杂志》（ British Journal for the History of Science，剑桥大学出版社）和《思想史杂志》（Journal of the History of Ideas，宾夕法尼亚大学出版社）上发表了本书部分章节的早期版本，并发表在汇编著作中[斯文·杜普雷、克里斯托夫·吕西,《沉默的信使：物质知识对象的流通》（ Silent Messengers: The Circulation of Material Objects of Knowledge），柏林利特出版社（LIT verlag），2011年]。感谢剑桥期刊数据库和宾夕法尼亚大学出版社允许我在本书中收录有关材料。在致谢中作出批评或许会显得尤为刺眼，不过我仍然想指出，部分公共图书馆和博物馆对于公共领域物品的许可和摄影收费高昂，忽视了学术出版的财务状况。希望这种情况能够尽快得到改善。

221　　　这本书在很多人的帮助下才得以完成。哈佛大学的马里奥·比亚吉奥利是一位完美的导师，他为我提供了大量支持，从根本上塑造了这本书。从起步阶段开始，凯瑟琳·帕克就针对现代早期的视觉与物质文化提供了各种建议和帮助，我很荣幸能够与她共事。当我决定在荷兰研究视觉文化的时候，雨果·范德尔·费尔登为我提供了指导，很高兴能够与他探讨我的研究项目。这本书有幸邀请到本杰明·施密特作为外部读者，他那极具洞察力的评论为我提供了启发，帮助我改进了观点并完善了本书的结构。感谢苏珊·达克曼在我尝试研究艺术历史的时候提供了指导和帮助，特别感谢她对最后一章内容提出的宝贵建议。安·布莱尔曾完整阅读了本书原稿的其中一个版本，在此深表谢意，她的评论自始至终都非常宝贵。卡罗琳·迪罗塞勒-梅丽什、马顿·法卡斯、让-弗朗索瓦·戈万、马克·绍莫什、马修·安德伍德以及贝丝·耶尔，他们各自阅读并评论了一个或多个章节，珍妮特·布朗、伊万·加斯克尔、苏珊娜·卡尔-施密特以及史蒂文·沙宾曾为我指出了可能忽略的一些材料。非常感谢他们的帮助。特别感谢比尔·兰金，他不仅对几个章节进行了评论，还为我设计了阿姆斯特丹地图。西北大学的肯·奥尔德为我提供了大量支持，仔细阅读并评论了几个章节。克劳迪娅·斯旺、乔尔·莫克、卡皮尔·拉杰以及梅根·罗伯茨与我进行了对话，为我提供了很多有益的见解。在纽约等地，感谢帕梅拉·史密斯、阿利克斯·库珀、詹姆斯·德尔布戈、迈克尔·戈尔丹、贾斯廷·格罗斯莱特、萨拉·罗文嘉德、贾斯廷·史密斯、玛格丽特·肖特、南希·希拉伊斯以及纳赛尔·扎卡里亚。乔安娜·埃本斯坦曾允许我在学院以外的观众面前验证自己的想法，在此表示衷心的感谢。伊丽莎白·艾森斯坦、埃莉斯·利普科维茨、奥代德·拉比诺维奇的评论极大地改进了塞巴内容的相关章节。埃文·拉格兰是一位优秀的对话伙伴，他为本书中的荷兰解剖学相关内容提供了很多帮助。

在我逗留乌特勒支期间，维南德·敏哈特与马尔滕·普拉克曾为我提供了很多帮助，他们成为我在观点方面的持续来源。保罗·霍夫蒂泽与洛德韦克·帕尔姆与我分享了他们有关本书主题的未发表作品，在此深表谢意。哈尔姆·伯凯尔、克拉斯·范贝克尔、弗洛里斯·科恩、乔齐恩·德里森-范海特·雷韦、斯文·杜普雷、阿莱特·弗莱舍、埃丝特·范格尔德、鲁洛夫·范格尔德、阿里·格尔德布卢姆、埃里克·乔林克、里纳·科诺埃夫、卢克·科尔曼斯、德克·范米尔特、伊利亚·纽兰、威廉·奥特尔斯佩尔、利萨·罗伯茨、伯特·勒默尔、布拉姆·施托费勒、科恩·韦梅尔、瑞恩科·弗迈以及胡伊布·祖伊德瓦尔特，曾与我探讨本研究项目，并提出了非常有益的建议。埃德温·登珀曾帮助我翻译了几篇深奥的文章。我在美国期间，卡塔日娜·西埃里克与帕尔·加利曹曾帮助我在阿姆斯特丹找到了其他资料。在英国，西蒙·谢弗的机智与洞察力对我来说向来极具启发性，他的建议深刻地影响了本书的几章内容。自起步阶段开始，哈尔·库克那深刻的评论，以及关于荷兰黄金时代科学领域的百科全书式知识储备，一直令我受益匪浅。此外，斯蒂芬·约翰斯顿、瓦伦丁娜·普利亚诺、奇特拉·拉马林根、威廉·舒伯巴赫以及亚历克斯·弗拉格-莫利，曾为我提供了诸多有益的建议，并为我的研究指明了新方向。马丁·福塔不仅为我提供了住所，还提供了人类学方面的建议。米哈伊·科洛曾为我的研究提供了当代神经学家的观点。在匈牙利，伊万·霍瓦特在过去的三年里，每年12月都慷慨地帮助我在布达佩斯验证我的想法。鲍拉日·杰尼什曾与我很好地探讨了科学历史与科学哲学方面的话题。

芝加哥大学出版社的凯伦·梅里坎加斯·达林曾在这本书漫长的酝酿时期完成了堪称典范的工作。感谢达林以及另外两位匿名评论者，他们的评论在很大程度上改善了这本书的相关工作。我的父母——埃迪特·米科、伊什特万·马戈奇，曾在我攻读研究生期间及之后的阶段提供了长期支持。他们通读了各个章节，在匈牙利找到了相关资料，为我提供了所有父母能够提供的帮助。谢谢他们。

注 释

1. "Zu Abkou hielten wir auch ein wenig, und kamen endlich um ellf Uhr Mittags nach Amsterdam, fünfhalb kleine Meilen, da wir up den nieuwen Dyck in gen grooten kay- sershoff of het wapen van embden by myn Heer Henckel wohl einkehrten." Uffen- bach, *Merkwürdige reisen*, II/414.The various, excerpted, english translations of Uffen- bach from the early twentieth century are untrustworthy and should not be consulted.

2. "Den 20 May Dienstag Morgens waren wir [. . .] in Nic. vischers konst en Caert- wynckel, in welchem mein Bruder sehr viele schöne kupferstich von alten Meistern um billigen Preiss kauffte. [. . .] Nachmals waren wir in einem Winckel oder Laden op de nieuwen Dyck gegen unserm Wirthshaus dem grooten kaysershof über. es stehet über der Thüre: Alderhande rariteyten te koop." Uffenbach, *Merkwürdige reisen*, II/416–17.

3. "Eine schöne Andromedam von erz ellenßhoch bote er vor hundert Holländische Gulden, einem Herculem von Stein siebenzehen Gulden." Uffenbach, *Merkwürdige reisen*, II/417.

4. In this volume, I apply the slightly anachronistic umbrella term of science to describe the various modes of early modern knowledge-making practices that included practical mathematics, natural philosophy, natural history, medicine, among others. For those involved in such practices, I use the term scientific practitioner. For a defense of using a similar terminology, see Harkness, *The Jewel house*, xvii. On the Uffenbach brothers, see Bennett, "Shopping for Instruments"；Unverfehrt, *Zeichnungen von Meisterhand*; and on their Dutch visit especially van de Roemer, "Neat Nature." For their social status in Frankfurt as members of the Frauenstein Society, see Soliday, *a Community in Conflict*, 90.

5. On Merian, see kinukawa, *art Competes with Nature*; kinukawa, "Natural History as entrepreneurship"；Davis, *Women on the Margins*; Wettengl, *Maria sibylla Merian*; Reitsma, *Merian and Daughters*.

6. "Sie ist bey zwey und sechzig Jahr alt, aber noch gar munter, und eine sehr höfliche manierliche Frau, sehr künstlich in Wasserfarben zu mahlen, und gar fleissig." Uffen- bach, *Merkwürdige reisen*, III/553.

7. Rumphius, *D'amboinsche rariteitkamer*. For a modern, annotated edition, see Rumphius, *The ambonese*

Curiosity Cabinet.

8. For a discussion of salaries and wages, see Soltow and van Zanden, *Income and Wealth Inequality*, 44.

9. On Schijnvoet's chests, see van de Roemer, "Neat Nature"; for an extended discussion of Schijnvoet, see also van de Roemer, "De geschikte natuur."

10. On the topic of finance and aesthetics, see Margócsy, "The Fuzzy Metrics of Money."

11. "Auf diesem Stück verrichtet der berühmte Anatomicus Tulpius die Section. Hievor soll ein noch lebender Burgermeister allhier tausend thaler geboten haben, wie es dann gewiß gar schön." Uffenbach, *Merkwürdige reisen*, III/546.

12. On the cultures of museums, collecting, and curiosities in the Netherlands, see kiste- maker and Bergvelt, *De wereld binnen handbereik*; Bergvelt, Jonker, and Wiechmann, *schatten in Delft*; Jorink, *reading the Book of Nature*, ch. 5; Cook, *Matters of exchange*. For a european overview, see Daston and Park, *Wonders and the Order of Nature*; Impey and Macgregor, *The Origins of Museums*; Pomia ń, *Collectors and Curiosities*; Schnapper, *Collections et collectionneurs*; Findlen, *Possessing Nature*; Smith and Find- len, *Merchants and Marvels*; evans and Marr, *Curiosity and Wonder*; Bleichmar and Mancall, *Collecting across Cultures*; Collet, *Die Welt in der stube.*

13. Cook, *Matters of exchange*, 277; Jorink, personal communication, June 21, 2012.

14. Scheller, "Rembrandt en de encyclopedische kunstkamer."

15. "Er prahlte ungemein, und indem er uns seinse Sachen zeigte, thate er wie ein Marktschreyer, und sagte alle Augenblicke: Sicht der Herr, etc." Uffenbach, *Merk- würdige reisen*, III/621.

16. On Rachel Ruysch, see Berardi, *science into art.*

17. "Dannenhero ist nicht genug zu bewundern, wie er die viele praeparata so mühsam zusammen bringen, und meistentheils selbst machen können." Uffenbach, *Merkwür- dige reisen*, III/639.

18. The exact price was three ducatons; one ducaton was worth five guilders three stuivers. Uffenbach, *Merkwürdige reisen*, III/640.

19. "Dieses aber schiene uns nicht naturlich zu seyn, wie denn auch herr Rau versicherte, daß seine Sachen vielfältig mit Farbe und Firniß überstrichen seyen." Uffenbach, *Merkwürdige reisen,* III/641.

20. The treatment to prevent such mishaps involved coating with oil of turpentine the case in which the butterflies were held, as Uffenbach learned from Adam de Berghe in Delft. Uffenbach, *Merkwürdige reisen*, III/336.

21. On the problems of preserving fish color, see Fallours, *Poissons, écrevisses et crabes*; for a new edition see Samuel Fallours, *Tropical Fishes of the east Indies.*

22. On color printing in natural history, see kusukawa, *Picturing the Book of Nature*; Nick- elsen, "Botanists, Draughtsmen and Nature."

23. As chapter 6 reveals, Le Blon's idea did not fully succeed in practice. On this point, see also Leonhard and Felfe, *Lochmuster und Linienspiel,* 54.

24. "Herr le Blond machte noch ein groß Geheimniß daraus, und sagte, das wäre vor grosse Herren, die ihme die erfindung, ehe er sie gemein machte, wohl bezahlen müßten." Uffenbach, *Merkwürdige reisen*, III/535. For the translation, see Lilien, *Jacob Christoph Le Blon*, 22.

25. Uffenbach, *Merkwürdige reisen*, III/655.

26. On the topic of early modern commerce and science, see Cook, *Matters of exchange*; Smith and Findlen, *Merchants and Marvels*; Huigen, De Jong, and kolfin, *The Dutch Trading Companies*; Freedberg, "Science, Commerce and Art"; Schiebinger, *Plants and empire*; Schiebinger and Swan, *Colonial Botany*; Smith, *The Business of alchemy*; for an overview of more recent developments, see Shapin, *The scientific Life*; Ander- sen, Bek-Thomsen, and kjaergaard, "The Money Trail."

27. "Wenn es nur etwas neues bekommt, lässet er es sogleich in kupfer stechen, und dedicirt es auf englische Art [. . .], einheimischen und Fremden, davor man ihm ein paar Guineen geben muß, wie mir D. rarger und andere, so auch damit incommodirt worden, geklaget." Uffenbach, *Merkwürdige reisen*, II/594. On Petiver's strategies, see Delbourgo, "Listing People."

28. "Er bietet allen Fremden, so zu ihm kommen, ein exemplar von seinem Muscho an, die er sich aber gar theuer bezahlen lässet." Uffenbach, *Merkwürdige reisen*, II/583.

29. Daston, "The Ideal and the Reality of the Republic of Letters"; Goldgar, *Impolite Learning*; Grafton, "A Sketch Map of a Lost Continent"; see also the whole issue of the *republic of Letters* 1 (2009); Goodman, *The republic of Letters*; Miller, *Peiresc's europe*; Bots and Waquet, *La république des Lettres*; Grosslight, "Small Skills, Big Networks."

30. Raj, *relocating Modern science*; Bennett, "The Mechanics' Philosophy"; Smith, *The Body of the artisan*; Harkness, *The Jewel house*; Roberts, Schaffer, and Dear, *The Mind- ful hand*; Carney, *Black rice*; Dupré and Lüthy, *silent Messengers*; Roberts, *Centres and Cycles of accumulation*; Schaffer, Roberts, Raj, and Delbourgo, *The Brokered World*.

31. For a recent review on commerce and science in the Netherlands, see van Berkel, "The Dutch Republic."

32. Merton, "The Reward System of Science"; Merton, "Science and Technology in a Democratic Order."

33. Habermas, *The structural Transformation of the Public sphere*.

34. David, "The Historical Origins of 'Open Science'"; Broman, "The Habermasian Pub- lic Sphere"; Terrall, "Public Science in the enlightenment"; Roche, *Le siècle des Lu- mières*; Golinski, *science as Public Culture*; Stewart and Gascoigne, *The rise of Public science*.

35. On Uffenbach's visit to Leiden, see knoeff, "The visitor's view."

36. "Ich fragte, ob sie nicht mit dem horto medico in Amsterdam communicirten; der Gärtner aber klagte, daß sie in Amsterdam gar zu neidisch wären, und ihre Sachen gar zu hoch hielten." Uffenbach, *Merkwürdige reisen*, III/404.

37. "Man kan es aber nicht wohl sehen, weil es immer verändert, und von Herrn Bidloo zu denen Collegiis nach Haus geholet wird." Uffenbach, *Merkwürdige reisen*, III/450.

38. Uffenbach, *Merkwürdige reisen*, III/452.

39. Schmidt, "Inventing exoticism"; Schmidt, "Mapping an exotic World."

40. "Er handelt auch mit Blumen, und versichert, daß Herr D. eberhard in Frankfurt gar viele von ihme bekomme." Uffenbach, *Merkwürdige reisen*, III/685.

41. Uffenbach, *Bibliotheca uffenbachiana universalis*.

42. Braudel, *The Wheels of Commerce*.

43. On the rich trades, see Israel, *Dutch Primacy in World Trade*. On the Baltic trade, see Lemmink and van koningsbrugge, *Baltic affairs*; veluwenkamp, *archangel*. For a general overview of Dutch economy, see

De vries and van der Woude, *The First Modern economy*; Gelderblom, "From Antwerp to Amsterdam"; Lesger, *The rise of the amsterdam Market and Information exchange*.

44. The classic is Boxer, *The Dutch seaborne empire*. See also Den Heijer, *De geschiedenis van de WIC*; Gaastra, *De geschiedenis van de VOC*; Postma, *The Dutch in the atlantic slave Trade*; knaap, *Kruidnagelen en Christenen*. For the role of medicine in the east India Company, see also Bruijn, *ships' surgeons of the east India Company*; and for navigational science, Davids, *Zeewezen en wetenschap*. In recent years, the literature on the relationship of the Dutch with particular regions of the world has exploded to the extent that it is impossible to review here.

45. Venema, *Kiliaen van rensselaer (1586–1643)*, 99.

46. Quinn and Roberds, "An economic explanation of the early Bank of Amsterdam."

47. Teensma, "Abraham Idaña's beschrijving van Amsterdam."

48. Hart, Jonker, and van Zanden, *a Financial history of the Netherlands*, 48.

49. Peter Spufford, "Access to Credit and Capital"; Lesger, "The Printing Press and the Rise of the Amsterdam Information exchange."

50. Go, *Marine Insurance in the Netherlands*.

51. Verhoeven, *anders reizen?*; van Strien, *Touring the Low Countries*; De vries, *Barges and Capitalism*; Mączak, *Travel in early Modern europe*; Roche, *humeurs vagabondes*. See also eskildsen, "exploring the Republic of Letters."

52. Ten Horne, *Naeuw-keurig reysboek*.

53. Jordan, *Voyages historiques de l'europe*.

54. Uffenbach, *Merkwürdige reisen*, III/390.

55. Cook, *Matters of exchange*.

56. Van Berkel, "een onwillige Mecenas?"; Rumphius, *het amboinsche Kruid-boek*.

57. Goldgar, *Tulipmania*.

58. Schmidt, "Inventing exoticism"; Schmidt, "Mapping an exotic World."

59. Van Helden, Dupré, van Gent, and Zuidervaart, *The Origins of the Telescope*. See also Davids, *The rise and Decline of Dutch Technological Leadership*.

60. Ruestow, *The Microscope in the Dutch republic*; Fournier, *The Fabric of Life*; Wilson, *The Invisible World*.

61. Jan van Musschenbroek to Daniel Schumacher, Leiden, 1724, *ras* Fond 1 Opis 3 No. 8, f. 289.

62. De Clercq, "exporting Scientific Instruments around 1700."

63. For the importance of local knowledges within europe, see Cooper, *Inventing the Indigenous*.

64. "Soo had ik [. . .] wat veel thee gedronken, soo dat die my perste agter op de plaats te gaan om het water af te slaan. Op dese plaats dan was een linde-boom, op welke ik verscheide ruspen vond, die wat geelagtig hair hadden." Stephanus Blankaart, *schou- burg der rupsen, Wormen, Maden, en Vliegende Dierties daar uit voortkomende*, II/36, manuscript, *KB* 71 J 53.

65. On the problematic epistemological status of images, see Swan, *art, science and Witchcraft in early Modern holland*; on the problematic relationship between scien- tific practitioners and untrustworthy illustrators, see Daston, "Observation." On the visual culture of the Netherlands, see also Alpers, *The art of Describing*.

66. On some of the complexities of visual reportage, see Parshall, "'Imago contrafacta'"; Swan, "Ad vivum, naer het leven, from the life"; Clifton, "'Ad vivum mire depinxit.'"

67. Bleichmar, "Training the Naturalist's eye in the eighteenth Century"; Daston and Galison, *Objectivity*; Daston and Galison, "The Image of Objectivity."

68. "Bey kunstsachen muß man sich nicht so lange auffhalten, wo es sich schicken will als bey Antiquitäten und exotischen Raritäten, und bey diesen nicht so lange wie bey den Naturalibus, wie wohl dabey eines jeden Absehen mit in Consideration zu ziehen ist." Marperger, *Die geöffnete raritäten- und Naturalien-Kammer*, 8.

69. Cook, *Matters of exchange*. See also Jones, "Matters of Fact."

70. Kusukawa, "The Uses of Pictures in Printed Books"; kusukawa, "The *historia piscium* (1686)." See also Landau and Parshall, *The renaissance Print*; Lincoln, *The Invention of the Italian renaissance Printmaker*.

71. Uffenbach, *Merkwürdige reisen*, III/525.

72. Tongiorgio Tomasi and Hirschauer, *The Flowering of Florence*.

73. Campbell, *Tapestry in the Baroque*; Gerlinde klatte, "New Documentation for the 'Tenture des Indes' Tapestries in Malta"; Niekrasz, *Woven Theaters of Nature*.

74. Neri, *The Insect and the Image*.

75. It was sold by Sotheby's on December 17, 2008, Sale AM1060 Lot 13. See also Lots 14 and 15 for further examples. For early religious examples, see Giulio Clovio, *The Cru- cifixion*, 1568, British Museum 1895,0915.1407. See Bury, *The Print in Italy*. For Rem- brandt on silk, see his *The hundred Guilder Print*, reworked by William Baillie, c. 1775, Baltimore Museum of Art 1946.112.7845.

76. Reeds, "Leonardo da vinci and Botanical Illustration."

77. Laird, *Mrs. Delany and her Circle*; Linney, "The *Flora Delanica*"; Hayden, *Mrs. Delany's Flower Collages from the British Museum*. The originals are preserved in the *BM* (Brit- ish Delany collection).

78. Andersen and Nesbitt, *Flora Danica*.

79. Maerker, *Model experts*; Mazzolini, "Plastic Anatomies and Artificial Dissections"; Maerker, "Handwerker, Wissenschaftler und die Produktion anatomischer Modelle in Florenz"; Messbarger, *The Lady anatomist*.

80. Rodari, *anatomie de la couleur*, 107; Gelbart, *The King's Midwife*.

81. Smith, *The Body of the artisan*; Smith and Beentjes, "Nature and Art, Making and knowing."

82. Van de Roemer, "Het lichaam als borduursel."

83. Collins, *Changing Order*; Latour and Woolgar, *Laboratory Life*; Shapin and Schaf- fer, *Leviathan and the air Pump*; Biagioli, *Galileo, Courtier*; Galison, *how experi- ments end*.

84. Latour, "Drawing Things Together"; Shapin, "Here and everywhere." See also Ivins, *Prints and Visual Communication*; eisenstein; *The Printing Press as an agent of Change*.

85. This was already noted by Law, "Notes on the Theory of the Actor-Network." For similar arguments, see especially Raj, *relocating Modern science*; Bourguet, Licoppe, and Sibum, *Instruments, Travel and science*; Miller and Reill, *Visions of empire*; Ben- Zaken, *Cross-Cultural exchanges in the eastern Mediterranean*; Harris, "Mapping Je- suit Science"; Cook and Lux, "Closed Circles or Open Networks?"; Fan, "The Global Turn in the History of Science"; Bleichmar, *Visible empire*.

86. See, for instance, Geertz, *Local Knowledge*; Schmitt, *aristotle and the renaissance*; Hankins, *Plato in the renaissance*; Jardine and Grafton, "'Studied for action'" ; Ogil- vie, *The science of Describing*; kusukawa, "Leonhard Fuchs on the Importance of Pictures."

87. "So gehet es aber mit öffentlichen Societäten. Sie blühen eine kleine Zeit, die Stiffter und ersten Glieder treiben alles so hoch sie können; nachmals kommen allerhand Hindernisse." Uffenbach, *Merkwürdige reisen*, II/456.

88. On the late blossoming of scientific societies, see Mijnhardt, *Tot heil van 't Menschdom*.

89. On restricted flows of knowledge, see vermeir and Margócsy, "States of Secrecy" ; Proctor and Schiebinger, *agnotology*; Schiebinger, *Plants and empire*; Galison, "Re- moving knowledge" ; Biagioli, "Replication or Monopoly?" ; Long, *Openness, secrecy, authorship*; Rankin and Long, *secrets and Knowledge in Medicine and science*.

90. MacLeod, *Inventing the Industrial revolution*; Biagioli, "Patent Republic." See also rose, *authors and Owners*; Woodmansee, *The author, art, and the Market*; Pottage and Sherman, *Figures of Invention*.

91. Shapin and Schaffer, *Leviathan and the air Pump*.

92. Mauss, *essai sur le don*; Appadurai, *The social Life of Things*. For a review of Mauss' reception, see Sigaud, "The vicissitudes of *The Gift*." See also Graeber, *Toward an anthropological Theory of Value*.

93. Douglas and Isherwood, *The World of Goods*; Miller, *a Theory of shopping*.

94. Hayden, *When Nature Goes Public*; Anderson, *The Collectors of Lost souls*.

95. On the commodification and consumption of science, see the essays in Brewer and Porter, *Consumption and the World of Goods*. On the commodification of early modern culture, see Jardine, *Worldly Goods*; Brewer, Mckendrick, and Plumb, *The Birth of a Consumer society*; Brewer, *The Consumption of Culture*; Brewer, "The error of Our Ways" ; De vries, *The Industrious revolution*.

96. For similar arguments, see Schmidt, "Inventing exoticism" ; and Bleichmar, "Train- ing the Naturalist's eye in the eighteenth Century."

97. See Smith, *The Body of the artisan*; Roberts, Schaffer, and Dear, *The Mindful hand*; and Smith and Schmidt, *Making Knowledge in early Modern europe*.

98. For the first, see Daston and Galison, "The Image of Objectivity" ; Daston and Gali- son, *Objectivity*. For the second, see Foucault, *The Order of Things*; Freedberg, *The eye of the Lynx*; Ogilvie, "Image and Text in Natural History" ; Piñon, *Livres de zoologie*. For the third, see Stafford, *artful science*.

99. Shapin and Schaffer, *Leviathan and the air Pump*, 283.

100. Biagioli, *Galileo, Courtier*.

Chapter 2 运输成本、标本交易以及分类学的发展

1. On Amman and Linnaeus, see Rowell, "Linnaeus and Botanists in eighteenth- Century Russia." There is a dearth of literature on Amman.

2. Linnaeus to Amman, L0173, May 20, 1737, *The Linnaean Correspondence*, linnaeus .c18.net.

3. Johann Christian Buxbaum, *Nova plantarum genera*, 236.

4. Amman to Linnaeus, L0220, November 26, 1737, *The Linnaean Correspondence*.

5. For treating curiosities as useful knowledge, see Cook, *Matters of exchange*; Spary, "Botanical Networks revisited" ; for a diverging view, see Swan, "Collecting Naturalia in the Shadow of the early Modern Dutch Trade." On their religious significance, see Jorink, *reading the Book of Nature*; Berkel, *Citaten uit het boek der natuur*; for an overview, see van Gelder, "De wereld binnen handbereik."

6. Collinson to Amman, May 22, 1738, *ras* R1 Fond 74A Dela 19. On Collinson, see O'Neill, *Peter Collinson*.

7. Collinson to Amman, London, August 16, 1738, *ras* R1 Fond 74A Dela 19.

8. For a discussion of such terms, see Blair, *Too Much to Know*, 117–21.

9. See Cook, *Matters of exchange*; Cooper, *Inventing the Indigenous*; Ogilvie, *The science of Describing*; Schiebinger and Swan, *Colonial Botany*; Smith and Findlen, *Merchants and Marvels*; Reeds, *Botany in Medieval and renaissance universities*; Givens, Reeds, and Touwaide, *Visualizing Medieval Medicine and Natural history*; Stroup, *a Com- pany of scientists*.

10. Egmond, Hoftijzer, and visser, *Carolus Clusius*; egmond, *The World of Carolus Clu- sius*; van Gelder, *Tussen hof en keizerskroon*; van Gelder, *Bloeiende kennis*; rankin, "Becoming an expert Practitioner" ; Rankin, *Panaceia's Daughters*.

11. Goldgar, *Tulipmania*.

12. The data are for the early eighteenth century; see Overvoorde, *Geschiedenis van het postwezen in Nederland*, 274. See also Marchand, *Le maître de poste et le messager*; and for a theoretical evaluation of the impact of postal networks, Siegert, *relays*.

13. Collinson to Breyne, January 8, 1747, *Gotha* Chart B. 785, 334.

14. Gronovius to Amman, April 5, 1736, *ras* R1 74a, dela 0.

15. Gronovius to Breyne, July 1, 1736, and December 18, 1739, *Gotha* Chart B. 786.

16. Breyne, "Botanica quae hortum meum concernunt." *Gotha* Chart A. 876, f. 32–36.

17. "Germinating History: 200-year-old Seeds Spring to Life." *The Kew Millenium seed Bank Project*. http://www.kew.org/msbp/news/200_year_old_seeds.htm (accessed November 12, 2010).

18. Rafalska-Łasocha, Łasocha, and Jasiń ska, "Cold Light in the Painting *Group Portrait in the Chemist's house*."

19. Collinson to Amman, September 12, 1739, *ras* R1. Fond 74A, Dela 19.

20. Stearns, "James Petiver," 363. On Petiver, see also Coulton, "The Darling of the 'Temple-Coffee-house Club.'" For Petiver's use of Dutch encyclopedias, see Winter- bottom, "Using the *hortus malabaricus* in Seventeenth-Century Madras" ; and Win- terbottom, "Company Culture."

21. Robbins, *elephant slaves and Pampered Parrots*.

22. Van Gelder, "Arken van Noach. "

23. Barge, *De oudste inventaris der oudste academische anatomie in Nederland*.

24. Vermij and Reumer, *Op reis met Clara*. On the more permanent zoos, see Pieters, "The Menagerie of 'the White elephant' in Amsterdam" ; vanhaelen, "Local Sites, Foreign Sights."

25. Haupt et al., *Le bestiaire de rodolphe II*.

26. Sliggers, *een vorstelijke dierentuin*.

27. Obviously, the difference is partly explained by the larger number of plant species in the world. For

quadrupeds, see Ridley, "Introduction: Representing Animals"; on plants, see Stearn, "The Background of Linnaeus's Contributions to the Nomencla- ture and Methods of Systematic Biology," 5; Linnaeus, *species plantarum*.

28. Belozerskaya, *The Medici Giraffe*; Balis, "Hippopotamus Rubenii."

29. Swart, "Riding High," 125–27.

30. The exact amount is £165, though the seller later boasted of a much higher price. Little, "Uncovering a Protectoral Stud," 261.

31. The buyer had to default after the payment of £500, however. Faust, *Zoologische ein- blattdrucke und Flugschriften vor 1800*, v/24, 692.1.

32. On monkeys, Robbins, *elephant slaves and Pampered Parrots*, 28; on cockatoos, see Gebhard, *het leven van Mr. Nicolaas Cornelisz. Witsen*, 325.

33. Recent work on early modern conchology includes Dance, *shell Collecting*; Dietz, "Mobile Objects"; Leonhard, "Shell Collecting"; van de Roemer, "Neat Nature"; Spary, "Scientific Symmetries."

34. Gersaint, *Catalogue raisonné de coquilles et autres curiosités naturelles*, 18.

35. Rumphius, *The ambonese Curiosity Cabinet*, 94.

36. Lister, *Journey to Paris in the Year 1698*, 59 for Buco, 62 for Tournefort, 132 for Morin.

37. Kistemaker and Bergvelt, *De wereld binnen handbereik*, 368; Pomiań, *Collectors and Curiosities*. See also van Seters, *Pierre Lyonet (1706–1789)*.

38. On the history of entomology, see Neri, *The Insect and the Image*; Jorink, *reading the Book of Nature*, ch. 4; Ogilvie, "Nature's Bible"; d'Aguilar, *histoire de l'entomologie*; Meli, "The Representation of Insects in the Seventeenth Century."

39. Stearns, "James Petiver," 364.

40. The comparison collapses, however, when reproducibility is also considered. See La- tour, "Drawing Things Together."

41. Merian, *Metamorphosis insectorum surinamensium*, aan den lezer.

42. On the material constraints of microscopical research, including size, see Ratcliff, *The Quest for the Invisible*.

43. He was probably referring to Hernandez, *Nova plantarum, animalium et mineralium Mexicanorum historia*.

44. Petiver to Breyne, April 10, 1706, *Gotha* Chart B. 787.

45. Stearns, "James Petiver: Promoter of Natural Science," 265.

46. On Seba's exchanges with Russia, see the next chapter, and Driessen-van het Reve, *De Kunstkamera van Peter de Grote*. On his German trade, see his letters to Johann Jakob Scheuchzer at *uBa* HS. e. f. 151 and *uBa* HS e. f. 152. On Merian's financial strategies on her Suriname trip, see Wettengl, *Maria sibylla Merian*.

47. Juliette Jowit, "Scientists Prune List of World's Plants," *Guardian*, September 20, 1010, 1.

48. Wilkins, *an essay towards a real Character and a Philosophical Language*, ep. ded. In contemporary parlance, commerce meant both nonfinancial and financial exchanges.

49. Bauhin, *Pinax theatri botanici*. See also Ogilvie, "encyclopaedism in Renaissance Botany."

50. "De Boekvercopers verbeek hebben in de Auctie van de Boeken van Boerhaven gecogt het exemplaar

van vaillant's Botanicum Parisiense, daar de heer Boerhaven seer veel by geschreven had, het geen wat synonyma en verder niets te beduyden had." Gronovius to Breyne, September 20, 1740, *Gotha* Chart B. 786. See vaillant, *Botanicon Parisiense.*

51. On the use of illustrated encyclopedias in the training of naturalists, see Bleich- mar, "Training the Naturalist's eye in the eighteenth Century"; and for the some- what later development of field guides, see Scharf, "Identification keys, the 'Natural Method,' and the Development of Plant Identification Manuals."

52. ———, *Ortus sanitatis*; ———. *Gart der Gesundheit.* This paragraph is heavily influ- enced by Ogilvie, *The science of Describing,* 25–86.

53. Gesner, *historiae animalium.* See Fischel, *Natur im Bild*; Piñon, "Conrad Gessner and the Historical Depth of Renaissance Natural History"; Fischel, "Collections, Images and Form in Sixteenth-Century Natural History"; kusukawa, "The Sources of Gess- ner's Pictures for the *historiae animalium.*" For the recently discovered drawings of Gesner, see egmond, "A Collection within a Collection."

54. Aldrovandi, *Quadrupedum omnium bisulcorum historia,* 93. On Aldrovandi, see espe- cially Findlen, *Possessing Nature.*

55. Aldrovandi, *Quadrupedum omnium bisulcorum historia,* 878–89.

56. Kusukawa, "Leonhart Fuchs on the Importance of Pictures."

57. Foucault, *The Order of Things.*

58. Ogilvie, "Image and Text in Natural History"; Freedberg, *The eye of the Lynx*; kusu- kawa, "The *historia piscium* (1686)"; Piñon, *Livres de zoologie.*

59. Sloan, "John Locke, John Ray, and the Problem of the Natural System"; Heller, "The early History of Binomial Nomenclature"; eddy, "Tools for Reordering." See also Müller-Wille, "Systems and How Linnaeus Looked at Them in Retrospect."

60. For a similar argument with regard to the textile industry, see Reddy, "The Structure of a Cultural Crisis."

61. Fuchs, *De historia stirpium commentarii insignes.*

62. Cordus, *annotationes in Pedacij Dioscoridis anazarbei de Medica material libros V.*

63. "flos a te missus, hepaticae albae nomine describitur a valerio Cordo descriptionis plantarum libro 2 capite 115 . . ." Conrad Gesner to Johannes Funck, March 26, 1564, in: Gesner, *epistolarum medicinarum . . . libri III,* f. 94v. The reference is to Cordus, *annotationes in Pedacij Dioscoridis anazarbei de Medica materia libros V,* 153.

64. Carolus Clusius to Petrus Paaw, Frankfurt, March 28, 1593, Leiden University Library shelfmark BPL 885; the reference is to Clusius, *rariorum aliquot stirpium per Pan- noniam . . . observatarum historia.* On Clusius, see the literature cited earlier in this chapter, as well as Hunger, *Charles de l'escluse.*

65. Anselmus de Boodt to Clusius, Prague, October 12, 1602, Leiden University Library vUL 101 / Boodt A_002.The reference is to Matthioli, *Opera quae extant omnia,* Cap. XLvII, p. 543–44.

66. The prices and variant names come from the manuscript P. Cos, *Verzameling van een meenigte Tulipaanen.* Haarlem, 1637. Wageningen University Library Spec Coll. R362B03 Bot. ill.

67. For a discussion of these books, see Segal, *De tulp verbeeld.*

68. For a list of such classificatory systems, see Linnaeus, *Bibliotheca botanica*, 177–89.

69. Ray, *historia plantarum*. On Ray, see Raven, *John ray, Naturalist*; and for more re- cent work, Wragge-Morley, *Knowledge and ethics in the Work of representing Natural Things*.

70. John Ray to Hans Sloane, Black Notley, February 11, 1685 (n.s.), Lankester, *The Cor- respondence of John ray*, 160–61.

71. This was equivalent to 15 pounds or over 160 Dutch guilders. Tancred Robinson to John Ray, Geneva, April 18, 1684, Lankester, *The Correspondence of John ray*, 141.

72. Tancred Robinson to John Ray, London, May 21, 1687, Lankester, *The Correspondence of John ray*, 193.

73. Ray to Sloane, Black Notley, July 17, 1696, ellis, *Original Letters of eminent Literary Men*, 203.

74. Ray to Sloane, September 17, 1696, Lankester, *The Correspondence of John ray*, 307.

75. I thank Joel Mokyr for discussing this point with me.

76. Ray, *synopsis methodica stirpium Britannicarum editio tertia*.

77. Druce, *The Dillenian herbaria*, xlv.

78. Dendrology, the study of trees, was actually often treated separately from the rest of botany in early modern natural history.

79. Aldrovandi, *De reliquis animalibus exanguibus*; Aldrovandi, *De animalibus insectis*.

80. Moffett, *Insectorum sive Minimorum animalium theatrum*; Lister, *english spiders*. Lister's major work in this field is his english translation and re-edition of Goedaert, *Of Insects*.

81. I will be referring to the Latin translation: Buonanni, *recreatio mentis et oculi*.

82. Buonanni, *Musaeum Kircherianum*.

83. Buonanni, *recreatio mentis et oculi*, III/3 for the Netherlands, III/157 for Portugal, III/ 40 for Syracuse, III/332 for Brazil.

84. Buonanni, *recreatio mentis et oculi,* ad lectorem.

85. "Ik vinde dat hy omtrent de Hoorns en Schulpen een admirabel werk gedaan heeft, dewyl hy een catalog gemaakt heeft van alle de Schulpen en Hoorns van Bonannus en die benaamt met de ouwerwetse en Hedendaagse duitsche namen, dat is so als de Liefhebbers sederd 100 jaren de selve genaamt hebben." Gronovius to Breyne, May 30, 1742, *Gotha* Chart B. 386.

86. Buonanni, *recreatio mentis et oculi,* III/15 and 16.

87. Buonanni, *recreatio mentis et oculi*, III/18 was "sed rara," and III/374 "ea summo pretio ducitur, quia raro invenitur," whereas a turbo from p. 118 III/40 was "frequens."

88. "Priuantur quidem praecipua venustate." Buonanni, *recreatio mentis et oculi*, 86.

89. Lister, *historiae sive synopsis conchyliorum*. On Martin Lister, see Roos, *Web of Nature*; Roos, "The Art of Science."

90. Unwin, "A Provincial Man of Science at Work."

91. Lister, *english spiders*,107–9.

92. Lister, *english spiders*, 48.

93. Lodge to Lister, August 21, 1674, *Bodleian* MS Lister 34, f. 170.

94. On Malpighi, see Meli, *Mechanism, experiment, Disease*; Meli, *Marcello Malpighi, anatomist and Physician*; Adelmann, *Marcello Malpighi and the evolution of embryol- ogy*. On Leeuwenhoek, see Palm

and Snelders, *antoni van Leeuwenhoek 1632–1723*; Ruestow, *The Microscope in the Dutch republic*. On Swammerdam, see Cobb, *The egg and the sperm race*; Cobb, "Malpighi, Swammerdam and the Colourful Silkworm"; kooijmans, *Gevaarlijke kennis*. One eagerly awaits the forthcoming biography of eric Jorink.

95. On Rumphius in Asia, see Raj, *relocating Modern science*. See also De Witt, *rumphius Memorial Volume*; ———, *rumphius gedenkboek*.

96. "Ich war in willens diejenige stücke, so mitzo senden werde und in Rumphio stehen nach ihre rechte pagin. zu beschreijben, aber die zeit wil es mir nicht zulassen, und werden Ihro excellenz selbsten die mühe nehmen solches nach zu sehen." Seba to Scheuchzer, December 28, 1723, *uBa* Hs. ef 151.

97. Collinson to Beurer, February 7, 1744/5, *Trew*.

98. Petiver to Breyne, April 10, 1706, *Gotha* Chart. B 787.

99. *The amboina rarity-Chamber, BL* MS Add. 3324, f. 146–67.

100. Petiver, *aquatilium animalium amboinae*.

101. *BL* MS Add. 3324, f. 62.

102. "I hope in a little time to finish a Catalogue of the english shells, I have hither to observed, the land ones may exceed 20, the fresh water ones not more, but those on our Sea Coaste already near 100, and of these last many more I believe are yet to be discovered, the whole List you shall have by the next, with the shells themselves, if you desier them." Petiver to Breyne, April 10, 1706, *Gotha* Chart B. 787.

103. Sloane to Breyne, March 15, 1714/5, *Gotha* Chart. A 788.

104. "Nous annonçons celles [i.e., those lots on sale] qui se trouvent gravées dans la Con- chyliologie de Monsieur Dargenville en marquant la Planche et la Lettre; nous avons aussi cité quelquefois Rumphius." Helle and rémy, *Catalogue raisonné d'une collection considerable de coquilles*, ix.

105. Arnout vosmaer, *systema Testaceorum*, Nationaalarchief Den Haag Inv. 2.21.271 No. 71.

106. Vosmaer, *Beredeneerde en systematische catalogus van eene verzameling*.

107. The recent years have seen a proliferation of works on early modern zoology, includ- ing enenkel and Smith, *early Modern Zoology*; Meli and Guerrini, "The representa- tion of Animals in the early Modern Period"; Boehrer, *a Cultural history of animals in the renaissance*; Ridley, "Animals in the eighteenth Century."

108. Franzius, *historia animalium sacra*.

109. Tulp, *De drie boecken der medicijnsche aenmerkingen,* 71, for the captain, see 119–20. The Dutch translation gives a faithful but abbreviated version of Tulp's original work in Latin.

110. Tulp, *De drie boecken der medicijnsche aenmerkingen,* 273. An Amsterdam *pond* was slightly heavier than the current American pound.

111. "Als hy drincken zoude greep hy de oor van de kan met d'eene handt [. . .], daer na wischte hy sijn lippen af, niet minder geschickt, alsof ghy den alder curieusten Hovelingh ghesien hadt." Tulp, *De drie boecken der medicijnsche aenmerkingen,* 276.

112. On comparative anatomy, see Guerrini, *experimenting with humans and animals*; Cunningham, *The anatomist anatomis'd*.

113. I thank Justin Smith for discussing this point with me.

114. On Tyson, see Smith, "Language, Bipedalism, and the Mind-Body Problem in ed- ward Tyson's Orang-Outang."

115. Tyson, *Phocaena, or the anatomy of a Porpess*, 10.

116. Tyson, *Phocaena, or the anatomy of a Porpess*, 15.

117. Tyson, *Orang-Outang, sive homo sylvestris*, 2.

118. On Perrault, see Guerrini, "The king's Animals and the king's Books."

119. Perrault, *Memoir's for a natural history of animals*, preface. I am citing the contempo- rary english translation. Guerrini offers a detailed account of the tortuous publica- tion history of the French original.

120. Valentini, *amphitheatrum zootomicum*. Gerardus Blasius offered a more synthetic account a few decades earlier, but also with little eye for taxonomy; see Blasius, *anatome animalium*.

121. Charleton, *Onomastikon zoikon*; Ray, *synopsis methodica animalium quadrupedum et serpentini generis*.

122. Klein, *Quadrupedum dispositio brevisque historia naturalis*; Brisson, *regnum animale in classes IX distributum*.

123. Pennant, *synopsis of Quadrupeds*, A2.

124. Koerner, *Linnaeus: Nature and Nation*; Müller-Wille, "Walnut Trees in Hudson Bay, Coral Reefs in Gotland."

125. Müller-Wille, "Collection and Collation"; Heller, "The early History of Binomial Nomenclature"; eddy, "Tools for Reordering."

126. It did provide one illustration by Georg ehret on his sexual system, but no single species was depicted in its entirety.

127. Heller, "Linnaeus on Sumptuous Books."

128. Gronovius to Amman, January 27, 1739, *ras* R1 Fond 74A Dela 19. Gronovius to Breyne, September 20, 1740, *Gotha* Chart B. 786.

129. Contardi, "Linnaeus Institutionalized."

130. Pennant, *synopsis of Quadrupeds*, A3.

131. Gronovius to Breyne, April 20, 1745, *Gotha* Chart B. 786.

132. For this point, see Loveland, *rhetoric and Natural history*, 157. See also Sloan, "The Buffon-Linnaeus Controversy"; Roger, *Buffon*.

133. Buffon, *histoire naturelle, générale et particulière, avec la description du Cabinet de roi*. On the close relationship between Buffon's style and Perrault's rhetorics, see Guer- rini, "Perrault, Buffon, and the Natural History of Animals."

134. The volumes on quadrupeds were preceded by the treatment of general natural his- tory, cosmology, and humankind, however.

Chapter 3   **图像资本：伪造《自然宝藏》**

1. Seba, *Locupletissimi rerum naturalium thesauri accurata descriptio*. On Albertus Seba and the publication history of the *Thesaurus*, see engel, "The Life of Albert Seba"; engel, "The Sale-Catalogue of the Cabinets of Natural History of Albertus Seba"; Holthuis, "Albert Seba's 'Locupletissimi rerum

naturalium thesauri' (1734–1765) and the 'Planches de Seba' (1827–1831)" ; Boeseman, "The vicissitudes and Dispersal of Albertus Seba's Zoological Specimens" ; Ahlrichs, "Albertus Seba" ; Bauer and Gün- ther, "Origin and Identity of the von Borcke Collection."

2. "Ante tres circiter hebdomadas Amstelodami D. Seba obiit, qui thesauri sui tomos duos priores editos,vidit, tertium vero imperfectum reliquit, quartum vero ad praelum paratum." Gronovius to Amman, Leiden, 1736, *ras* R1 74a.

3. Gronovius to richardson, September 2, 1736,Turner, *extracts from the literary and scien- tific correspondence of richard richardson*, Letter CXLvIII. Letter originally in english.

4. Christie's Sale 9326 (New York, March 10, 2000), Lot 18.

5. Sotheby's Sale N07585 (New York, January 10–11, 2001), Lot 490.

6. Seba, *Locupletissimi rerum naturalium thesauri accurata descriptio*, I/praefatio autoris.

7. "De processen onder de erfgenamen van Seba syn ten eynde gebragt, waar door sy dat werk wederom op de pers gebragt hebben." Gronovius to Breyne, Leiden, May 30, 1742, *Gotha* Chart B 786, f. 305. The well-connected Breyne also received the same information from Hendrick Janssonius van Waesbergen.

8. For a useful overview, see Landwehr, *studies in Dutch Books with Coloured Plates*.

9. On the Renaissance forgery of the Ancients, see Grafton, *Forgers and Critics*.

10. Linnaeus, *systema naturae*; Gronovius to Amman, Leiden, July 24, 1737, *ras* R1 74a Dela 0.

11. Burmann, *Thesaurus zeylanicus*; Rumphius, *het amboinsche Kruid-boek*.

12. Hoftijzer, "Metropolis of Print," 249; Chartier, "Magasin de l'univers ou magasin de la République?," 292.

13. Hunt, Jacob, and Mijnhardt, *The Book that Changed europe*, 88.

14. Keblusek, *Boeken in de hofstad*, 56.

15. Van eeghen, *De amsterdamse boekhandel 1680–1725*, 33. On the complex publication strategies of a Leiden publisher, see Hoftijzer, *Pieter van der aa (1659–1733)*.

16. Schriks, *het Kopijrecht*, 138; Lindeboom, "Boerhaave as Author and editor." On Boer- haave, see Lindeboom, *hermann Boerhaave*; knoeff, *hermann Boerhaave (1668–1738)*; kooijmans, *het orakel*; Powers, *Inventing Chemistry*.

17. Febvre and Martin, *The Coming of the Book*, 197. See also Margócsy, "A komáromi Csipkés Biblia Leidenben."

18. [De la Mettrie], *L'homme machine*. On Luzac, see van vliet, *elie Luzac (1721–1796)*. On the fine, see van vliet, "Leiden and Censorship during the 1780s" ; Thijssen, "Some New Data Concerning the Publication of 'L'homme machine' and 'L'homme plus que machine.'" Thijssen's citation of a 20,000-guilder fine seems exaggerated to me.

19. Janssonius van Waesbergen to Breyne, August 7, 1742, *Gotha* Chart A. 788, 744; Bur- mann to Breyne, June 9, 1739, *Gotha* Chart B. 785, 249. rumphius, *het amboinsche Kruid-boek*; Burmann, *rariorum africanarum plantarum decades*.

20. Catesby, *The Natural history of Carolina, Florida, and the Bahama Islands*. Sloane to Breyne, September 6, 1734, *Gotha* Chart A. 788, 647; Sloane to Breyne, November 9, 1737, *Gotha* Chart A. 788, 653.

21. Breyne, *exoticarum plantarum centuriae*; Waesbergen to Breyne, October 9, 1712, *Go- tha* Chart A. 788,

743.

22. Kusukawa, *Picturing the Book of Nature*. For a recent overview of renaissance printing, see Pettegree, *The Book in the renaissance*; Maclean, *scholarship, Commerce, religion*; Grafton, *The Culture of Correction in renaissance europe*.

23. For the complex processes of editorial intervention, and the complexities of publish- ing in general, see Johns, *The Nature of the Book*.

24. kusukawa, *Picturing the Book of Nature*, 226.

25. For nuanced readings that question the intentions and effectiveness of anonymity, see Rabinovitch. "Anonymat et carrières littéraires au XvIIe siècle" ; DeJean, "Lafayette's ellipses" ; Terrall, "The Uses of Anonymity in the Age of Reason." For the complexi- ties of scientific authorship in France, see Biagioli, "etiquette, Interdependence, and Sociability in Seventeenth-Century Science."

26. On the management of information, see Blair, *Too Much to Know*; and for the survival of humanist data management systems, Soll, *The Information Master*.

27. In this chapter, I deliberately ignore piracy—that is, the unaltered republication of a book under the same authorial name but by a different publisher, because it does not involve tampering with the authorial persona, unlike plagiarism and forgery. On the complex history of piracy, see Johns, *Piracy*.

28. On the *Tabulae anatomicae*, see vesalius' scathing words in vesalius, *De humani corpo- ris fabrica*, letter to the printer. Dryander, for example, copied two of the six illustra- tions from vesalius' *Tabulae anatomicae sex* in his *anatomia Mundini,* and also took a number of images from Berengario da Carpi. On Amusco, see klestinec, "Juan valverde de (H)Amusco and Print Culture."

29. O' Malley, *andreas Vesalius of Brussels*, 90–91. While Guinter is also mentioned on the title page, vesalius' name is much more prominently displayed.

30. Kusukawa, *Picturing the Book of Nature*, 87.

31. Harkness, *The Jewel house,* 15–19; on the relationship to Fuchs, see Anderson, *an Il- lustrated history of the herbals*, 177. As Gerard himself acknowledged on the title page, the *herball* was "gathered by John Gerarde," implying the equation of the authorship with incremental, editorial compilation and commentary. Gerard, *The herball,* t.p.

32. Shapin, *a social history of Truth*.

33. Ruestow, *The Microscope in the Dutch republic,* 22.

34. On Witsen, see Peters, *De wijze koopman*.

35. For the growing control of eighteenth-century authors in Britain, see Sher, *The en- lightenment and the Book*, 209, which also offers a helpful overview of self-publishing and profit-sharing schemes. See also Felton, "The enlightenment and the Modern- ization of Authorship."

36. Linnaeus, *hortus Cliffortianus*; Gronovius to Amman, August 6, 1739; *ras r1 74a Dela 0*.

37. Breyne, *Dissertatio physica de Polythalamiis*; Beughem served only as a printer for the book. For recent accounts on the financial aspects of scientific publishing, see espe- cially Marr, *Between raphael and Galileo*. For earlier work, see Darnton, *The Business of enlightenment*.

38. *Gotha* Chart A. 876, 39–40.

39. On these debates, see Levine, *The Battle of the Books*; Fumaroli, *La Querelle des anciens et des Modernes*.

40. On eighteenth-century memorials to Boerhaave, see Scholten, "Frans Hemsterhuis's Memorial to Herman Boerhaave."

41. For a detailed, and brilliant, dissection of this phenomenon, see Goldgar, *Impolite Learning*, ch. 3. On scientific authorship, see Biagioli and Galison, *scientific author- ship*; and Frasca-Spada and Jardine, *Books and the sciences in history*.

42. Descartes, *The use of the Geometrical Playing Cards*. For a forgery of Pierre Bayle's letters, see Goldgar, *Impolite Learning,* 146.

43. "Les Amateurs de lettres ne doivent avoir aucun égard aux éditions qui ne sont point faits sous ses yeux et par ses ordres, encore moins à tous ces petits ouvrages qu'on affecte de débiter sous mon nom, à ces vers qu'on envoie au *Mercure* et aux journaux étrangers, et qui ne sont que le ridicule effet d'une réputation bien vaine et bien dan- gereuse," cited by Lee, "The Apocryphal voltaire," 265.

44. [Mabbut], *sir Isaac Newton's tables*, t.p.; for the denunciation, see ———, *a True estimate of the Value of Leasehold estates*.

45. Boterbloem, *The Fiction and reality of Jan struys*. Struys' work was probably ghost- written by Olfert Dapper, in consultation with Struys, and significant portions of it were lifted from Dapper's own scholarly work, rewritten and presented from a first- hand observer's perspective.

46. Schriks, *het Kopijrecht*, 139; van eeghen, "Leidse professoren en het auteursrecht in de achttiende eeuw." On the general development of copyright and piracy, see Rose, *authors and Owners*; Woodmansee, *The author, art, and the Market*; Feather, *Publish- ing, Piracy and Politics*; Johns, *Piracy*.

47. Terrall, *The Man Who Flattened the earth*, 292–94.

48. Alder, "History's Greatest Forger" ; Renn, *Galileo in Context*, 327–70.

49. engel, "The Life of Albert Seba," 92.

50. GAA Toegangsnummer 5075 Deel 8535 Act 666, December 29, 1739. *Inventaris van den boedel en nalatenschap van albertus seba, begonnen den 24 May 173 en voltrokken geslooten den 29 December 1739.*

51. Van Rheede tot Drakensteyn, *hortus indicus malabaricus*; Blasius, *anatome anima- lium*; Bidloo, *anatomia humani corporis*. See van eeghen, *De amsterdamse boekhandel, 1680–1725,* lv/129–31.

52. Bruyn, *reizen over Moskovie*; Ten kate, *aenleiding tot de kennisse der Nederduitsche sprake.*

53. Boers, "een teruggevonden gevelsteen uit de kalverstraat," 223; verheyen, *Corporis humani anatomia editio nova.*

54. Janssonius van Waesbergen, *Catalogus librorum medicorum, pharmaceuticorum . . . in off. Jansionio-Waesbergiana prostantium.*

55. Sources on the origins of Seba's wealth are scarce, but the printed wedding song of Seba and Anna Lopes suggestively writes about the bride that "de droogen schen- ken haar vermoogen," suggesting the importance of the pharmaceutical trade in the couple's richness. ———. *Ter bruiloft van albertus seba met anna Lopes.*

56. For a list of the drugs Seba delivered to Jan Christoffel Hartman in 1727, see GAA inv. no. 27/35, Archief van het Collegium Medicum, Bijlagen by het Renvooiboek, 131.

57. GAA Toegangsnummer 5075 Deel 12150 Act 16. *scheiding,* March 19, 1742. According to kees Zandvliet, 200,000 guilders were enough to make it to the *Top 250* of the Golden Age Netherlands; see

Zandvliet, *De 250 rijksten van de Gouden eeuw.*

58. Driessen-van het Reve, *De Kunstkamera van Peter de Grote,* 115–16.

59. On the auction, see engel, "The Sale Catalogue of the Cabinets of Natural History of Albertus Seba" ; and ——, *Catalogues van de uitmuntende cabinetten . . nagelaten door wylen den heere albertus seba.*

60. McCracken Peck, "Alcohol and Arsenic, Pepper and Pitch."

61. Gronovius to Breyne, Leiden, August 21, 1743, *Gotha* Chart B. 786, 311.

62. Driessen-van het Reve, *De Kunstkamera van Peter de Grote,* 242.

63. Kistemaker et al., *The Paper Museum of the academy of science in st. Petersburg c. 1725– 1760.*

64. Seba, *Locupletissimi rerum naturalium thesauri accurata descriptio,* I/aan den lezer.

65. On subscriptions, see Sher, *The enlightenment and the Book;* Yale, *Manuscript Technolo- gies.* For a Dutch context, see Hunt et al., *The Book that Changed europe,* 102–4.

66. ——. "Wetstein et Smith, Imprimeurs de cette Bibliotheque." *Bibliothèque raison- née* 11 (1734) January-February: 236–39.

67. Most one-volume natural history and anatomy atlases cost 15–30 guilders. Merian’ s *Metamorphosis* sold for 15 guilders, and Bidloo’ s *anatomia* traded for 27–30 guilders.

68. L’ Admiral, *Naauwkeurige waarnemingen, van veele gestaltverwisselende gekorvene Diertjes,* 2.

69. "Rien aussi n’ arretera le cours de l’ impression, parce que toutes les Planches sont dèja gravées, et meme le Premier Tome est fini." *Bibliothèque raisonné* 11 (1734) January- February: 236–39.

70. "Toutes les choses dont nous avons fait mention jusqu’ a present, outre beaucoup d’ autres qu’ il seroit trop long de détailler, sont représentées dans leur grandeur et fig- ure naturelle, sur de Planches de Cuivre, gravées par les meilleurs Maitres, d’ apres les Originaux que l’ Auteur possede dans son cabinet. en un mot, les Descriptions sont si exactes, et les Gravures si belles, que Monsieur BOerHAAve, cet Illustre Professeur a Leyde, a rendu publiquement ce témoignage, qu’ il n’ a point encore paru d’ Ouvrage en ce genre qui soit égal a celui-ci." *Bibliothèque raisonné* 11 (1734) January-February: 236–39.

71. ——. "[review of] Albertus Seba. *Thesaurus.*" *Bibliothèque raisonné* 12 (1734) April- June: 357–84.

72. "If I remember well, the price of a coloured one would come to five hundred gild- ers." Gronovius to Richardson, September 2, 1736, Turner, *extracts from the Literary and scientific Correspondence of richard richardson,* Letter CXLvIII. Pieters claims that hand-colored volumes were circulating for 200 guilders in Pieters, "Natura artis magistra," 65. For the practices of hand-coloring, see Nickelsen, "The Challenge of Colour."

73. Arnout vosmaer’ s preface to Renard, *Fishes, Crayfishes, and Crabs.* Note that the text refers to Renard’ s work, although it applies equally well to Seba’ s.

74. Barthes, "The Death of the Author" ; Barthes, *s/Z;* Hillis Miller, "The Critic as Host."

75. For a full list of the legal documents relating to the case, see engel, "The Life of Al- bert Seba."

76. *GAA* Toegangsnummer 5075 Deel 8533 Act 222, April 22 & 23, 1738.

77. Van Royen’ s planned *ericetum africanum* never saw light, but the illustrations have survived. "De plaaten van het boek van Roeye de ericis Africanis werden tegenwoor- dig in het koper gesneden, en alreede syn er so veele afgedaan, dat die heer daar al vyf honderd guldens verschooten heeft." Johann

Frederik Gronovius to Johann Philipp Breyne, Leiden, May 30, 1742, *Gotha* Chart B. 786. For Sloane, see Petiver to Breyne, London, April 10, 1706, *Gotha* Chart B. 787, 482; Sloane, *a voyage to the islands Madera, Barbados, Nieves, s. Christophers and Jamaica.*

78. If we use the prices mentioned in the accounts of Breyne, drawing and engraving 449 plates would have cost roughly 7,800 Dutch guilders, which is somewhat higher than the amount from van Royen's unfinished project.

79. ——, *Catalogues van de uitmuntende cabinetten . . . nagelaten door wylen den heere albertus seba.*

80. *RAS* 2.1.164, 301–5, printed in Driessen-van het Reve, *De Kunstkamera van Peter de Grote,* 305.

81. On Gaubius, see Hamer-van Duynen, *hieronymus David Gaubius (1705–1780).* With the exception of one manuscript, now preserved at the Artis Library of the *uBa* (MS Legk. 36), the whole text of *Volume IV* was missing.

82. Ghostwriting has been studied mainly in the context of contemporary biomedical science, a clearly different scenario. See, for instance, Ross et al., "Guest Authorship and Ghostwriting in Publications Related to Rofecoxib"; Shapiro, Wenger and Sha- piro, "The Contributions of Authors to Multiauthored Biomedical Research Papers"; Logdberg, "Being the Ghost in the Machine"; Jacobs and Wager, "european Medical Writers Association (eMWA) Guidelines on the Role of Medical Writers in Peer- Reviewed Publications"; Gotzche et al., "What Should Be Done to Tackle Ghost- writing in the Medical Literature?"; Bosch, esfandiari, and McHenry, "Challenging Medical Ghostwriting in US Courts."

83. On vosmaer, see Sliggers, *een vorstelijke dierentuin;* and the manuscript autobiogra- phy, Arnout vosmaer. *Memorie tot mijn leven behorende.* The Hague: Nationaalarchief 2.21.271, no. 57.

84. Arnout vosmaer, "Conditie tot de onderneming van de Hollandsche beschrijving van het 4de deel van Albertus Seba Thesaurus." *Vosmaer Correspondence.*

85. Here, the term "ghostwriting" simply refers to any act of writing under the guise of another author.

86. "Gezonde de Beschrijving der 4 eerste Tab. van 4e deel om te zien of dus na genoegen der Heeren erfgen: is. Dat ik my vleie dat op dezen voet aan de Requis: in de behan- deling van het werk, zoo als my die zyn opgegeeven, zal voldaan zyn, namentl. *met maar kort en zakelyk, de zaaken van het kabinet eenvoudig te beschrijven zonder my, zoo min mogelyk, in Nat. Kund. beschouw: dier zaaken in te laaten.*" vosmaer to Homrigh, June 2, 1759, *Vosmaer Correspondence.*

87. "Ik kan niet zien welk quaat, maar wel in tegendeel wat goed of nut het zoude toe- brengen, dat in eene gepaste voorreeden te kennen gegeven werd ('t welk tog al om bekend is) dat de twee laatste delen na's mans dood beschreven zyn, hier by zoude men een kort verhaal van het leven van dHr Seba kunnen ingeven en doen zien dat men als den auteur moest aanmerken." vosmaer to Homrigh, s.d. [June 15, 1756], *Vosmaer Correspondence.*

88. "Vermits nu het oogmerk niet schijnt te sijn bij de heeren uitgevers, den smaak van het publijk, maar alleen hun eijgen concept te volgen." Gaubius to vosmaer, Janu- ary 12, 1757, *Vosmaer Correspondence.*

89. "Het werk absolut moet uytgegeven worden als een werk van Albertus Seba en ook in 't minste geen mentie moet gemaakt worden dat daar door andere angearbeyd is." Homrigh to vosmaer, July 16, 1756, *Vosmaer Correspondence.*

90. "want Seba heeft die afbeelding uit de teekeningen der *Kaapsche Dieren,* waarschyne- lyk ontleend, deze teekeningen, waaren eerst in de Bibliotheek van Boerhaave gevon- den, en nu in het bezit van den beroemden Hoogleeraar Joh. Burman, want het is bekend, dat Seba veele afbeeldingen uit andere boeken onder de zyne geplaatst heeft; en hoe veel hulp Boerhaave aan het werk van Seba toegebracht heeft is yder bekend." Pallas, *Dierkundig mengelwerk, 6.*

91. Artedi, *Ichthyologia.* See also Merriman, "A Rare Manuscript Adding to Our knowl- edge of the Work of Peter Artedi" ; which reports that the US Bureau of Fisheries then possessed a copy of Artedi' s manuscript for Seba' s *Thesaurus.* Despite extensive research, the present location of this manuscript is unknown to me.

92. "' t 3e deel mede na ' s Mans overlyden in het licht gebracht, en door ander schryver of schryveren behandeld zynde, ik zeer gaarne wilden zien welk een voetspoor men gevolgd heeft, om daar na (voor zo verre de Natuur der Zaaken van het 4e deel zulks lyden kunnen) het mynen te schikken en interichten." vosmaer to Homrigh, May 18, 1756, *Vosmaer Correspondence.*

93. "wy hebbe soo veel mogelyk de Intentie van den heer Seba voldaen, wyle maar seer eenvoudig derselve gevolgt hebbe, en altoos uit oog gehouden om niet buijten de smaak derselver te gaan, alsoo onse intentie altyd geweest is en nog is om het als een werk van den Ouden man uyt te geven en de Liefhebbers in geen ander denkbeeld te brengen." Homrigh to vosmaer, May 21, 1756, *Vosmaer Correspondence.*

94. "de geheele letterdruk van het derde deel is hier bij Luzac niet bevindelijk, en mijn exemplaar moet ik houden om het reseteerende van mijn werk te kunnen in orde volvoeren." Gaubius to vosmaer, June 9, 1756, *Vosmaer Correspondence.*

95. "UWED begrypt dat ik mijne beschrijving naar de afgezette plaaten zoude moeten schikken en inrichten, alzo van zeer veele soorten die by geen auteuren bekend zyn, niet veel anders als eene koleur beschryving, en wat voor soort van dier of dieren het zijn, zal konnen gegeven werden, met eenige korte mitbreyding of aanmerking naar het voorbeeld van dHR Seba." vosmaer to Homrigh, s.d. [June 15, 1756], *Vosmaer Correspondence.*

96. For a comparison of descriptive and philosophical trends in natural history, see Rud- wick, *Bursting the Limits of Time.*

97. "' t is UWED genoeg bewust, de bepaalinge waar aan de eigenaars van dit werk ons verbinden, namentlyk, niet te veel letterdruk, de behandeling, zoo na mogelyk, Seba eigen, te volgen, en op dien voet mach ik my in geen bereedeneerde denkbeelden inlaaten, noch laateren ontdekkingen gebruijken? De nooet, echtern, onder myne inleiding, denk ik, zal niet konnen wedersprooken worden, ' t moet daar in, noch den Naam voegden van een vroegger observator als Iussieu." vosmaer to Gaubius, January 9, 1757, *Vosmaer Correspondence*; Jussieu, "examen de quelques productions marines."

98. Probably the footnote to Table XCv in the final publication, which explains that Jussieu and others have classified some of the marine plants as the exoskeleton of marine animals. "Na deze beschryving van den heere A. Seba, hebben de Heeren Peyssonel et Jussieu, en nu onlangs de Heer J. ellis, overtuigende bewyzen gevonden, dat een groot gedeelte dezer Lighaamen (zoo niet alle) waarlyk het werk is van ver- scheide Diertjes, zynde een soort van zoo genaamde Polypen." Seba, *Locupletissimi rerum naturalium*

thesauri accurata descriptio, III/Plate XCv.

99. "Men met een openbaar onwaarheid het publijk soekt t'abuseeren, vertoonende, als of in 't leven van den Zal Hr. Seba het geheele werk aan plaaten en schrift so danig in gereedheid was geweest, dat er niets als het drukken daaraan otbrak. . ." Gaubius to vosmaer, May 28, 1757, *Vosmaer Correspondence.*

100. "il restoit encore [. . .] un certain vuide que Mr. Seba avoit, sans doute, resolu de remplir par d'autres espèces de poissons, comme il paroit visiblement dans ses pro- lègomènes sur la Planche XXXv." Seba, *Locupletissimi rerum naturalium thesauri accurata descriptio*, III/97, plate XXXII.

101. "Ik hebbe volgens UeD versoek, zij ed. gecommuniceerd, als dat de erfgenaamen het gezegde op pag. 97 zoo als dat gedrukt is maar zullen houden, en dus geen gebruik maaken van het veranderde. Bij mijn thuis komst heb ik 't werk ook eens ingezien, om als Ued bevonden, dat te veele plaatzen doch blijkt dat het werk nader- hand door andere is opgevat en afgemaakt; en wat zou dan een veranderinge van die pag. kunnen helpen, temaer daar de verandering geenzints verbeetering bevat, maar misleiding waar voor zijn Weled anderzintz zich te recht zoo afkeering toond." vosmaer to Homrigh, July 9, 1757, *Vosmaer Correspondence.*

102. Seba, *Locupletissimi rerum naturalium thesauri accurata descriptio*, III/Table XXXI Figure 8.

103. "Mijne koraal-Beschrijving was lang afgeweest, had ik maar gezien dat 'er werk op de Pers quam, ten tweede zal Ued, mijne Beschrijving maar eens inziende, wel bespeuren dat ik 'er meer werk van gemaakt heb, zoo dra als ik otdekt heb, dat men heeft doen zien dat het werk door andere na DHR Sebas dood, opgevat en volvoerd is geworden; dus heb ik meerder moeijten aan gewend om de zaaken klaar en ken- nelijk te beschrijven." vosmaer to Homrigh, 1757, *Vosmaer Correspondence.*

104. See Seba, *Locupletissimi rerum naturalium thesauri accurata descriptio*, III/Tabula 111 for ellis, and III/Tabula 113 for Gualtieri.

105. Vosmaer to Gaubius, January 9, 1757, *Vosmaer Correspondence.*

106. Wallach, "Synonymy and Preliminary Identifications of the Snake Illustrations of Albertus Seba's *Thesaurus* (1734–1735)."

107. Gualtieri, *Index testarum conchyliorum*, Tabula 106.

108. "U moet ten dien opzicht weeten dat vader Seba de afgebeelde Insecten van twee kleyne printwerkjes, die voor veele jaaren door eene Hoefnagel en 't ander door eene Hollaar in 't licht gebracht zyn, ik beken niet te weeten waer om, want de ver- beelde diertjes zyn tamelyk gemen of slegt, in zyn werk ingelascht heeft." vosmaer to Merkus, November 1763, *Vosmaer Correspondence.* For Hollar, see Seba, *Locupletis- simi rerum naturalium thesauri accurata descriptio,* Iv/Plate LXXXvII Num. 13. For Hoefnagel, see Num. 20.

109. "alsoo wij imand [. . .] hebben die de vertaling van 't eerste en tweede deel in 't fransch heeft gedaan, en ons daar prompt mede sal helpen dan komt het indezelve smaak." Homrigh to vosmaer, May 27, 1757, *Vosmaer Correspondence.*

110. "[ik] twyffele niet ofte Ue hebt gesien 't werk van Astruc dat onlangs te Parys is uytgekoomen, namentlyk L'Histoire des Insectes aux environs de Paris, 2 volume quarto misschien soude dit werk nog konnen dienen en Ue beschryving eenig ligt konnen by setten, 't zy selfs in de benaamingen." Merkus to vosmaer, November 5, 1763, *Vosmaer Correspondence.* While Merkus mentions Astruc, the

reference is in fact to Geoffroy, *histoire abrégée des insectes aux environs de Paris*.

111. "de Beschryving *maar zoo kort, en zoo eenvoudig als my immers mogelyk was moest maken; en my doch voor als onthouden om eenige zweem van geleerdheid in het werk te mengen*." vosmaer to Merkus, November 1763, *Vosmaer Correspondence*.

112. "Mr. *Geoffroy*, dans son Histoire abregée des Insectes des environs de Paris, rapporte la même chose, et prend ces Insectes pour deux différentes espéces [sic]." Seba, *Locu- pletissimi rerum naturalium thesauri accurata descriptio*, Iv/Plate LXXXIX Num. 7 & 8.

113. "Gy zult liever eene waare en onopgesmukte Beschryving zien, hier alleen naar bloote Afbeeldingen der voorwerpen, voor heen waarlyk in weezen geweest zynde, opgemaat, dan wydloopige Beschryvingen, van anderen ontleend, of op alleronze- kerste berichten ter neder gesteld." Seba, *Locupletissimi rerum naturalium thesauri accurata descriptio*, Iv/vii, aan den lezer.

114. On Ireland, see Radnóti, *The Fake*, 178–80; on Crèvecoeur, see Adams, *Travelers and Travel Liars*, 158–59; on Rousseau, Dufour, *recherches bibliographiques sur les oeuvres imprimées de J.-J. rousseau*, I/253–62. *115*. On the topic, see also Ronell, *Dictations: haunted Writing*. For an argument on the earlier origins of authenticity and forgery in the fine arts, see Wood, *Forgery, replica, Fiction*.

116. ———. "Description du cabinet d'Albert Seba." *Journal général de la littérature de France* 4 (1801): 159–60.

117. Seba, *Planches de seba*.

Chapter 4   **"书信共和国"的解剖学标本：作为营销工具的科学出版物**

1. Trew, "An Observation on the Method," 446.

2. Note the similarity to the scenario described in Shapin, "The Invisible Technician."

3. On Bellekin, see van Seters, "Oud-Nederlandse Parelmoerkunst"; vreeken, "Parel- moeren plaque met mythologische voorstelling."

4. For a similar approach, see Swann, *Curiosities and Texts*.

5. Brook, *Vermeer's hat*, 14.

6. Calaresu, "Making and eating Ice Cream in Naples." On the eighteenth-century connections between food and science, see Spary, *eating the enlightenment*.

7. Wijnands, *een sieraad voor de stad*, 37–38.

8. McCracken Peck, "Preserving Nature for Study and Display," 15.

9. Stearns, "James Petiver," 363; Petiver, "Brief directions for the easie making and pre- serving collections," printed sheet, *BM* 46 e 11 (9).

10. See Dannenfeldt, "egyptian Mumia"; or, for instance, Lanzoni, *Tractatus de balsama- tione cadaverum*.

11. On dissections and sainthood, see Park, *secrets of Women*.

12. On vesalius, see O'Malley, *andreas Vesalius of Brussels*; kusukawa, *Picturing the Book of Nature*.

13. On the market for anatomical prints, see karr-Schmidt, *altered and adorned*; Dack- erman, *Prints and the Pursuit of Knowledge in early Modern europe*; klestinec, "Juan valverde de (H)Amusco and Print Culture."

14. On anatomy lessons and theaters, see Hansen, "Galleries of Life and Death"; Wolt- ers van der Wey,

"A New Attribution for the Antwerp Anatomy Lesson"; Huisman, *The Finger of God*; Ferrari, "Public Anatomy Lessons and the Carnival"; klestinec, *Theaters of anatomy*; Rupp, "Theatra anatomica"; Rupp, "The New Science and the Public Sphere in the Premodern era"; Slenders, *het theatrum anatomicum in de noordelijke Nederlanden*; Zuidervaart, "Het in 1658 opgerichte theatrum anatomicum te Middelburg."

15. French, *harvey's Natural Philosophy*.

16. For an overview of anatomical debates, see Meli, *Mechanism, experiment, Disease*; kooijmans, *Gevaarlijke kennis*; Wragge-Morley, "Connoisseurship and the Making of Medical knowledge."

17. The history of anatomical preparations has been somewhat neglected. See, however, Cook, "Time's Bodies"; kooijmans, *De doodskunstenaar*; and Cole, "The History of Anatomical Injections." For a biography of de Bils, see Jansma, *Louis de Bils en de anatomie van zijn tijd*; Fokker, "Louis de Bils en zijn tijd."

18. De Bils, *Kopye van zekere ampele acte van Jr. Louijs de Bils*. For a Latin version printed in the same year, see De Bils, *exemplar fusioris Codicilli*. For the english version, see De Bils, *The Copy of a Certain Large act [Obligatory] of Yonker Lovis de Bils*.

19. De Bils, *Kopye*, 8.

20. De Bils, *Kopye*, 4.

21. De Bils, *Kopye*, 5; De Bils, *Waarachtig gebruik der tot noch toe gemeende gijlbuis*. A Latin version was also published; see De Bils, *epistolica dissertatio*.

22. For the contract between de Bils and Louvain, see De Bils, "Ludivici de Bils actorum anatomicorum vera delineatio"; De Haas, *Bossche scholen van 1629 tot 1795*; Lindeboom, *Geschiedenis van de medische wetenschap in Nederland*, 53.

23. De Haas, *Bossche scholen van 1629 tot 1795*, 130.

24. Farrington, *an account of a journey through holland, Frizeland, etc.*, 50.

25. Uffenbach, *Merkwürdige reisen*, III/621–22.

26. Sterne, *The Life and Opinions of Tristram shandy*, 45.

27. The work of Frederik Ruysch has recently gained much interest. Works with appeal to the larger public include Blom, *To have and to hold*; and Purcell and Gould, *Finders, Keepers*. Ruysch's best biography is kooijmans, *De doodskunstenaar*, also available in english as kooijmans, *Death Defied*, but see also Scheltema, *het leven van Frederik ruysch*; Berardi, *science into art*; Luyendijk-elshout, "'An der klaue erkennt man den Löwen,' aus den Sammlungen des Frederik Ruysch"; Hansen, "Galleries of Life and Death"; Hansen, "Resurrecting Death"; Roemer, "From *vanitas* to veneration"; Roemer, "Het lichaam als borduursel."

28. Fontenelle, "eloge de Monsieur Ruysch," Iv/196.

29. Biagioli, *Galileo, Courtier*; Lux, *Patronage and royal science in seventeenth-Century France*; Pumphrey, "Science and Patronage in england."

30. For examples of patronage by the Orange family on a limited scale, see Orenstein, *hendrick hondius and the Business of Prints in seventeenth-Century holland*, 86–88. Arguably, the case of the Huygens family is a question in point; see Stoffele, "Chris- tiaan Huygens—A Family Affair."

31. Van Berkel, "De illusies van Martinus Hortensius." The expression *mercator sapi- ens* comes from Caspar Barlaeus' inaugural speech at the establishment of the Am- sterdam Athenaeum in 1632: Barlaeus, *Mercator sapiens*. See also van Miert, *Illuster onderwijs*.

32. On the support of entrepreneurs in the Netherlands, see Davids, "Beginning entre- preneurs and Municipal Governments in Holland."

33. Cook, *Matters of exchange*; van Gelder, *het Oost-Indisch avontuur*; Cook, "Medical Communication in the First Global Age."

34. For similar claims about the Dutch book trade, see Hoftijzer, *engelse Boekverkopers bij de Beurs*.

35. De Clercq, *at the sign of the Oriental Lamp*, 119–22 and 197.

36. On the advertising function of many artisanal publications, see Hilaire-Pérez, "Tech- nology as Public Culture in the eighteenth Century"; Jones, "The Great Chain of Buying"; Hilaire-Pérez and Thébaud-Sorger, "Les techniques dans l' espace public"; Berg and Clifford, "Selling Consumption in the eighteenth Century"; Wigelsworth, *selling science in the age of Newton*; Doherty, *a study in eighteenth-Century advertis- ing Methods*; Myers, Harris, and Mandelbrote, *Books for sale*.

37. For publications for patronage, see Biagioli, *Galileo, Courtier*; Long, *Openness, secrecy, authorship*; Popplow, "Why Draw Pictures of Machines"; McGee, "The Origin of early Modern Machine Design."

38. Kooijmans, "Rachel Ruysch."

39. See Mirto and van veen, *Pieter Blaeu: Letters to Florentines*; Lindeboom, *het Cabinet van Jan swammerdam*; and Lindeboom, *The Letters of Jan swammerdam to Melchisedec Thévenot*, 72–73.

40. Dudok van Heel, "Ruim honderd advertenties van kunstverkopingen uit de Amster- damsche Courant." For natural historical sales, see 17.9.1715, "een uytmuntent Cabinet van alle soorten van fraye Zeegewassen en veel andere rariteyten meer"; 1.2.1720, "3 beeltjes, konstig uyt een stuk Palmhout gesneden, eenige Hoorns en Schelpen, de ge- boort Christi konstig geschildert, een klein Breughels"; 4.5.1724, a "curieuse kabinette met Hoorns, Schulpen en Zeegewassen, Flessen met vreemde gediertens in Liquor, dozen met insectens, groot goed etc., kostelyke Schilderyen van brave Meesters, 2 Marmere Beeldjes verbeeldende de 5 zinnen, etc. door Quellinus."

41. At the late burgomaster Gerbrand Pancras' collections sale, "2 stuks extra van Juffrouw Ruys" are mentioned (10.3.1716); see Dudok van Heel, "Ruim honderd advertenties van kunstverkopingen uit de Amsterdamsche Courant." On 21.2.1719, the late Jacob van Hoek' s collection was advertised for sale, incl. a painting of Rachel Ruysch, by H. Sorg (=the painter Hendrick Sorgh). Together with the same Sorg and a certain P. Steen, Frederik ruysch Pool arranged for the sale of the late Cornelis Nuyts' col- lection of paintings, as can be seen in an advertisement from 8.3.1718.

42. Bisseling, "Uit de Amsterdamse Courant."

43. *Amsterdamsche Courant*, September 25, 1731. By 1771, the sale of such collections be- came such a public event that a catalogue of the sale of Gerrit Braamcamp' s collection of paintings was sold in almost one thousand copies, only to be pirated by another bookseller, and to be thereafter followed by a new edition at a reduced price from the original publishers. See Braamcamp, *Catalogus van het uytmuntend Cabinet*; Bille, *De tempel der kunst*. On the many uses of catalogues, see Huisman, "Inservio studiis Antonii a Dorth vesaliensis."

44. De Clercq, *at the sign of the Oriental Lamp,* 65–71. For similar moves in the en- glish market, some of which pre-date the Dutch evidence, see Crawforth, "evidence from Trade Cards for the Scientific Instrument Industry"; Bryden, "evidence from Advertising for Mathematical Instrument Making in London." On advertising in the British medical scene, see Cook, *The Decline of the Old Medical regime in stuart London.* For eighteenth-century developments, see Ratcliff, *The Quest for the Invisible,* part 2.

45. The Russian court also ordered air pumps with the help of Musschenbroek's cata- logues (as well as illustrations in 's Gravesande's works), and relied mostly on long- distance correspondence to arrange matters, incl. getting positive references from 's Gravesande for Musschenbroek's work and receiving instructions for the assembly of the pump. Daniel Schumacher to Albertus Seba, St. Petersburg, June 23, 1718, *ras* Fond I Opis 3 Dela 2 f. 95; Daniel Schumacher to Johann Musschenbroek, March 14, 1724, *ras* Fond I Opis 3 Dela 2 f. 197; Daniel Schumacher to [Johann Musschen- broek], March 9, 1726, *ras* Fond I Opis 3 Dela 2 f. 332; 's Gravesande to Daniel Schumacher, August 23, 1724, *ras* Fond I Opis 3 Dela 8 f. 153; Johann van Musschen- broek to Daniel Schumacher, 1724, *ras* Fond I Opis 3 Dela 8 f. 289.

46. Blankaart, *anatomia reformata,* 3rd ed., verhandeling wegens het balsemen der men- schelyke Lighamen, art. XXvI.

47. Blankaart, *Verhandelinge van het podagra,* 294–301. See also Banga, *Geschiedenis van de geneeskunde en van hare beoefenaren in Nederland,* 621–22. For a discussion of secrets in the english scene, see Pelling, *Medical Conflicts in early Modern London.* For the French, see Le Paulmier, *L'orviétan.*

48. On van der Heyden, see Sutton, *Jan van der heyden;* De vries, *Jan van der heyden.* The fire-fighting side of van der Heyden is analyzed in van der Heyden, *a Descrip- tion of Fire engines with Water hoses and the Method of Fighting Fires now used in am- sterdam.* See also the slightly different case of Cornelius Meijer in klaas van Berkel, "'Cornelius Meijer inventor et fecit.'"

49. Shapin and Schaffer, *Leviathan and the air Pump;* Steven Shapin, "Pump and Cir- cumstance." See also Dear, "Totius in verba"; Licoppe, "The Crystallization of a New Narrative Form in experimental Reports"; Dear, *Discipline and experience.*

50. Braudel traces the history of shopwindows back to 1728, when they appeared in Lon- don. Braudel, *The Wheels of Commerce,* 68; citing a French visitor: "What we do not on the whole have in France, is glass like this, generally very fine and very clear. The shops are surrounded with it and usually the merchandise is arranged behind it, which keeps the dust off, while still displaying the goods to passers- by, presenting a fine sight from every direction," from [P.-J. Fougeroux], *Voiage d'angleterre, d'hollande et de Flandre,* 1728, victoria and Albert Museum, 86 NN 2, f. 29.

51. The sale in england might have come through because William of Orange also brought several Dutch fire engines to england as part of his Glorious Revolution. van der Heyden, *a Description of Fire engines with Water hoses and the Method of Fighting Fires now used in amsterdam,* xii-xiii. For the fire engines in Moscow, see Bruyn, *reizen over Moskovie,* 29.

52. Roemer, "From *vanitas* to veneration," 173.

53. The expression occurs very frequently throughout Ruysch's works, see for instance his description of the face of a young child: "Aanmerkt ten eersten, Dat het Aangesichte zeer schoon, wel besneden

en levendig van couleur is." Frederik Ruysch, *Thesaurus IV*, 9. Unless otherwise specified, I am quoting ruysch's words from ruysch, *Opera omnia anatomico-medico-chirurgica*.

54. Jan Swammerdam to Melchisedec Thévenot, 1671, in Lindeboom, *The Letters of Jan swammerdam to Melchisedec Thévenot*, 63. I owe this reference to eric Jorink. On the entrance fee to the museum, János Miskolczy-Szijgyártó wrote in his diary in the 1710s that "pennám mind ezeket le nem írhattya, a' kinek kedve s pénze vagyon hozzá, experiállya," see Dúzs, "Hogyan utazott 170 évvel ezelőtt a magyar calvinista candi- datus." In *De doodskunstenaar*, kooijmans claims that medical professionals could enter free of charge, but other visitors had to pay an entrance fee. On advertisements, and how Ruysch used them in advertising his public anatomical dissections, see also Heckscher, *rembrandt's anatomy of Dr. Nicolaas Tulp*.

55. On the wide variety of visitors, see the partially surviving guest books preserved at the library of the University of Amsterdam: Frederik Ruysch, *album Frederik ruysch*, uBa MS Ie 20 and 21.

56. On the concept of paratexts, see Genette, *Paratexts*.

57. Ruysch, *Thesaurus IV*, 24. See also ruysch, *Thesaurus V*, 5: "Indien alle Ontleders zoo gedaan hadde, en de onkosten, moeyte, en andere zaken haar niet hadden te rugh gehouden, zoo zouden wy veel verder gekomen zyn in de kennisse van 's menschen Lichaam: ook zoude men de Jeught niet opgehouden hebben, met het disputeeren over het zyn en niet zyn dezer en geener kleyne deeltjens, die zy noyt togh konde vertoonen. Wanneer ik voor desen de Ontleders quam vragen, ofte zy dit of dat my geliefde te vertonen (mihi demonstrare), 't geen sy door Figuren hadden afgebeeld, zoo kreeg ik wel haast een kort antwoord, namentlyk, zodanig is 't my doenmaals voorgekomen, en nu kan ik u zulks niet vertoonen, en daar mede most ik heenen gaan: Nu, op dat ik my van zo een onnosel antwoord niet zoude bedienen, zo conserveer ik alles, wat van my door Figuuren werd afgebeeld, en zulks niet zonder groote kosten, en dog kan het zelve veele eeuwen zo gehouden werden, en dat in de zelve staat, waar in het nu is, zonder de minste veranderingh."

58. See for instance ruysch, *Thesaurus II*, 16, where a "phiala continens duas portiones Penis virilis" was exhibited.

59. "Proinde facile, ut spero, connivebit Dominus, quod voto tuo respondere, Scrotique praeparationem supra citatam publice notam facere nondum induci possim, neque, ut mihi persuadeo, id a me exiges, cum mecum perpendas, quam multi dentur, qui instar Corniculae Aesopicae alienis superbire gaudeant plumis. Accuratam autem de-lineationem arteriarum anterioris partis Scroti Tibi denegare nequeo, quam tabulae secundae Figura secunda repraesentat." ruysch, *epistola secunda ad Gaubium*, 17.

60. Ruysch, *epistola tertia ad Gaubium*, 23.

61. Valentini, *Musaeum musaeorum*, II/Appendix XIIX, 59–61. For instance, Johann Con- rad Rassel's collection in Halberstadt had opening hours every Tuesday and Friday between 2 and 4 for local visitors, and had open doors for travelers passing through the country each day of the week. valentini, *Musaeum musaeorum*, II/Appendix XIX, 61–69.

62. Driessen-van het Reve, *De Kunstkamera van Peter de Grote*, 130–32.

63. Ruysch, *Thesaurus IV*, 45. In a similar manner, William III of england wore a black ribbon that attached to his left arm a golden bag filled with the hair of his deceased wife, Queen Mary, as his first surgeon

noticed during the king's dissection; see ronjat, *Lettre de Mr. ronjat*, 25.

64. "De groote lieden in engeland zyn gewoon tot een gedagtenisse van haar overleeden vrouwen, uyt een vlok des hayrs en ringh te laten maken, welke hayren zeer konstig door een gevlogten zyn: maar veel considerabelder zoude het zyn, indiense de harten zelfs van haar beminde aldus gebalsemt zynde, in een goude off zilvere bus bewaarde, tot een eeuqighe gedaghtenisse, waar door onze konste zoude komen te floreeren." Ruysch, *Thesaurus IV*, 45. The embalming of hearts was a fairly common procedure in early modern royal funerals.

65. Kistemaker et al., *Peter de Grote en holland*, 183.

66. Van het Meurs, "Het leven van den beroemden F. Ruysch," 469.

67. Ruysch, *Thesaurus VI*, ad lectorem.

68. Uffenbach writes that 3 ducatons were asked for, with one ducaton being 5 guilders 3 stuivers. Uffenbach, *Merkwürdige reisen*, III/639–40. Uffenbach writes that rau charged 500 guilders for his course, but this is surely a typo.

69. Driessen-van het Reve, *De Kunstkamera van Peter de Grote*. The following section is heavily based on Driessen-van het Reve's findings.

70. Knoppers, "The visits of Peter the Great to the United Provinces in 1697–98 and 1716–17."

71. Driessen-van het Reve, *De Kunstkamera van Peter de Grote*, 136.

72. Driessen-van het Reve, *De Kunstkamera van Peter de Grote*, 86–103.

73. Driessen-van het Reve, *De Kunstkamera van Peter de Grote*, 107–17.

74. Driessen-van het Reve, *De Kunstkamera van Peter de Grote*, 131–32.

75. Ruysch recalled that Peter once called him "his teacher," and thereby immediately turned the usual patronage relationship upside down.

76. Radzjoen, "De anatomische collectie van Frederik Ruysch in Sint-Petersburg," 51.

77. *GAA* 5075, Notarial Archives Abraham Tzeewen, inv. 7598, April 17, 1717; Driessen-van het Reve, *De Kunstkamera van Peter de Grote*, 139–40.

78. *GAA* 5075, Notarial Archives Abraham Tzeewen, inv. 7598, April 23, 1717; Driessen-van het Reve, *De Kunstkamera van Peter de Grote*, 141–42.

79. *GAA* 5075, Notarial Archives Abraham Tzeewen, inv. 7648, December 28, 1730.

80. For recent analyses of the various publication strategies of particular early modern authors, see Ratcliff, "Abraham Trembley's Strategy of Generosity and the Scope of Celebrity in the Mid-eighteenth Century"; and Biagioli, "replication or Monopoly?"

81. For the traditional view on the development of the public sphere, see Habermas, *The structural Transformation of the Public sphere*; Blanning, *The Culture of Power and the Power of Culture*. For more qualified approaches, see, for instance, Good- man, *The republic of Letters*. For the development of communication networks in seventeenth-century science, see Miller, *Peiresc's europe*. On the emergence of scien- tific societies and academies, see McClellan, *science reorganized*; Hahn, *The anatomy of a scientific Institution*; Lux, *Patronage and royal science in seventeenth-Century France*; Gordin, "The Importation of Being earnest."

82. Merton, "The Reward System of Science"; Mokyr, *The Gifts of athena*; Mokyr, "The Intellectual

Origins of Modern economic Growth"; David, "The Historical Origins of 'Open Science'"; Davids, "Public knowledge and Common Secrets"; and Davids, "Openness or Secrecy? Industrial espionage in the Dutch Republic." See also Berg, "Reflection on Joel Mokyr's *The Gifts of athena.*" Work on the social and rhetorical structures that underlie claims of openness and public science includes, among many others, Golinski, *science as Public Culture*; Stewart and Gascoigne, *The rise of Public science.*

83. Bots and Waquet, *La république des Lettres*; Goldgar, *Impolite Learning*; Daston, "The Ideal and the Reality of the Republic of Letters"; Broman, "The Habermasian Public Sphere."

84. Mokyr, "The Market for Ideas and the Origins of economic Growth in eigh-teenth Century europe"; Mokyr, "knowledge, enlightenment, and the Industrial Revolution."

85. Biagioli, *Galileo, Courtier*; Freedberg, *The eye of the Lynx*; Findlen, *Possessing Nature*; see Biagioli, op. cit. (22); Moran, *Patronage and Institutions*; Pumphrey, "Science and Patronage in england, 1570–1625: A Preliminary Study."

86. On print culture's instability, see Johns, *The Nature of the Book*. Tacit knowledge and its bodily function is emphasized in Smith, *The Body of the artisan*; see also Polányi, *Personal Knowledge.*

87. *GAA* 5075, Notarial Archives Abraham Tzeewen, inv. 7598, April 17, 1717.

Chapter 5　商业认识论：勒伊斯与比德洛的解剖学争论

1. For the catalogue, see ———. *Bibliotheca et Museum Bidloianum.*

2. For a very long-term view on real estate prices in Amsterdam, see eichholtz, "A Long Run House Price Index."

3. For the Ancient debates on human anatomy, see Cosans, "Galen's Critique of Ratio-nalist and empiricist Anatomy"; Hankinson, "Galen's Anatomical Procedures." For modern brain imaging, see Alac, "Working with Brain Scans"; Beaulieu, "Images Are Not the (Only) Truth"; Joyce; "Appealing Images." For an overview of early modern debates, including the one between ruysch and Bidloo, see Cunningham, *The anato-mist anatomis'd*, 223–94. For a debate across the centuries, see elkins, "Two Concep-tions of the Human Form"; Punt, *Bernard siegfried albinus (1697–1770)*; Huisman, "Squares and Diopters."

4. On vivisection and animal experimentation, see Guerrini, *experimenting with hu-mans and animals*. On the shrimp, see Harvey, *The anatomical exercises,* 34.

5. Pranghofer, "'It could be seen more clearly in Unreasonable Animals than in Humans.'"

6. On Leiden University, see Otterspeer, *Groepsportret met dame II.*

7. For an early criticism of this view, see Bidloo, *Opera omnia anatomico-chirurgica*, ch. 1 *de nervis.*

8. For mechanical objectivity, see Daston and Galison, "The Image of Objectivity"; Das-ton and Galison, *Objectivity.*

9. On the concept of auto-inscription, see Brain and Wise, "Muscles and engines"; De Chadarevian, "Graphical Method and Discipline"; Douard, "e.-J. Marey's visual Rhetoric and the Graphic Decomposition of the Body." On the evidence of prepara-tions, see Rheinberger, "Präparate—Bilder ihrer selbst"; Rheinberger, "Die evidenz des Präparates."

10. For a representative quote, see "Ik hebbe kleene kinderkens, die ik over twintigh jaaren heb gebalsemt, en tot nu toe soo netjes bewaard, datse eer schynen te slapen; als ontzielt te zyn." Ruysch, *alle de ontleed- genees- en heelkundige werke*, 487.

11. The anecdote of the baby is recounted by several authors, incl. Dúzs, "Hogyan utazott 170 évvel ezelőtt a magyar calvinista candidatus."

12. [Bidloo?], *Mirabilitas mirabilitatum*. A copy survives at the British Library, *BL* cat. no. 548 F 16. (12.), which bears a note of identification on the title page: "Q. an a Go- dofredo Bidloo conscripta?."

13. Rau, *Oratio inauguralis de methodo anatomen docendi et discendi*, 9 and 29.

14. "Maar wy begrypen ook, dat door de aangedrongne stoffe die vaten uytgespannen en opgevult worden, dewelke gelyk takken uyt een bloetvoerende slagader, als haar stam, voortkomen, maar welkers oorsprong echter naauwer is in zyn natuurlyke opening, als dat die het rode deel van ' t bloet tot zich kan nemen, schoon zy fynder deeltjes als dit dikste deel gemakkelyk ontfangt: en waarom ook deze vaatjes, tot een tegenna- tuurlyke grootte vergroot zynde, *Valschelyk voor bloetvoerende pypies gehouden worden*; dewyl deze in gezontheit alleen Wyvoerende, als ik zo spreken mag, geweest zyn." ruysch, *alle de ontleed- genees- en heelkundige werke*, 1183–84. Boerhaave' s letter is reprinted in its entirety in this volume.

15. On the Boerhaave-Ruysch debate, see knoeff, "Chemistry, Mechanics and the Mak- ing of Anatomical knowledge."

16. On the microscopy of disease, see Meli, "Blood, Monsters and Necessity in Malpighi' s *De polypo cordis*."

17. "Wat my aanbelangt, ik zal in tegendeel myne zake alleen door proeven beweren, en zodanig bybrengen, welke met de Ogen des lichaams konnen gezien worden, want dit is ondervinding; maar die alleen een beschouwing door de Ogen des verstants vereis- schen, zal ik aan anderen overlaten, die vermeynen, dat de redeneringen boven de waarnemingen te schatten zyn." Ruysch, *alle de ontleed- genees- en heelkundige werke*, 1196.

18. On Bidloo' s atlas, see Dumaitre, *La curieuse destinée des planches anatomiques de Gérard de Lairesse*; Fournier, "De microscopische anatomie in Bidloo' s *anatomia humani cor- poris*" ; Herrlinger, "Bidloo' s 'Anatomia' —Prototyp Barocker Illustration?." ; vasbinder, "Govard Bidloo en W. Cowper." For biographical information, see kooijmans, *De doodskunstenaar*, 95–97, 107–23, and 217–36; and krul, "Govard Bidloo." Bidloo' s as- sociation with the Nil is documented in Dongelmans, *Nil volentibus arduum*, 139–40. A source on Bidloo' s early career is a letter about assisting the Six family in planning the purchase of a house for 13,000 guilders. Govard Bidloo to Joachim Oudaen, Am- sterdam, May 9, 1676, *uBa* OTM HS L 4.

19. Bidloo, *De dood van Pompeus, treurspel*. For the satire, see Bidloo, *De muitery en neder- laag van Midas*.

20. Bidloo, *Verhaal der laatste ziekte en het overlijden van Willem de IIIde*.

21. Bidloo, *Komste van zijne Majesteit Willem III*.

22. "Naardien alle Schryvers van Geschiedenissen en vertoogen niet zoo gelukkig zijn, dat zy zich van hunne eigene tegenwoordigheid, ofte getrouwe oor- en ooggetuigen kunnen bedienen." Bidloo, *Komste van zijne Majesteit Willem III, aan den lezer*.

23. "De koning over de Brug gekoomen zynde (de leezer merke aan, dat de hier vol- gende prent het ontfangen van zyn Majesteit, als buiten de Westenderbrug, is ver- beeldende; het welk alleen is geschied, om het vertoog in beeter en duidelijker schik- king te brengen; naardien, als verder blijken zal, alleen de plaats en niets anders hier in verschil, of verandering maakt), wierd door de Wel eedele Achtbaare Heernen Burgemeesters en Regeerders van 's Graavenhaage onder een onbeschryvelijk geroep en gejuih van duizende duizenden, ontfangen." Bidloo, *Komste van zijne Majesteit Willem III*, 29–30.

24. On the debate, see knoeff, "Over 'het kunstige, toch verderfelyke gestel.'" ruysch's part of the debate is reprinted in Ruysch, *alle de ontleed- genees- en heelkundige werke*; for Bidloo's part, see Bidloo, *Vindiciae quarundam delineationum anatomicarum*.

25. "Affectata tamen et nova, scilicet, haec condiendi cadavera methodus vulgo atque huic et illi idiotae medicastro placuit: sed, Catone judice, *quidquid vulgo placet, vel solum ideo omni suspicione dignum, etiamsi quoddam virtutis specimen prae se ferre videatur.* Sed ineptus sim, et arti Anatomes dirus, si dissimilem atque praelectorem Ruyschium non agnoscam *laboriosum, indefessum, die ac nocte rebus intentum anatomicus maxime,* intel- lige, fucandis, adulterandis minio, cocco, cerussa et quavis *arte meretricia* exornandis: hisce, fateor, se supra *communem anatomicorum* famam et sortem extulis altissime." Bidloo, *Vindiciae quarundam delineationum anatomicarum*, 14–15.

26. Félibien, *entretiens sur les vies et sur les ouvrages des plus excellens peintres*, 33. Bidloo owned a 1705 London edition of the work, ——, *Bibliotheca et Museum Bidloia- num*, 80.

27. "Ego hasce papillas pyramidales et subrotundas (vide Fig: 6.) delineavi, non quod vel clariss: Malpighii, vel mea unquam fuerit sententia (egregium vero Ruyschianae in- scitiae exemplum) nerveo-glandosa haec corpora mathematice, sed comparative esse pyramidalia et subrotunda: quam crasse porro erraverit, rete subcuticulare foraminu- lis pertusum vere rotundis, ope microscopii (vide fig. Iv) adauctaque duplo, eorum magnitudine (vide fig. vI) exhibens, patet, cum pro papillarum motu et dispositione, compressione, intumescentia, flacciditate et similibus corporis reticularis foraminum figura mutari debeat: ut proponitur, fig. nova. I. Corneum autem corpus hoc, nec papillas demonstrabit hasce, ut credo, marmoreas; rigidae enim si extrarent, inflex- iles et immobiles, eadem esset omnium allidentium contractandarumque materiarum sensibus percepio; posse eas extendi, deprimi, vi externa; intumescere, flaccescere liquorum spirituumque copia, aut penuria atque ab vicinarum partium compressione, vel et inter sese, mutata quarundam figura, aliarum itidem ut et superficiem partis in qua sunt, nec non, consequenter, foramina, sive aperturas corporis reticularis cui inhaerent, figura quoque juxta papillarum circumscriptiones, debere mutari, nemo (Ruyschio excepto praelectore) inficias ibit." Bidloo, *Vindiciae quarundam delineatio- num anatomicarum*, 6–7.

28. On early modern and modern cinematography, see Biagioli, *Galileo's Instruments of Credit,* 135–218; Cartwright, *screening the Body*; Hopwood, Schaffer and Secord, "Se- riality and Scientific Objects in the Nineteenth Century."

29. "Fig. Xv. Referente Arteriae aortae, cera repletae, in corpore sex post partum men- sium infantis (quam separatam reservo), praecipuas e trunco distributiones; Minores enim sub involucris, ossibus atque musculis reconditae, cultello persequi saepius non potui. ex hac videre est quam diversimode interdum ejus propagines ducantur atque sint situatae. Lubet huic divaricationis descriptioni, modum, quo vasa

haec implean- tur, ut et quorundam curiositati satisfiat, praefigere." Bidloo, *anatomia humani corpo- ris*, Tab. XXIII Fig. 15.

30. "Indien zyn Cabinet voorzien, en verciert is met diergelyke doode lichamen van Jongelingen, over de twee Jaaren bewaart, waarom legt hy ze dan niet ten toon, gelyk ik gedaan hebbe in de voorlede honds- dagen?" ruysch, *alle de ontleed- genees- en heelkundige werke*, 252.

31. "abunde enim scio, pleraque, quae in *Musaeo ejus pauperculo* inveniuntur non esse ab ipso praeparata, sed aliunde accersita." Ruysch, *alle de ontleed- genees- en heelkundige werke*, 33.

32. Latour, "Drawing Things Together."

33. Daston and Galison, "The Image of Objectivity"; Daston and Galison, *Objectivity*.

34. Te Heesen, "News, Paper, Scissors: Clippings in the Sciences and Arts around 1920"; Johnston, *Making Mathematical Practice*; klein, *experiments, Models, Paper Tools*.

35. "*Posse mentis oculis videri*, concipi, quomodo arteriae coronales divaricari debeant in corde, quis mente non carens, lubens non annuit?" Bidloo, *Vindiciae quarundam delineationum anatomicarum*, 19.

36. "Ipsi epist 2 pag 10 *arteriae mammariae interiores bis inordinata ramificatione, inordi- nato,* credo ipsum velle insolito, irregulari, *cursu distribuuntur.* Quo jure negat, in aorta ejusque divaricatione, ab me observatum? *placet,* enim, ut ipse ait, *naturae aliquando varietate frui.* epist. sexta. pag. 11. *ludit,* ipsi, *natura saepius circa arteriae bronchia- lis exortum,* sed vasis, mihi delineandis, ludere non licet, hisce more solito, modeste, incedendum est: sed monente Seneca, *ignorat naturae potentiam, qui illi non putat aliquando licere, nisi quod saepius facit.*" Bidloo, *Vindiciae quarundam delineationum anatomicarum*, 16.

37. For the concept of typical, see Daston and Galison, "The Image of Objectivity," 87–88.

38. Bidloo never criticized Ruysch's museum catalogues because "catalogum enim rari- orum, observationibus annexum, non tango, ne Ruyschiana *coemeteria*, violare profa- nus dicar." Bidloo, *Vindiciae quarundam delineationum anatomicarum*, 60.

39. *GAA* 5075, Notarial Archives, Inv. 7648 Abraham Tzeewen, Act 981, December 28, 1730 for the price; for the number of specimens, see Ruysch, *Catalogus musaei ruys- chiani*.

40. Prak, "Painters, Guilds, and the Art Market in the Dutch Golden Age," 148–49. On the art markets, see also Montias, *art at auction in 17th Century amsterdam*; Montias, *artists and artisans in Delft*.

41. ———, *Catalogues van de uitmuntende cabinetten . . nagelaten door wylen den heere albertus seba*; the prices are noted in the copy at the *uBa*.

42. Hier streeft de konst natuur voorby / [. . .] / Maar Bidloo van een edel vier / Ont- steken, nen door lust gedreven, / Weerstaet dien trotschen vyant fier, / en schenkt den dooden zelfs het leven." van der Goes, "Op de anatomische wonderheden van Govard Bidloo."

43. "Den Professor Hotten refereert [. . .] dat hy [. . .] met de heer Doctor Cosson ende den apothecaris Taurinus nader onsersoek hadde gedaan van den toestant van het Cabinet van de heer Professor Bidloo, alsmede van 't Cabinet van de Universiteyt, staande in de gallerye van de Academischen tuyn, ende bevonden dat in 't een ende 't ander alle vegetable mettertijs was komen te vergaan, sijnde niets goed gebleven als de mineralen, gesteenten ende verruwstoffen; ende dat derhalven waeren te raiden geworden de H. C. ende B. te exhorteren tot 't combineren van 'de voors. Cabinetten, wanneer men met kleyne kosten een seer completen collectie soude kennen maeken." Molhuysen, *Bronnen tot de*

geschiedenis der Leidsche universiteit, Iv/135.

44. For Bidloo's gift to Petiver, see Petiver, *Gazophylacii naturae et artis decas prima-decima,* Table vI Fig. 5. For specimens from Ruysch, see Petiver, *Gazophylacii naturae et artis decas prima-decima,* Table X Fig. 9, Table XII Fig. 9, Table XXIv Fig. 1; and Petiver, *Musei Petiveriani centuria prima-decima,* #118, 395, 396, 519, 604, 627, 651, 692.

45. Farrington, *an account of a journey through holland, Frizeland, etc.,* 11–12.

46. "Den Custos Anatomiae aen de heeren Curat: en Burgermeesteren hebbende bekent gemackt, dat den Professor Bidlo van intentie was om eenige kassen met rariteijten, dewelke hij voor heen op 't Theatrum Anatomicum had doen brengen, wederom van daar te laten transporteren, versoekende hij Custos te mogen weeten hoe hij sigh daar omtrent soude hebben te gedragen. Waar op gedelibereert sijnde en goedgevonden en verstaen, dat den gemelten heer Bidloo sal worden aengesegt, dat hij een Lyste sal overleveren van 't geene hij oordeelt aen hem toe te behooren, om 't selve gesien sijnde, nader te resolveren soo als men na redelijckheijt sal oordeelen te behoren." *uBL* AC1 29, Resolutien van de Curatoren en Burgermeesteren 1696–1711, March 24, 1710, f. 539. For the reminder, see *uBL* AC1 30, Res. Cur. 1711–1725, f. 65.

47. ———, *Bibliotheca et Museum Bidloianum;* the prices are noted in a copy in St. Pe- tersburg, but not in the *BL* copy.

48. For Ruysch's specimens, see "'t Gestel van 't oor en de gehoor-deelen van yvoir, uit het Cabinet van den Heer Professor Ruysch" and "een Boekje van den Heer Professor Ruysch; waerin 17 Sceletons van Bladen etc." Ten kate, *Catalogus van het vermaarde Cabinet,* 88 and 96.

49. For Ruysch's specimens, see "'t Gestel van 't oor en de gehoor-deelen van yvoir, uit het Cabinet van den Heer Professor Ruysch" and "een Boekje van den Heer Professor Ruysch; waerin 17 Sceletons van Bladen etc." Lambert ten kate. *Catalogus van het vermaarde Cabinet,* 88 and 96. On Limburg's collection, see van Limburg, *Catalogus insignium librorum praecipue.*

50. "Er haette seine Sachen nicht zum Zierrath, sondern zum Gebrauch." Uffenbach, *Merkwürdige reisen,* II/622.

51. Albinus, *Index supellectilis anatomicae quam academiae Batavae legavit Johannes Jaco- bus rau.*

52. Ronjat, *Lettre de Mr. ronjat, ecrite de Londres à un Medecin de ses amis en hollande,* 23.

53. Hoftijzer, *engelse Boekverkopers bij de Beurs,* 348.

54. The 1735 edition might well have used some of the engravings that were printed for Smith and Walford's english edition, but remained with Boom in the end, I would guess.

55. For details of the publication contract, see van eeghen, *De amsterdamse boekhandel 1680–1725,* Iv/129–31.

56. On the Royal Society's response, see Robert Southwell to Govard Bidloo, n.d., *Well- come* MS 7671/5.

57. "Ik meene ook dat u e. wel kunt afneemen dat het ons omtrent het verkoopen van onze Anatomie niet min schaadelijk zijn zal. Wy hebben een tijd lang niet kunnen bevatten, wat' er van geweest zy, als ons nu 't elkens voorquam, dat' er in engeland een nieuwe, en beeter werd gedrukt, als de onze is: maar nu werden wy daar in verlicht: indien wy dit hadden gedacht, dat u. e. op deze wijze daar mede zoude gehandeld hebben, wy kunnen u. e. wel verzeekeren, dat u e. noit figuren van ons zoude gehad

hebben." Bidloo, *Gulielmus Cowper, criminis literarii citatus*, 8.

58. Hermann Boerhaave to William Sherard, April 17, 1718, in Lindeboom, *Boerhaave's Letters*, I/67. When Luigi Marsigli decided to keep the copperplates of his *Danubius Pannonico-mysticus*, the Dutch publishers stipulated in the contract that he was not allowed to republish them for a full 100 years. Stoye, *Marsigli's europe (1680–1730)*, 298–300.

59. Blankaart, *anatomia reformata* 2nd edition. For list price, see ———. *Bibliotheca et Museum Bidloianum*, 50.

60. Pápai Páriz, *Pax corporis*.

61. On commodification, see Biagioli, *Galileo, Courtier*; Appadurai, *The social Life of Things*; Anderson, "The Possession of kuru: Medical Science and Biocolonial ex- change."

62. Ratcliff, "Abraham Trembley's Strategy of Generosity and the Scope of Celebrity in the Mid-eighteenth Century."

63. Cook, "Time's Bodies."

Chapter 6   知识商品：彩色印刷术的发明

1. On Le Blon, see Lilien, *Jacob Christoph Le Blon*. Le Blon's prints were catalogued by Singer, "Jakob Christoffel Le Blon." For his anatomical prints, see krivatsy, "Le Blon's Anatomical Color engravings."

2. BL Additional MS. 4299. At another point, Le Blon claimed that his first prints were "le portrait de S. M. Roy de Grande la Bretagne, une Ste vierge avec l'enfant Jesus et St Jean Battiste apres Barozzio, une piece anatomique et une petite tete de N. Sauveur de la Ste veronicque." BL Additional MS. 4299, f. 75–76.

3. On veronica's veil, see Belting, *Likeness and Presence*; kessler and Wolf, *The holy Face and the Paradox of representation*; koerner, *The Moment of self-Portraiture in German renaissance art*; kuryluk, *Veronica and her Cloth*. For the survival of the images in Protestant circles, see vanhaelen, "Iconoclasm and the Creation of Images in emanuel de Witte's 'Old Church in Amsterdam.'" For the image's transformation from religious icon to an allegory of artistic activity, see Wolf, "From Mandylion to veronica." On Le Blon's use of the image, see Scott, "The Colour of Justice."

4. Gotha Chart. A. 875, 162.

5. Smith, *The Body of the artisan*; on artisanal work, see also Bennett, "The Mechanics' Philosophy"; Zilsel, "The Sociological Roots of Science"; vérin, *La gloire des ingé- nieurs*; Smith and Schmidt, *Making Knowledge in early Modern europe*; roberts et al., *The Mindful hand*.

6. On tacit, and embodied knowledges, see Polányi, *Personal Knowledge*; Smith, *The Body of the artisan*; O'Connor, "embodied knowledge"; epstein, "Craft Guilds, Ap- prenticeship, and Technological Change in Preindustrial europe"; epstein, "Property Rights to Technical knowledge in Premodern europe, 1300–1800." epstein's oeuvre has been very influential for me while writing this chapter.

7. Talking about globalized bioprospecting in late capitalist Mexico, Cori Hayden simi- larly argues that "it is this potential for transforming plants into 'information,' and in- formation into a patentable product, that allows proponents to label bioprospecting a form of sustainable—or ecologically friendly—

economic development. And it is also, of course, precisely this question that provokes deep concern on the part of prospect- ing critics and participants about the capacity of source countries and communities to maintain control over such easily dispersed and manipulated information." Hayden, *When Nature Goes Public*, 58–59.

8. Obviously, certain types of artisanal knowledge had been claimed communicable earlier, and recipe books contained many "secrets" that could be shared with others. While I do not claim priority for Le Blon, I do believe that the late seventeenth century marked an intensification of the belief in the communicability of knowledge. See eamon, *science and the secrets of Nature*; Rankin and Long, *secrets and Knowledge in Medicine and science*. For a long-term history of intellectual property, see Long, *Openness, secrecy, authorship*.

9. For a more complex, and less teleological, account of eighteenth-century theories and practices of invention, see the forthcoming Jones, *reckoning with Matter*.

10. On books, see eisenstein, *The Printing Press as an agent of Change*; and Johns, *The Nature of the Book*. For prints, see Ivins, *Prints and Visual Communication*; Landau and Parshall, *The renaissance Print*; Bury, *The Print in Italy*.

11. Paper illustrations are the exclusive focus of Lefèvre et al., *The Power of Images in early Modern science*. Paper images are fruitfully contrasted to instruments in kusu- kawa and Maclean, *Transmitting Knowledge*. For a rethinking of this dichotomy, see Biagioli, *Galileo's Instruments of Credit*; Chadarevian and Hopwood, *Models: The Third Dimension of science*; and karr-Schmidt, *art—a user's Guide*.

12. Pon, *raphael, Dürer, and Marcantonio raimondi*; van Hout and Huvenne, *rubens et l'art de la gravure*; Witcombe, *Copyright in the renaissance*.

13. Great Britain Patent Office, *Printing Patents*, 69.

14. Great Britain Patent Office, *Printing Patents*, 83.

15. Doorman, *Octrooien voor uitvinding in de Nederlanden uit de 16e-18e eeuw*, G. 405, September 30, 1642; patent and privilege are interchangeable terms.

16. Weale, "Progress of Machinery and Manufactures in Great Britain," 227. On Holman, see also Shesgreen, *The Criers and hawkers of London*, 98–99.

17. Fock, *het Nederlandse interieur in beeld 1600–1900*; koldeweij, *Goudleer in de repub- liek der zeven Verenigde Provincien*; koldeweij, "The Marketing of Gilt Leather in Seventeenth-Century Holland" ; on advertising gilt leather, see Fuhring, "Gouden Pracht in de Gouden eeuw."

18. Doorman, *Octrooien voor uitvinding in de Nederlanden uit de 16e-18e eeuw*, G.106, Feb- ruary 11, 1611.

19. Doorman, *Octrooien voor uitvinding in de Nederlanden uit de 16e-18e eeuw*, G. 127, De- cember 17, 1613; G 286, August 5, 1628.

20. Doorman, *Octrooien voor uitvinding in de Nederlanden uit de 16e-18e eeuw*, G. 171, May 19, 1618.

21. Griffiths, "early Mezzotint Publishing in england—II."

22. Wax, *The Mezzotint*, 15.

23. For a recent review, see Thomas, "Noble or Commercial?"

24. Pissarro, "Prince Rupert and the Invention of Mezzotint."

25. Griffiths, *The Print in stuart Britain 1603–1689*, 193; Wuestman, "The Mezzotint in Holland."

26. On this, see Hunter, *Wicked Intelligence.*

27. Evelyn, *sculptura, or, the history, and art of chalcography*, epistle dedicatory.

28. Evelyn, *sculptura, or, the history, and art of chalcography*, 145.

29. Evelyn, *sculptura, or, the history, and art of chalcography*, 148.

30. Griffiths, *The Print in stuart Britain 1603–1689*, 194.

31. Faithorne, *The art of graveing, and etching, wherein is expressed the true way of graueing in copper.*

32. Browne, *art pictoria, or an academy.*

33. Wuestman, "The Mezzotint in Holland," 72.

34. Griffiths, "early Mezzotint Publishing in england—II," 138.

35. Newton's law of gravity, obviously, is an excellent example of how mechanical philoso- phy and mathematical law did not always go hand in hand. For a recent overview of mechanical philosophy, see Garber and Roux, *The Mechanization of Natural Philoso- phy*; see also Henry, "Occult Qualities and the experimental Philosophy."

36. Shank, *The Newton Wars and the Beginning of the French enlightenment* ; Jacob, *The Newtonians and the english revolution*; Jacob and Stewart, *Practical Matter*; Jorink and Maas, *Newton and the Netherlands.*

37. Daston and Park, *Wonders and the Order of Nature*; and, obviously, Cassirer, *The Phi- losophy of the enlightenment.*

38. Powers, *Inventing Chemistry*, 16. On Boerhaave's evolving views on Newton in his later career, see also knoeff, "How Newtonian Was Hermann Boerhaave?" As Bid- loo's case suggests, obviously, there were alternative approaches to medicine in this period, as well.

39. Delbourgo, "The Newtonian Slave Body."

40. Riskin, "The Defecating Duck, or, the Ambiguous Origins of Artificial Life" ; see also voskuhl, *androids in the enlightenment.*

41. Spary, *eating the enlightenment*, 43.

42. Piles, *Cours de peinture par principes*, 494 sqq. For a review of the concurrent, irra- tional strand of aesthetics, see the highly problematic work of the Nazi philosopher Baeumler, *Das Irrationalitätsproblem in der Ästhetik und Logik des 18. Jahrhunderts bis zur Kritik der urteilskraft.*

43. Peter Rabus, *Boekzaal van europa. May and June 1693,* 461. See also van de Roemer, "regulating the Arts," 201. See also Weststeijn, *The Visible World*; and Blankert et al., *Dutch Classicism in seventeenth-Century Painting.*

44. Moxon, *Mechanick exercises.*

45. Schaffer, "enlightened Automata" ; see also Alder, "French engineers Become Profes- sionals."

46. "Herr Le Blon, ein Maler und Deutscher von Geburt, welcher wie er sagte, ein Schuler der Carlo Maratti war, kam gegen das Jahr 1704 in Holland. er werckte einen versuch, die theorie der großen Neutons von dem farben auf die Malereij aufzuwercken." *suB Göttingen*, MS Uffenbach 9, Ausgezogene Schriftstellen aus Büchern, 297.

47. On color prints in general, see Lowengard, *The Creation of Color in eighteenth Cen- tury europe*; Rodari, *anatomie de la couleur*; Grasselli, *Colorful Impressions*; Gascoigne, *Milestones in Colour Printing.*

48. Ten kate's correspondence was published in Miedema, *Denkbeeldig schoon*. Further references to

the correspondence will be to this edition (*Miedema*). On ten kate, see Ten Cate, *Lambert ten Kate hermansz*. His collection is discussed in van Gelder, "Lambert ten kate als kunstverzamelaar"; on his Newtonianism, see Rienk vermij, "The Formation of the Newtonian Philosophy"; Dijksterhuis, "'Will the eye Be the Sole Judge?'"; Dijksterhuis, "Low Country Opticks"; Miedema, "Newtonismus und wissenschaftliches kunstideal."

49. As a painter, van Limborch found ten kate's and Le Blon's ideas fascinating, but had many difficulties with implementing them in his practice. For a good example, see Miedema, "Lambert ten kate in Correspondence with Hendrick van Limborch."

50. All quotes are from Le Blon, *The Beau Ideal*, epistle dedicatory. On ancient theories of harmonic proportion, see, for instance, Barker, *The science of harmonics in Classical Greece*, 263–437. Note that the Greek word *analogia* means proportion, and Le Blon's term *analogy* is probably equivalent to this.

51. Le Blon's 1707 work might never have been published, as only one printed copy sur- vives, inserted into the ten kate correspondence. See Le Blon, *Generaale proportie der beelden*.

52. Dürer, *underweysung der Messung*; Dürer, *De symmetria partium in rectis formis hu- manorum corporum*. The potential musical overtones of human proportions were also discussed by the venetian Francesco Giorgi, as discussed by Panofsky, "The History of the Theory of Human Proportions as a Reflection of the History of Styles," 91.

53. Lairesse, *Groot schilderboek*, 21.

54. "Ik heb my verwonderd dat Lares, in zyn boek, deeze materie zo onnozel behandelt; ze is waarlyk niet een hair beter dan de meeting die Albert Durer gebruikt." van Limborch to ten kate, March 8, 1707, *Miedema*, 32.

55. Miedema, "een tienduizendste van een Rijnlandse voet."

56. Ten kate to van Limborch, April 29, 1707, *Miedema*, 49; where he discusses measure-ments of the Laocoön and David. Ten kate's purchase of the Laocoön casts is dis- cussed in ten kate to van Limborch, December 20, 1706, *Miedema*, 24; and van Lim- borch to ten kate, January 11, 1707, *Miedema*, 28. The postmortem auction catalogue of his collection lists these casts in detail; see ten kate, *Catalogus van het vermaarde Cabinet*.

57. Ten kate's theory of human proportions is briefly expounded in ten kate, *Ideal Beauty in Painting and sculpture*, 49. The development of ten kate's thought on this topic can be followed in detail throughout *Miedema*.

58. Ten kate, "Proef-ondervinding over de scheiding der couleuren." See also vermij, "The Formation of the Newtonian Philosophy," 199.

59. Newton, *Opticks*, 109–12.

60. On soap bubbles in science, see Schaffer, "A Science Whose Business is Bursting."

61. On the experiments with color, see Miedema, "Lambert ten kate in Correspondence with Hendrick van Limborch."

62. "La premiere Idée de la possibilité de pouvoir imprimer avec les Couleurs *harmonieuse- ment rangées*, occupoit tellement mon esprit, que je ne pouvois pas m'empecher d'y songer sérieusement." *BL* MS Additional 4299, f. 75. (emphasis mine).

63. On primary colors and color theory in general, see Shapiro, "Artists' Colors and New- ton' s Colors."

64. Baxandall, *shadows and enlightenment*.

65. Ten kate to van Limborch, March 20, 1709, *Miedema*, 150–52.

66. Note that this experiment is closely related to Aristotle' s investigations in color the- ory. The Greek philosopher, however, believed that the harmonious combination of black and white pigments produced the visible color spectrum, and not only shadows. See Sorabji, "Aristotle, Mathematics, and Colour."

67. Le Blon to van Limborch, January 3, 1711, *Miedema*, 182–185.

68. "wel is waar, dat door Uw ed.ts herinneren hoe dat de alder grooteste Coloristen seekere wonderenswaerde Teerigheeden in haere Naekten bragt hebben, alleen door het gevall uijt den Penseel, sonder dat ze selvs reden daer van souden hebben kunnen geeven, [. . .] maer na verder overdenken diene ik hierop: dat deeze Meesters [. . .] niet meesters genoeg geweest bennen, om het selvde altijd weederom, en overal gelijkgoed in een lichaem te doen [. . .] en dat onze gepraesupponert Fleeschgraeuw diergelijken gans geene van doen heeft, en, tot onse Intentie dienende, volmaakt goed weesen kan sonder eenige Accidentien, de welke men altemal wiskondig maaken kan." Le Blon to van Limborch, January 3, 1711, *Miedema*, 182–85.

69. Obviously, like ten kate' s and Le Blon' s ideas, Newton' s beliefs did not quite map onto reality. See Schaffer, "Glass Works."

70. "Herr Le Blond machte noch ein groß Geheimniß daraus, und sagte, das wäre vor grosse Herren, die ihme die erfindung, ehe er sie gemein machte, wohl bezahlen müßten. " Uffenbach, *Merkwürdige reisen*, III/535. The translation is from Lilien, *Ja- cob Christoph Le Blon*, 22.

71. Lilien, *Jacob Christoph Le Blon*, 24, citing the original patent rolls. On the British pat- ent system, see MacLeod, *Inventing the Industrial revolution*.

72. Le Blon, *Coloritto*, epistle dedicatory.

73. Howard, *a short Narrative of an extraordinary Delivery of rabbets*. On St. André, see James Caulfield, *Portraits, Memoirs, and Characters, of remarkable Persons,*190–96.

74. Le Blon, *Coloritto*, epistle dedicatory.

75. Le Blon, *Coloritto*, epistle dedicatory.

76. Le Blon, *Coloritto*, 17–18.

77. Le Blon, *The Beau Ideal*, preface.

78. Le Blon, *The Beau Ideal*, 6.

79. Hogarth, *The analysis of Beauty*, 9.

80. Le Blon, *The Beau Ideal*, preface.

81. Le Blon, *The Beau Ideal*, epistle dedicatory.

82. Mortimer, "An Account of Mr. James Christopher Le Blon' s Principles of Print- ing," 103.

83. Note the parallels with Marx, "Formal and Real Subsumption of Labour under Capital."

84. On the history of invention in France, and in particular on this case of color printing in France, see Hilaire-Pérez, *L'invention technique au siècle des Lumières*, 119–24.

85. Hilaire-Pérez, "Diderot' s views on Artists' and Inventors' Rights."

86. Hilaire-Pérez and Garçon, "'Open Technique' between Community and Individuality in eighteenth-

Century France."

87. On du Fay, see Bycroft, "Wonders in the Academy." One eagerly awaits Bycroft's forthcoming work on du Fay.

88. "sans conséquence, qu' avec 3 planches chargées chacune d' une seule mere couleur, l' une bleue, l' autre jaune, et la troisiéme rouge, il produisoit en les appliquant succes- sivement sur un papier, sur un taffetas, sur un satin, toutes les diversités des couleurs qui font un tableau complet" [Louis Bertrand Castel], "Coloritto, or the Harmony of Colouring," *Journal des Trévoux* (1737), 1436. On Castel, see Hankins and Silverman, *Instruments and the Imagination*, 72–84; Franssen, "The Ocular Harpsichord of Louis- Bertrand Castel."

89. "plus d' atteinte qu' il ne convient au secret de l' Auteur." [Castel], "Coloritto, or the Harmony of Colouring," 1444.

90. "le seul moyen de [. . .] conserver un secret qui seroit tres utile [. . .] seroit d' accorder au sr. Le Blond un privilege a condition qu' il donneroit son secret aux personnes qui luy seroient designees par S.M." *aN* F.12 993 Dossier Gautier d' Agoty.

91. "trauailler et leur declarer touts les secrets, et la pratique de son art." *aN* F.12 6469 Request a pieces Cotte C. Memoire. The original order is *aN* Cote e 2166, f.122–123.

92. "qu' ils ne pourroient pretendre a aucune part dans les profits qui pourroient resulter de l' exercice dudit priuilege." *aN* F. 12 6469 Memoire. See also Lilien, *Jacob Christoph Le Blon*, 68.

93. Biagioli, "Patent Republic"; Belfanti, "Guilds, Patents, and the Circulation of Tech- nical knowledge"; Goose, "Immigrants and english economic Development," 138; Pettegree, "'Thirty Years On,'" 298.

94. Doorman, *Octrooien voor uitvinding in de Nederlanden uit de 16e-18e eeuw*, May 7, 1660.

95. Long, "Invention, Secrecy, Theft," 224; Isoré, "De l' existence des brevets d' invention en droit français avant 1791," 102.

96. Biagioli, "Patent Republic." For the early modern system, especially in France, see Frumkin, "Les anciens brevets d' invention"; Bondois, "Le privilège exclusif au XvIIIe siècle."

97. For a similar conceptualization of the preconditions of modern patent law, see Pot- tage and Sherman, *Figures of Invention*.

98. MacLeod, *Inventing the Industrial revolution*, 49.

99. Gallon, *Machines et inventions approuvées par l'académie royale des sciences*, iii.

100. MacLeod, *Inventing the Industrial revolution*, 41.

101. For the original privilege, see *aN* Cote e 1184 A.

102. *AN* Cote e 1188 A.

103. *AN* Minutier Central Cote LIII/301, May 12, 1742; For the founding document, see *AN* Minutier Central Cote LIII/301, May 19, 1742.

104. Lavezzi, "Peinture et savoirs scientifiques."

105. "Il a reconnu par un ecrit public qu' il en avoit appris la theorie de pere Castel jesuite, le S. Gaultier a puise ce secret dans la meme source." *aN* F.12 7863.

106. "C' est comme les Observateurs du Microscope, s' ils ne sçavent aussi connoître les effets de la lumiere et de l' ombre, et la figure et contour des Corps, ils prendront les Bulles pour des Molécules et

les Animalcules pour des Ressorts." D'Agoty, *Observa- tions sur l'histoire naturelle, sur la Physique et la Peinture* (1752), 47. Note the similarity of the argument to Bredekamp, *Galileo, der Künstler.*

107. "Fouillent-ils les entrailles? Injectent-ils les vaisseaux? Connaissent-ils les attaches, et le mouvement mecanique des muscles?" D'Agoty, *Observations sur l'histoire na- turelle, sur la Physique et la Peinture* (1752), 73.

108. Gautier d'Agoty, *Chroa-genesie.*

109. See *BnF* MS Fr. 22136, f. 24.

110. ———. "Des Herrn Gautier . . . Brief an den Herrn de Bosse." *hamburgisches Maga- zin* 7 (1751), 458–469. *suB Göttingen.* MS Uffenbach 9, 297–305.

111. "Les vrais Artistes sont des Sçavans, parce que leurs operations sont toujours fon- dées sur quelque Science, et ils ne sont appelles du nom d'Artistes, que parcequ'a leur sçavoir ils joignent l'Ouvrage des mains." D'Agoty, *Observations sur l'histoire naturelle, sur la Physique et la Peinture* (1752), 171.

112. Gautier de Montdorge, *L'art d'imprimer les tableaux.*

113. "les Secrets se communiquent dans l'instant, mais il faut plusieurs années pour posséder un Art." *Observations sur l'histoire naturelle, sur la Physique et la Peinture* (1753), 177.

114. For similar arguments about the communicability of mathematics, see kaiser, Ito, and Hall, "Spreading the Tools of Theory"; and Steingart, "A Group Theory of Group Theory."

115. "Je veux faire entendre qu'il n'y a que moi capable dans le monde de donner des Planches anatomiques et d'observer les Objets, parce que je suis Anatomiste Phi- sicien et Peintre tout à la fois." D'Agoty, *Observations sur l'histoire naturelle, sur la Physique et la Peinture* (1753), 47.

116. For further examples of competing epistemologies of invention, see Jones, *reckoning with Matter.*

Chapter 7   彼得大帝疯狂购物

1. On Peter the Great, see Hughes, *Peter the Great.* On science in Peter's Russia, see Werrett, "An Odd Sort of exhibition." On Peter's travels, see especially knoppers, "The visits of Peter the Great to the United Provinces in 1697–98 and 1716–17"; Waegemans, *De tsaar van Groot rusland in de republiek.*

2. Jacob de Bie to the Burgomasters of Amsterdam, May 7, 1717, *Gaa* 5027 Archief diplomatieke missiven 57–59.

3. Driessen-van het Reve, *De Kunstkamera van Peter de Grote.*

4. Gordin, "The Importation of Being earnest."

5. Buberl and Dückershoff, *Palast des Wissens*; kistemaker et al., *Peter de Grote en holland.*

6. St. Petersburg Academy of Sciences, *Musei imperialis Petropolitani [partes plurimae].*

7. Cited by Driessen-van het Reve, *De Kunstkamera van Peter de Grote,* 193.

8. On the development of Dutch innovations in international communication, which transformed family-based firms with relatives stationed in foreign cities into com- panies that handled communication through the postal system, see veluwenkamp, "Schémas de communication internationale et système commercial néerlandais, 1500–1800."

9. On Witsen, see Peters, *De wijze koopman*; Wladimiroff, *De kaart van een verzwegen vriendschap.*

10. On the Dutch in the Baltic, see Lemmink and van koningsbrugge, *Baltic affairts*. On Dutch cultural networks, see Cools, keblusek and Noldus, *Your humble servants.*

11. Musschenbroek to Schumacher, Leiden, 1724, *ras* Fond 1 Opis 3 No. 8.

12. Delbourgo, "Sir Hans Sloane' s Milk Chocolate and the Whole History of the Ca- cao"; Ben-Zaken, *Cross-Cultural exchanges in the eastern Mediterranean.*

13. For more detail on this, see Margócsy, "The Fuzzy Metrics of Money."

14. Malinowski, *argonauts of the Western Pacific.* For examples of incommensurable ob- jects in contemporary biomedicine, see Beck, "Medicalizing Culture(s) or Cultural- izing Medicine(s)"; Lederer, *Flesh and Blood.* See also Radin, *Contested Commodities.*

15. For examples, see Comaroff and Comaroff, "Colonizing Currencies: Beasts, Bank-notes, and the Colour of Money in South Africa"; Davenport, "Two kinds of value in the eastern Solomon Island"; kopytoff, "The Cultural Biography of Things"; Weiss, "Coffee, Cowries, and Currencies"; Guyer, *Marginal Gains.*

16. Vincent, *Wondertooneel der nature.* On vincent, see Roemer, *De geschikte natuur,* and Mason, *Infelicities,* 92–99.

17. Petiver claimed that vincent had "I believe the most completed collection of any one man in ye world." Petiver to Jean Salvadore, London, November 2, 1711, *BL* MS Sloane 3338, f. 2. For the description of the cabinet by the Uffenbachs, during a second visit to the Netherlands in 1718, see *suB Göttingen* MS Uffenbach 46, 98–109.

18. The Surinamese toad is a reference to vincent' s research on the much-contested reproduction of this animal; see vincent, *Descriptio pipae seu Bufonis aquatici surina- mensis.*

19. " . . . par hazard [. . .] vous voudriez resoudre a achepter les 2 petits cabinets marque dans la nouvelle description inserre dans le livre du crapeau fol: 86 et fol: 87 article no. 8 et 6." vincent to Sloane, Haarlem, August 21, 1725, *BM* MS Sloane 4048, f. 45.

20. Kusukawa, *Picturing the Book of Nature,* 104–5.

21. On visual facts, see Swan, "Ad vivum, naer het leven, from the life"; and Parshall, "'Imago contrafacta.'" On the history of facts, see especially Poovey, *a history of the Modern Fact;* Daston, "Baconian Facts, Academic Civility, and the Prehistory of Objectivity"; Shapiro, *a Culture of Fact;* Cook, *Matters of exchange;* Bender and Well- bery, "Rhetoricality: On the Modernist Return of Rhetoric."

22. Daston and Galison, "The Image of Objectivity"; Daston and Galison, *Objectivity.*

23. Bleichmar, "Training the Naturalist' s eye in the eighteenth Century."

24. Bredekamp, *Galileo, der Künstler;* van de Roemer, "Het lichaam als borduursel"; Smith, *The Body of the artisan.*

25. On performativity, see Austin, *how To Do Things with Words.* On its connections to classification, in a rather different context, see Herzfeld, *The social Production of Indif- ference.*

26. Kusukawa, *Picturing the Book of Nature,* 258.

27. Biagioli, *Galileo, Courtier.*

28. Shapin and Schaffer, *Leviathan and the air Pump.*

29. Prak, *The Dutch republic in the seventeenth Century.*

30. Cook, *Matters of exchange*.

31. Proctor and Schiebinger, *agnotology*; Oreskes and Conway, *Merchants of Doubt*; Brandt. *The Cigarette Century*.

32. For a qualified assessment of late-eighteenth-century Netherlands, see kloek and Mijnhardt, *Dutch Culture in a european Perspective*.

33. Seters, *Pierre Lyonet (1706–1789)*.

34. Cited by Shapin, *The scientific Life*, 34.

图表列表

缩写词汇表

AN Archives nationales, Paris

BL British Library

BM British Museum

BnF Bibliothèque Nationale de France

Bodleian Bodleian Library, Oxford

GAA Stadsarchief Amsterdam

Gotha Universitäts- und Forschungsbibliothek erfurt- Gotha

Linnaean Correspondence Swedish Linnaeus Society. *The Linnaean Correspondence.*

Ferne / Voltaire: Centre international d'etude du XvIIIe siecle. linnaeus.c.18 .net.

Miedema Hessel Miedema. *Denkbeeldig schoon: Lambert ten Kates*

opvattingen over beeldende kunst. Leiden: Primavera Pers, 2006

KB koninklijke Bibliotheek, The Hague

RAS Archives of the Russian Academy of Sciences, St. Petersburg branch

SUB Götingen Niedersächsische Staats- und Universitätsbibliothek Göttingen

Trew Correspondence Briefsammlung Trew, Universitätsbibliothek Erlangen

UBA Universiteitsbibliotheek Amsterdam

UBL Universiteitsbibliotheek Leiden

Vosmaer Correspondence Nationaal Archief 2.21.271 Collectie vosmaer 69.

Wellcome The Wellcome Collection, London

一手文献

——. *Gart der Gesundheit. Mainz: Peter Schöffer, 1485.*

——. *Ortus sanitatis. Mainz: Jacob Meydenbach, 1491.*

——. *Ter bruiloftvan albertus seba met anna Lopes. Amsterdam: n. p., 1698. Zeeuwse Bibliotheek kluis 1148 A 285.*

——. *Bibliotheca et Museum Bidloianum. Leiden: Samuel Luchtmans, 1713.*

——. *Catalogues vande uitmuntende cabinetten. . nagelatendoor wylenden heere albertus seba. Amsterdam: Sluyter, Schut and Blinkvliet, 1752.*

——. *A True estimate of the Value of Leasehold estates. London: J. roberts, 1731.*

Albinus, Bernhard Siegfried. *Index supellectilis anatomicae quam academiaeBatavae legavit Johannes Jacobus rau. Leiden: Henricus Mulhovius, 1725.*

Albinus, Bernhard Siegfried. *Tabulaesceleti et musculorum corporis humani. Leiden:Joannes et Hermannus verbeek, 1747.*

Aldrovandi, Ulisse. *De animalibus insectis. Bologna: Bellagamba, 1602.*

Aldrovandi, Ulisse. *De reliquis animalibusexanguibus. Bologna: Bellagamba, 1606.*

Aldrovandi, Ulisse. *Quadrupedum omniumbisulcorum historia. Frankfurt am Main: Zunner, Haubold and rotel, 1647.*

Artedi, Petrus. Ichthyologia sive opera omnia de piscibus. Leiden: Conradus Wishoff, 1738.

Audran, Gérard. Les proportions du corps humain, mesurées sur les plus belles figures de l'antiquité. Paris: Girard Audran, 1683.

Barge, J. A.J. De oudste inventaris der oudsteacademische anatomie in Nederland. Leiden: H.e. Stenfert kroese, 1934.

Barlaeus, Caspar. Mercator sapiens: oratie gehouden bij de inwijding vande Illustre school te amsterdam op 9januari 1632. Translated and introduced by S. vanderWoude. Amster- dam: Universiteitsbibliotheek, 1967.

Bauhin, Caspar. Pinax theatri botanici. Basel: sumptibusettypis Ludovicus regius, 1623.

[Bidloo, Govardɬ]. Mirabilitas mirabilitatum. N.p.: n.p., n.d.

Bidloo, Govard.anatomia humani corporis. Amsterdam: vidua Joannis a Someren, 1685.

Bidloo, Govard. De dood van Pompeus, treurspel. Amsterdam: erfg. van Jacob Lescailje, 1684.

Bidloo, Govard. Gulielmus Cowper, criminis literariicitatus. Leiden: Jordanus Luchtmans,1700.

Bidloo, Govard. Komstevan zijneMajesteit Willem III. The Hague: Arnoud Leers, 1691.

Bidloo, Govard. De muitery ennederlaag van Midas. Leiden: Langerak, 1723.

Bidloo, Govard. Opera omnia anatomico-chirurgica. Leiden: Samuel Luchtmans, 1715.

Bidloo, Govard. Verhaalder laatste ziekteen het overlijden van Willem de IIIde. Leiden: Jordanus Luchtmans, 1702.

Bidloo, Govard. Vindiciae quarundam delineationum anatomicarum. Leiden: Jordanus Luchtmans, 1697.

Bils, Lodewijk de. The Copy of a Certain Large act [Obligatory] of Yonker Lovis de Bils. rot- terdam: Naeranus, 1659.

Bils, Lodewijk de. epistolica dissertatio. rotterdam: Naeranus, 1659.

Bils, Lodewijk de. exemplarfusioris Codicilli. rotterdam: Naeranus, 1659.

Bils, Lodewijk de. Kopye van zekereampele actevan Jr. Louijs de Bils. rotterdam:

268

Naeranus, 1659.

Bils, Lodewijk de. "Ludivicide Bils actorum anatomicorum veradelineatio." In responsio adepistolam Tobiae andreae, edited by Lodewijk de Bils. Marburg: Salomon Schadewitz, 1678.

Bils, Lodewijk de. Waarachtig gebruik der tot noch toe gemeende gijlbuis beneffens deverrijze- nis der lever. rotterdam: Naeranus,1658.

Blankaart,Stephanus. anatomiareformata. 2nd ed. Leiden: Luchtmans, 1688.
Blankaart,Stephanus. anatomiareformata. 3rded. Leiden: Luchtmans, 1695.

Blankaart, Stephanus. Verhandelinge van het podagra. Amsterdam: Jan ten Hoorn, 1684.

Blasius, Gerardus. anatome animalium. Amsterdam: vidua Joannis a Someren, 1681.

Braamcamp, Gerrit. Catalogus van hetuytmuntend Cabinet. Amsterdam: J. Smitetal., 1771. Breyne, Jacob.exoticarum plantarum centuriae. Gdańsk: sumptibus autoris, 1674.

Breyne,Johann Philip. Dissertatio physica de Polythalamiis. Gdańsk: Cornelius a Beughem, 1732.

Brisson, Mathurin Jacques. regnum animale in classes IX distributum. Leiden: Haak, 1756–62.

Browne, Alexander. art pictoria, or an academy. London: J. redmayne, 1669.

Bruyn, Cornelis de. reizen over Moskovie, door Persie en Indien. Amsterdam: r. and G. Wetstein,J. Oosterwyk,H. vande Gaet, 1714.

Buffon, George-Louis Leclerc de. histoire naturelle, générale et particulière, avecladescription du Cabinet de roi. Paris: L'imprimerie royale, 1749–67.

Buonanni, Filippo. Musaeum Kircherianum. rome: Plach, 1709.

Buonanni, Filippo. recreatio mentis et oculiinobseruatione animalium testaceorum. rome: varesi, 1684.

Burmann, Johannes. rariorum africanarum plantarum decades. Amsterdam: Boussiere, 1738–39.

269   Burmann,Johannes. *Thesaurus zeylanicus, exhibens plantas in insula Zeylana nascentes.* Am- sterdam: Janssonius-Waesbergen & Salomon Schouten, 1737.

Buxbaum, Johann Christian. *Nova plantarum genera.* St. Petersburg: Academia scien- tiarum imperialis petropolitanae, 1728–29.

Catesby, Mark. *The Natural history of Carolina, Florida, and the Bahama Islands.* London: for the author, 1731–43.

Charleton, Walther. *Onomastikon zoikon.* London: Jacob Allestry, 1671.

Clusius, Carolus. *rariorum aliquot stirpium per Pannoniam . . . observatarum historia.* An- twerp: Plantin, 1584.

Cockburn, William. *The symptoms, Nature, Cause and Cure of Gonorrhea.* 3rded. London: G. Strahan, 1719.

Cordus, valerius. *annotationes in Pedacij Dioscoridis anazarbeide Medica materialibros V, . . . , et historiae stirpium libri iiii.* Strasbourg: Iosias rihelius, 1561.

D'Argenville, Antoine-Joseph Dézallier. *La conchyliologie.* Paris: De Bure, 1742.

Descartes, rené. *The use of the Geometrical Playing Cards, as also a Discourse of the Me- chanick Powers.* London: J. Moxon, 1697.

Dryander, Johannes. *anatomia Mundini.* Marburg: egenolff, 1541.

Dürer, Albrecht. *De symmetria partium in rectis formis humanorum corporum.* Nuremberg: vidua Dureriana, 1532.

Dürer, Albrecht. *underweysung der Messung.* Nuremberg: Hieronymus Andreas, 1525.

Evelyn,John. *sculptura, or, the history, and art of chalcography.* London: J. C. for G. Beedle, and T. Collins and J. Crook, 1662.

Faithorne, William. *The art of graveing, and etching, wherein is expressed the true way of graueing in copper.* London: Willm Faithorne, 1662.

Fallours, Samuel. *Poissons, écrevisses et crabes . . . que l'on trouveautour des l'isles Moluques.* Amsterdam: reinieret Josué Ottens, 1754.

Fallours, Samuel. *Tropical Fishes of the east Indies.* edited by Theodore Pietsch. Cologne: Taschen, 2010.

Farrington,John. an account of a journey through holland, Frizeland, etc. in severall letters to a friend. edited by Paul G. Hoftijzer. Leiden: Academic Press, 1994.

Félibien, André. entretiens sur les vies et surlesouvrages des plus excellens peintres. 2nd ed. Paris: Sebastien Mabre-Cramoisy, 1685.

Fontenelle, Bernard le Bovier de. "eloge de Monsieur ruysch." In historie del'académie royale des sciences, edited by Bernard le Bovier de Fontenelle. Paris: Du Pont, 1785.

Franzius, Wolfgang. historia animalium sacra. Wittenberg: Schurer and Gormann, 1612.

Fuchs, Leonhart. De historia stirpium commentarii insignes. Basel: Michael Isingrin, 1542.

Gallon,M. Machines et inventionsapprouvéesparl'académie royale des sciences. Paris: Mar- tin, Coignard and Guérin, 1735.

Gautier d'Agoty,Jacques-Fabien. Chroa-genesie, ou Génération des couleurs contre la système de Newton. Paris: Delaguette, 1749.

Gautier de Montdorge, Antoine. L'art d'imprimer les tableaux. Paris: Mercier, Nyon, and Lambert, 1756.

Geoffroy, Jean-etienne. histoire abrégée des insectesaux environs de Paris. Paris: Durand, 1762.

Gerard, John. The herball or Generallhistorie of Plantes. London: John Norton, 1597.

Gersaint, edmé F. Catalogue raisonné decoquilles et autres curiosités naturelles. Paris: Fla- haultet Prault Fils, 1736.

Gesner, Conrad.epistolarum medicinarum . . . libri III. Zürich: Froschoverus, 1577.
Gesner, Conrad. historiae animalium. Zürich: Froschoverus, 1551–58.

Goedaert, Johannes. Of Insects: Done into english and Methodized with the addition of Notes. edited by Martin Lister. London: John White, 1682.

Gualtieri, Nicola. Index testarum conchyliorum. Florence: C. Albizzini, 1742.

Harvey, William. The anatomical exercises: De motu cordis and De circulationesanguinis, in english Translation. Mineola: Dover, 1995.

Helle, P. C. A., and Pierre rémy. Catalogue raisonné d'une collection considerable decoquilles. Paris: Didot, 1757.

Hermann, Paul. Paradisusbatavus. Leiden: elzevier, 1698.

Hernandez, Franciscus. Nova plantarum, animalium et mineralium Mexicanorum historia. rome: Mascardi, 1651.

Hogarth,William. The analysis of Beauty. New Haven: Yale University Press, 1997.

Horne, Jan ten. Naeuw-keurigreysboek. Amsterdam: Jan ten Horne, 1679.

Howard, John.a short Narrative of an extraordinary Delivery of rabbets. London: John Clarke, 1727.

Janssonius van Waesbergen. Catalogus librorum medicorum,pharmaceuticorum . . . in off. Janssonio- Waesbergiana prostantium. Amsterdam: Janssoons van Waesberge, 1730.

Jordan, Claude. Voyages historiques del'europe. Paris: Nicolas le Gras, 1693–1700.

Jussieu, Bernard de. "examende quelques productions marines." Mémoires del'académie des sciences (1742): 290–302.

Kate, Lambert ten. aenleiding tot de kennisseder Nederduitsche sprake. Amsterdam: r & G. Wetstein, 1723.

Kate, Lambert ten. Catalogus van hetvermaarde Cabinet. Amsterdam: Isaak Tirion, 1732. kate, Lambert ten. Ideal Beauty in Painting and sculpture. London: C. Bathurst, 1769.

Kate, Lambert ten. "Proef-ondervinding over de scheiding der couleuren." Verhandelingen, uitgegeven door de hollandsche Maatschappij der Wetenschappen te haarlem 3 (1757): 17–30.

Klein, Jacob Theodor. Quadrupedumdispositio brevisque historia naturalis. Leipzig: Breit- kopf, 1751.

L'Admiral, Jacob. Naauwkeurige waarnemingen, van veele gestaltverwisselende gekorvene

Diertjes. Amsterdam: Changuion & vanesveldt, 1740.

Lairesse, Gérard de. Groot schilderboek. Amsterdam: Desbordes, 1712.

Lanzoni, Giuseppe. *Tractatus de balsamatione cadaverum*. Geneva: Chouet & ritter, 1696.

Le Blon, Jacob Christoph. *The Beau Ideal, By the Late Ingenious and Learned hollander, Lambert hermanson ten Kate*. London: James Bettenham, 1732.

Le Blon, Jacob Christoph. *Coloritto; or the harmony of Colouring in Painting: reduced to Mechanical Practice, under easy Precepts, and Infallible rules*. London: s.p., 1725.

Le Blon, Jacob Christoph. *Generaaleproportieder beelden*. Amsterdam: n.p., 1707.

Linnaeus, Carolus. *Bibliotheca botanica*. Amsterdam: vidua S. Schouten et filius, 1751.

Linnaeus, Carolus. *Flora lapponica*. Amsterdam: S. Schouten, 1737.

Linnaeus, Carolus. *hortus Cliffortianus*. Amsterdam: for the author, 1737.

Linnaeus, Carolus. *species plantarum*. Stockholm: Laurentius Salvius, 1753.

Linnaeus, Carolus. *systema naturae*. Leiden: Haak, 1735.

Lister, Martin. *historiae sive synopsis conchyliorum*. London: by the author, 1685–1692.

Lister, Martin. *Journey to Paris in the Year 1698*. London: Jacob Tonson, 1699.

Lister, Martin. *english spiders*. Originally published 1678. Colchester: Harley Books, 1992.

Lovell, robert. *Panzooryktologia, sive Panzoologicomineralogia, or a Compleat history of animals and Minerals*. Oxford: Hall and Godwin, 1660.

[Mabbut, George]. *sir Isaac Newton's tables for renewing and purchasing the leases of cathedral-churches and colleges*. London: Tho. Astley, 1742.

Marperger, Jakob Paul. *Die geöffneteraritäten- und Naturalien-Kammer*. Hamburg: Ben- jamin Schiller, 1704.

Matthioli, Pietro Andrea. *Opera quae extant omnia*. Frankfurt: Nicolai Bassaeus, 1598.

Merian, Maria Sibylla. *Metamorphosis insectorum surinamensium*. Amsterdam: for the au- thor, 1705.

[Mettrie, Julien Offray dela]. *L'homme machine*. Leiden: elie Luzac, 1748.

Moffett, Thomas. *Insectorum sive Minimorum animalium theatrum*. London: Thom. Cotes, 1634.

Mortimer, Cromwell. "An Account of Mr. James Christopher Le Blon's Principles of Printing." *Philosophical Transactions* (1731): 101–7.

Moxon, Joseph. *Mechanick exercises, or, the Doctrine of handy-Works applied to the art of Printing*. London: Joseph Moxon, 1683.

Newton, Isaac. *Opticks, or a Treatise of the reflections, refractions, Inflections, and Colours of Light*. 4thed. London: William Innys, 1730.

Pallas, Peter Simon. *Dierkundig mengelwerk*. Utrecht: A. van Paddenburg en J. van Schoonhoven, 1770.

Pápai Páriz, Ferenc. *Pax corporis*. Budapest: Magvető, 1984.

Pennant, Thomas. *synopsis of Quadrupeds*. Chester: J. Monk, 1771.

Perrault, Claude. *Memoir's for a natural history of animals*. London: Joseph Streater, 1688.

Petiver, James. *aquatilium animalium amboinae*. London: C. Bateman, 1713.

Petiver, James. *Brief directions for the easie making and preserving collections of all natural curiosities*. London: s.p., 1709.

Petiver, James. *Gazophylacii naturae et artis decas prima-decima*. London: Christ. Bateman, 1702–9.

272 Petiver, James. *Musei Petiveriani centuria prima-decima*. London: Smith & Walford, 1694–1703.

Piles, roger de. *Cours de peinture par principes*. Paris: Jacques estienne, 1708.

Plukenet, Leonard. *Phytographia*. London: sumptibus autoris, 1691.

Rabus, Peter. *Boekzaalvaneurope. May and June 1693*. rotterdam: Pieter van der Slaar, 1693.

Rau, Johannes Jacob. *Oratio inauguralis de methodo anatomen docendi et discendi, habita in auditori majori in alma academia Lugduno Batava*. Leiden: Samuel Luchtmans, 1713.

Ray, John. *historia plantarum*. London: Maria Clark, 1686.

Ray, John. *synopsis methodica animalium quadrupedum et serpentini generis*. London:

Smith and Walford, 1693.

Ray, John. synopsis methodica stirpium Britannicarum editio tertia. edited by Johann Jakob Dillenius. London: William and John Innys, 1724.

Renard, Louis, and Theodore W. Pietsch. Fishes, Crayfishes, and Crabs: Louis renard's Nat- ural history of the rarest Curiosities of theseas of the Indies. Baltimore: Johns Hopkins University Press, 1995.

Ronjat, etienne. Lettre de Mr. ronjat, écritedeLondres à un Medecin de sesamisen hollande. London: Henry ribotteau, 1703.

Rumphius, Georg eberhard. D'amboinscherariteitkamer. Amsterdam: François Halma, 1705.

Rumphius, Georgeberhard.hetamboinsche Kruid-boek. Amsterdam: Changuion, 1741–50.

Rumphius, Georgeberhard. The ambonese Curiosity Cabinet. edited by e. M. Beekman. New Haven: Yale University Press, 1999.

Ruysch, Frederik. allede ontleed- genees- en heelkundige werke. Amsterdam: Janssonius Waesbergen, 1744.

Ruysch, Frederik. Catalogus musaei ruyschiani. Amsterdam: Janssonius Waesbergen, 1731.

Ruysch, Frederik. Observationum anatomico-chirurgiarum centuria et catalogus rariorum. Amsterdam: Henricus etvidua Theodori Boom, 1691.

Ruysch, Frederik. Opera omnia anatomico-medico-chirurgica. Amsterdam: Janssonius Waesbergen, 1721–27.

Schumacher, Ivan Danilovich. Gebäude der Kayserlichen academie der WissenschafftenNebst der Bibliotheck und Kunst-Cammer in st. Petersburg nach ihrem Grundriß,aufriß und Durchschnittvorgestellet. St. Petersburg: Imperatorskaia akademiianauk, 1741.

Seba, Albertus. Locupletissimi rerum naturalium thesauriaccurata descriptio. Amsterdam: Janssonius Waesbergen,J. Wetstein & Gul. Smith, 1734–65.

Seba, Albertus. Planches de seba. Paris: F. G. Levrault, 1827.

Sloane, Hans.a voyage to the islands Madera, Barbados, Nieves, s. Christophers andJamaica. London: B. M., 1707–25.

St. Petersburg Academy of Sciences. Musei imperialis Petropolitani [partesplurimae]. St. Petersburg: Acad. Scientiarum, 1741–45.

Sterne, Laurence. The Life and Opinions of Tristramshandy. Originally published 1759–67. Harmondsworth: Penguin, 1967.

Swammerdam,Jan. Bybelder Natuure. edited by Hermann Boerhaave. Leiden: Severinus, BoudewynvanderAa, Pieter van derAa, 1737.

Sweerts, emmanuel. Florilegium. Amsterdam: Joannes Janssonius, 1620.

Tournefort, Jacques Pitton de. elémens debotanique, ou Méthode pour connoître les plantes. Paris: Imprimerie royale, 1694.

Trew, C.J. "An Observation on the Method of preserving Anatomical Preparations in Liquors." acta Germanica, Or, The Literary Memoirs of Germany (1742): 446–48.

Tulp, Nicolaes. De drie boecken der medicijnsche aenmerkingen. Amsterdam: Jacob Benja- myn, 1650.

Tyson, edward. Orang-Outang, sive homo sylvestris, or, the anatomy of aPygmie. London: Thomas Bennet, 1699.

Tyson, edward. Phocaena, or the anatomy of a Porpess, . . . with a Praeliminary Discourse. London: Benj. Tooke, 1680.

Uffenbach, Zacharias Conrad von. Bibliotheca uffenbachiana universalis. Frankfurt: Jo. Benj. Andrae & Henr. Hott, 1729–30.

Uffenbach, Zacharias Conrad von. Merkwürdigereisen durch Niedersachsen, holland und engelland. Ulm: Johann Friedrich Gaum, 1753–54.

Vaillant, Sébastien. Botanicon Parisiense. Leiden: Pieter van derAa, 1723.

Valentini, Michael Bernhard.amphitheatrum zootomicum. Frankfurt: haeredus Zunneria- norum, 1720.

Valentini, Michael Bernhard. Musaeum musaeorum, oder vollständige schauBühne allerMa- terialien und specereyen. Frankfurt: Johann David Zunner, 1714.

Van der Goes, Antonides. Gedichten. Amsterdam: Jan rieuwertsz, 1685.

Van der Heyden, Jan. a Description of Fire engines with Water hoses and the Method of Fighting Fires now used in amsterdam. Originally published 1690. Translated and in- troduced by L. Stibbe Multhauf. Canton: Science History Publications, 1996.

Van het Meurs, L. L. "Het leven van den beroemden F. ruysch." algemeenMagazijn historiekunde 3 (1785): 447–88.

Van Limburg, Abraham. Catalogus insignium librorum praecipue. Amsterdam: Jan Boom, 1720.

Van rheede tot Drakensteyn, Hendrik. hortus indicus malabaricus. Amsterdam: Joannes van Someren, Joannes van Dyck, Henricus Boom, et vidua Theodorus Boom, 1678–1703.

Verheyen, Philippus. Corporis humani anatomia editionova. Amsterdam: r. &J.Wetstein and W. Smith, 1731.

Vesalius, Andreas. De humani corporis fabrica. Basel: Oporinus, 1543.

Vincent, Levinus. Descriptio pipae seu Bufonis aquatici surinamensis. Haarlem: by the au- thor, 1726.

Vincent, Levinus. Wondertooneelder nature. Amsterdam: Francois Halma, 1706.

Vosmaer, Arnout. Beredeneerde en systematische catalogus vaneeneverzameling. The Hague: van Os, 1764.

Wilkins, John. an essay towards a real Character and a Philosophical Language. London: Sa: Gellibrand and for John Martin, 1668.

二手文献

——, ed. rumphiusgedenkboek. Haarlem: Coloniaal Museum, 1902.

Adams, Percy G. Travelers and Travel Liars, 1660–1800. Berkeley: University of California Press, 1962.

Adelmann, Howard. *Marcello Malpighi and the evolution of embryology.* Ithaca: Cornell University Press, 1966.

Aguilar, Jacques d'.histoire del'entomologie. Paris: Delachaux et Niestlé, 2006. Ahlrichs, erhard. "Albertus Seba." OstfriesischeFamilienkunde 6 (1986): 1–48.

Alac, Morana. "Working with Brain Scans: Digital Images and Gestural Interaction in fMrI Laboratory." social studies of science 38 (2008): 483–504.

Alder, ken. "French engineers Become Professionals, Or, How Meritocracy Made knowledge Objective." In The sciences in enlightened europe, edited by William Clark, JanGolinski, and Simon Schaffer, 94–125. Chicago: University of Chicago Press, 1999.

Alder, ken. "History's Greatest Forger: Science, Fiction, and Fraud along the Seine." Critical Inquiry 30 (2004): 702–16.

Alpers, Svetlana. The art of Describing: Dutch art in the seventeenth Century. Chicago: University of Chicago Press, 1983.

Andersen, Casper, Jakob Bek-Thomsen, and Peter C. kjaergaard. "The Money Trail: A New Historiography for Networks, Patronage, and Scientific Careers." Isis 103 (2012): 310–15.

Andersen, Finn, and Paul Nesbitt. Flora Danica. edinburgh: royal Botanic Garden, 1994.

Anderson, Frank J. an Illustratedhistory of the herbals. New York: Columbia University Press, 1977.

Anderson, Warwick. The Collectors of Lost souls: Turning Kuru scientists into Whitemen. Baltimore: Johns Hopkins University Press, 2008.

Anderson, Warwick. "The Possession of kuru: Medical Science and Biocolonial ex-change." Comparative studies in society and history 42 (2000): 713–44.

Appadurai, Arjun, ed. The social Life of Things: Commodities in Cultural Perspective. Cam- bridge: Cambridge University Press, 1986.

Austin,J. L. how To Do Things with Words. Oxford: Clarendon Press, 1962.

Baeumler, Alfred. *Das Irrationalitätsproblem in der Ästhetik und Logikdes 18.Jahrhunderts bis zur Kritik derurteilskraft.* Darmstadt: Wissenschaftliche Buchgesellschaft, 1967.

Balis, Arnout. "Hippopotamus rubenii: een hoofdstukjeuit de geschiedenis van de zoologie." In *Feestbundel: Bij de opening van hetKolveniershof en hetrubenianum,* edited by Frans Baudouin, 128–42. Antwerp: kunsthistorische Musea, 1981.

Banga, Jelle. *Geschiedenis van de geneeskunde en van hare beoefenaren in Nederland.* Schiedam: Interbook, 1975.

Barker, Andrew. *The science of harmonics in Classical Greece.* Cambridge: Cambridge Uni- versity Press, 2007.

Barthes, roland. "The Death of the Author." In *Image / Music / Text,* edited by roland Barthes, 142–47. New York: Hill and Wang, 1977.

Barthes, roland. *s/Z.* Paris: Seuil, 1970.

Bauer, Aaron M., and rainer Günther. "Origin and Identity of the von Borcke Collection of Amphibians and reptiles in the Museum für Naturkunde in Berlin: A Cache of Seba Specimens?" *Zoosystematics and evolution* 89 (2013): 167–85.

Baxandall, Michael. *shadows and enlightenment.* New Haven: Yale University Press,1995.

Beaulieu, Anne. "Images Are Not the (Only) Truth: Brain Mapping, visual knowledge, and Iconoclasm." *science, Technology and human Values* 27 (2002): 53–86.

Beaurepaire, Pierre-Yves, and Pierrick Pourchasse, eds. *Les Circulations internationalesen europe, années 1680—années 1780.* rennes: Presses universitaires de rennes, 2010.

Beck, Stefan. "Medicalizing Culture(s) or Culturalizing Medicine(s)." In *Biomedicine as Culture: Instrumental Practices, Technoscientific Knowledge and New Modes of Life,* edited by regulavalérie Burri and Joseph Dumit, 17–34. New York: routledge, 2007.

Belfanti, Carlo. "Guilds, Patents, and the Circulation of Technical knowledge: Northern Italy during the early Modern Age." *Technology and Culture* 45 (2004): 569–89.

Belozerskaya, Marina. *The Medici Giraffe: and Other Tales of exotic animals and Power.* New York: Little, Brown, 2006.

Belting, Hans. *Likeness and Presence: a history of the Images before the era of art.* Chicago: University of Chicago Press, 1994.

Bender, John, and David e. Wellbery, eds. *The ends of rhetoric: history, Theory, Practice.* Stanford: Stanford University Press, 1990.

Bender, John, and David e. Wellbery. "rhetoricality: On the Modernist return of rheto- ric." In *The ends of rhetoric: history, Theory, Practice,* edited by John Bender and Da- vide. Wellbery, 3–43. Stanford: Stanford University Press, 1990.

Bennett, James A. "The Mechanics' Philosophy and the Mechanical Philosophy." *history of science* 24 (1986): 1–28.

Bennett, James A. "Shopping for Instruments in Paris and London." In *Merchants and Marvels: Commerce, science and art in early Modern europe,* edited by Pamela Smith and Paula Findlen, 370–98. New York: routledge, 2002.

Ben-Zaken, Avner. *Cross-Cultural exchanges in the eastern Mediterranean 1560–1660.* Bal- timore: Johns Hopkins University Press, 2010.

Berardi, Marianne. "Science into Art: rachel ruysch's early Development as a Still-Life Painter." PhD diss., University of Pittsburgh, 1998.

Berg, Maxine, ed. "reflection on Joel Mokyr's The Gifts of athena." Special issue, *history of science* (2007): 45.

Berg, Maxine, and Helen Clifford. "Selling Consumption in the eighteenth Century: Advertising and the Trade Card in Britain and France." *Cultural and social history* 4 (2007): 145–70.

Bergvelt, ellinoor, Michiel Jonker, and Agnes Wiechmann, eds. *schatten in Delft: burgers verzamelen 1600–1750.* Zwolle: Waanders, 1992.

Berkvens-Stevelinck, C., Hans Bots, Paul G. Hoftijzer, and O. S. Lankhorst, eds. *Le ma- gasin del'univers: The Dutch republic as the centre of the european book trade.* Leiden: Brill, 1992.

Biagioli, Mario. "etiquette, Interdependence, and Sociability in Seventeenth-Century Science." Critical Inquiry 22 (1996): 193–238.

Biagioli, Mario. Galileo, Courtier: The Practice of science in the Culture of absolutism. Chi- cago: University of Chicago Press, 1994.

Biagioli, Mario. Galileo's Instruments of Credit: Telescopes, Images, secrecy. Chicago: Univer- sity of Chicago Press, 2006.

Biagioli, Mario. "Patent republic: Specifying Inventions, Constructing Authors and rights." social research 73 (2006): 1129–72.

Biagioli, Mario. "replication or Monopoly? The economics of Invention and Discovery in Galileo's Observations of 1610." science in Context 13 (2000): 547–90.

Biagioli, Mario, and Peter Galison, eds. scientific authorship: Credit and Intellectual Prop- erty in science. New York: routledge, 2003.

Bille, Clara. De tempelder kunst, of, hetkabinet vanden heer Braamcamp. Amsterdam: De Bussy, 1961.

Bisseling, C. H. "Uit de Amsterdamse Courant, 1695, no. 84, 1720, no. 36." Nederlands Tijdschrift voor Geneeskunde 65 (1921): 3113.

Blair, Ann. Too Much to Know: Managing scholarly Information before the Modernage. New Haven: Yale University Press, 2010.

Blankert, Albert, ed. Dutch Classicism in seventeenth-Century Painting. rotterdam: NAi,1999.

Blanning, T. C. W. The Culture of Power and the Power of Culture. Oxford: Oxford Uni- versity Press, 2002.

Bleichmar, Daniela. "Training the Naturalist's eye in the eighteenth Century: Perfect Global visions and Local Blind Spots." In skilled Visions: Betweenapprenticeship and standards, edited by Cristina Grasseni, 166–90. Oxford: Berghahn, 2007.

Bleichmar, Daniela. Visible empire: Botanicalexpeditions and Visual Culture in the hispanic enlightenment. Chicago: University of Chicago Press, 2012.

Bleichmar, Daniela, and Peter C. Mancall, eds. Collecting across Cultures: Material exchanges in the early Modern atlantic World. Philadelphia: University of Pennsylvania Press, 2011.

Blom, Philipp. To have and to hold: an Intimate history of Collectors and Collecting. New York: Overlook Press, 2002.

Boehrer, Bruce, ed.a Cultural history of animals in the renaissance. London: Berg, 2009.

277 Boers,O. W. "eenteruggevondengevelsteen uit de kalverstraat." Maandbladamsteloda-mum 47 (1959): 221–24.

Boeseman, Marinus."The vicissitudes and Dispersal of Albertus Seba's Zoological Speci-mens." Zoologischemededelingen 44 (1970): 177–206.

Bondois, Paul-M. "Le privilègeexclusif au XvIIIe siècle." revue d'histoire économique et sociale 21 (1933): 140–89.

Bosch,X., B. esfandiari, and L. McHenry. "Challenging Medical Ghostwriting in US Courts." PLOs Medicine 9/1 (2012): e1001163.

Boterbloem, kees. The Fiction and reality of Jan struys: a seventeenth-Century Dutch Globetrotter. London: Palgrave Macmillan, 2008.

Bots, Hans, and Françoise Waquet, eds. Larépublique des Lettres. Paris: De Boeck, 1997.

Boxer, Charles ralph. The Dutch seaborne empire, 1600–1800. New York: knopf, 1965.

Bourguet, Marie-Noëlle, Christian Licoppe, and Heinz Otto Sibum, eds. Instruments, Travel and science: Itineraries of Precision from the seventeenth to the Twentieth Century. London: routledge, 2002.

Brain, robert, and M. Norton Wise. "Muscles and engines: Indicator Diagrams and Helmholtz's Graphical Methods." In The science studies reader, edited by Mario Bi-agioli, 51–66. London: routledge, 1998.

Brandt, Allan. The Cigarette Century. New York: Basic Books, 2007.

Braudel, Fernand. The Wheels of Commerce. Civilization and Capitalism II. New York: Harper & row, 1982.

Bredekamp, Horst. Galileo, derKünstler. DieMond, diesonne, die hand. Berlin:

Akademie verlag, 2007.

Brewer, John, ed. *The Consumption of Culture: Word, Image, and Object in the 17th and 18th Centuries.* London: routledge, 1995.

Brewer, John. "The error of our Ways: Historians and the Birth of Consumer Society." *Cultures of Consumption Working Papers* 2004.

Brewer,John, Neil Mckendrick, and J. H. Plumb. *The Birth of a Consumer society.* London: europa Press, 1982.

Brewer, John, and roy Porter, eds. *Consumption and the World of Goods.* London: routledge, 1993.

Broman, Thomas. "The Habermasian Public Sphere and 'Science'in the enlightenment." *history of science* 36 (1998): 123–49.

Brook, Timothy. *Vermeer'shat: The seventeenth Century and the Dawn of the Global World.* New York: Bloomsbury, 2008.

Bruijn, Iris. *ships' surgeons of the east India Company: Commerce and the Progress of Medi- cine in the eighteenth Century.* Leiden: Leiden University Press, 2009.

Bryden,D.J. "evidence from Advertising for Mathematical Instrument Making in London, 1556–1714." *annals of science* 49 (1992): 301–36.

Buberl, Brigitte, and Michael Dückershoff, eds. *Palast des Wissens. Die Kunst- und Wun- derkammer Zar Peters des Großen.* Munich: Hirmer verlag, 2003.

Bury, Michael. *The Print in Italy, 1550–1620.* London: British Museum, 2001.

Bycroft, Michael. "Wonders in the Academy: The value of Strange Facts in the experimental research of Charles Dufay." *historical studies in the Natural sciences* 43 (2013):334–70.

Calaresu, Melissa. "Making and eating Ice Cream in Naples: rethinking Consumption and Sociability in the eighteenth Century." *Past and Present* 220 (2013): 35–78.

Campbell, Thomas P., ed. *Tapestry in the Baroque: Threads of splendor.* New York: Metro- politan Museum of Art, 2008.

Carney,Judith A. *Black rice: Theafrican Origins of rice Cultivation in the americas.* Cambridge: Harvard University Press, 2002.

Cartwright, Nancy. screening the Body: Tracing Medicine's Visual Culture. Minneapolis: University of Minnesota Press, 1995.

Cassirer, ernst. The Philosophy of the enlightenment. Princeton: Princeton University Press, 2009.

Cate, C. L. ten. Lambert ten Kate hermansz. (1674–1731): taalgeleerde en konstminnaar. Utrecht: Stichting ten kate, 1987.

Caulfield, James. Portraits, Memoirs, and Characters, of remarkable Persons. London: Hr. r. Young, 1819.

Chadarevian, Soraya de. "Graphical Method and Discipline: Self-recording Instruments in Nineteenth-Century Physiology." British Journal for the history of science 29 (1996):17–41.

Chadarevian, Soraya de, and Nick Hopwood, eds. Models: The Third Dimension of science. Stanford: Stanford University Press, 2004.

Chartier, roger. "Magasin de l'univers ou magasin de la république? Le commerce du livre néerlandais aux XvIIe et XvIIIe siècles." In Le magasin del'univers: The Dutch republic as the Centre of the european Book Trade, edited by C. Berkvens-Stevelinck, Hans Bots, Paul G. Hoftijzer and O. S. Lankhorst, 289–307. Leiden: Brill, 1992.

Clark, William, Jan Golinski, and Simon Schaffer, eds. The sciences in enlightened europe. Chicago: University of Chicago Press, 1999.

Clercq, Pieter de. at the sign of the Oriental Lamp: The Musschenbroek Workshop in Leiden, 1660–1750. rotterdam: erasmus, 1997.

Clercq, Pieter de. "exporting Scientific Instruments around 1700: The Musschenbroek Documents in Marburg." Tractrix 3 (1991): 79–120.

Clifton, James. "'Ad vivum miredepinxit': Toward a reconstruction of ribera'sArt Theory." storia dell'arte 83 (1995): 111–32.

Cobb, Matthew. The egg and the sperm race. London: Pocket Books, 2007.

Cobb, Matthew. "Malpighi, Swammerdam and the Colourful Silkworm: replication and visual representation in early Modern Science." annals of science 59 (2002): 111–47.

Cole, F.J. "The History of Anatomical Injections." In studies in the history and Method of science, edited by C. Singer, vol. 2, 285–343. Oxford: Clarendon Press, 1921.

Collet, Dominik. Die Welt in der stube: Begegnungenmitaußereuropa in Kunstkammernder FrühenNeuzeit. Göttingen: vandenhoeck and ruprecht, 2007. 279

Collins, Harry. Changing Order: replication and Induction in scientific Practice. Beverly Hills: Sage, 1985.

Comaroff, Jean, and John L. Comaroff. "Colonizing Currencies: Beasts, Banknotes, and the Colour of Money in South Africa." In Commodification: Things, agency and Iden-tities: The social Life of Things revisited, edited by Wim van Binsbergen and Peter Geschiere, 145–74. Münster: LIT, 2005.

Contardi, Simone. "Linnaeus Institutionalized: Felice Fontana, Giovanni Fabbroni, and the Natural History Collections of the royal Museum of Physics and Natural History of Florence." In Linnaeus in Italy: The spread of a revolution in science, edited by Marco Beretta and Alessandro Tosi, 113–28. Canton: Science History Publications, 2007.

Cook, Harold J. The Decline of the Old Medical regime in stuart London. Ithaca: Cornell University Press, 1986.

Cook, Harold J. Matters of exchange: Commerce, Medicine and science in the Dutch Golden age. New Haven: Yale University Press, 2007.

Cook, Harold J. "Medical Communication in the First Global Age: Willem ten rhijne in Japan, 1674–1676." Disquisitions on the Past and Present 11 (2004): 16–36.

Cook, Harold J. "Time's Bodies: Crafting the Preparation and Preservation of Naturalia." In Merchants and Marvels: Commerce and representation of Nature in early Modern europe, edited by Pamela Smith and Paula Findlen, 223–47. London: routledge, 2002.

Cook, Harold J., and David S. Lux. "Closed Circles or Open Networks? Communicating at a Distance during the Scientific revolution." history of science 36 (1998): 179–211.

Cools, Hans, Marikakeblusek, and Badeloch Noldus, eds. *Your humble servants: agents in early Modern europe.* Hilversum: verloren, 2006.

Cooper, Alix. *Inventing the Indigenous: Local Knowledge and Natural history in early Mod- ern europe.* Cambridge: Cambridge University Press, 2007.

Cosans, Christopher e. "Galen's Critique of rationalist and empiricist Anatomy." *Journal of the history of Biology* 30 (1997): 35–54.

Coulton, richard. "The Darling of the 'Temple-Coffee-house Club': Science, Sociability and Satire in early eighteenth-Century London." *Journal for eighteenth Century studies* 35 (2012): 43–65.

Crawforth, Michael A. "evidence from Trade Cards for the Scientific Instrument Industry." *annals of science* 42 (1985): 453–544.

Cunningham, Andrew. *The anatomist anatomis'd:an experimental Discipline in enlighten- ment europe.* Farnham: Ashgate, 2010.

Dackerman, Susan, ed. *Prints and the Pursuit of Knowledge in early Modern europe.* New Haven: Yale University Press, 2011.

Dance, Peter. *shell Collecting: an Illustrated history.* Berkeley: University of California Press, 1966.

280 Dannenfeldt, karl H. "egyptian Mumia: The Sixteenth-Century experience and Debate." *sixteenth Century Journal* 16 (1985): 163–80.

Darnton, robert. *The Business of enlightenment: a Publishing history of the encyclopédie.* Cambridge: Harvard University Press, 1979.

Daston, Lorraine. "Baconian Facts, Academic Civility, and the Prehistory of Objectivity." *annals of scholarship* 8 (1991): 337–63.

Daston, Lorraine. "The Ideal and the reality of the republic of Letters in the enlightenment." *science in Context* 4 (1991): 367–86.

Daston, Lorraine. "Observation." In *Prints and the Pursuit of Knowledge in early Modern europe*, edited by Susan Dackerman, 125–33. New Haven: Yale University Press, 2011.

Daston, Lorraine, and Peter Galison. "The Image of Objectivity." *representations* 40 (1992): 81–128.

Daston, Lorraine, and Peter Galison. *Objectivity.* Cambridge: Zone Books, 2007.

Daston, Lorraine, and katharine Park. *Wonders and the Order of Nature, 1150–1750.* New York: Zone Books, 1998.

Dauser, regina, Stefan Hächler, Michael kempe, Franz Mauelshagen, and Martin Stuber, eds. *Wissenim Netz. Botanik und Pflanzentransfer in europäischen Korrespondenznetzen des 18.Jahrhunderts.* Berlin: Akademie verlag, 2008.

Davenport, William H. "Two kinds of value in the eastern Solomon Islands." In *The social Life of Things: Commodities in Cultural Perspective,* edited by Arjun Appadurai, 95–109. Cambridge: Cambridge University Press, 1986.

David, Paul. "The Historical Origins of 'Open Science': An essay on Patronage, reputation and Common Agency Contracting in the Scientific revolution." *Capitalism and society* 3 (2008).

Davids,C. A. "Beginning entrepreneurs and Municipal Governments in Holland at the Time of the Dutch republic." In *entrepreneurs and entrepreneurship in early Modern Times: Merchants and Industrialists within the Orbit of the Dutch staple Market,* edited by Clé Lesger and Leo Noordegraaf, 167–83.The Hague: Hollandse Historische reeks, 1995.

Davids, C. A. *Zeewezen en wetenschap. De wetenschap ende ontwikkeling vandenaviga-tietechniekin Nederland tussen 1585 en 1815.* Amsterdam: De Bataafsche Leeuw, 1986.

Davids, karel. "Openness or Secrecy? Industrial espionage in the Dutch republic."*Journal of european economic history* 23 (1995): 333–74.

Davids, karel. "Public knowledge and Common Secrets: Secrecy and its Limits in the early Modern Netherlands." *early science and Medicine* 10 (2005): 411–26.

Davids, karel. *The rise and Decline of Dutch Technological Leadership: Technology, economy, and Culture in the Netherlands, 1350–1800.* Leiden: Brill, 2008.

Davis, Natalie Zemon. *Women on the Margins: Three seventeenth-Century Lives*. Cambridge: Harvard University Press, 1995.

Dear, Peter. *Discipline and experience: The Mathematical Way in the scientific revolution*. Chicago: University of Chicago Press, 1995.

281   Dear, Peter. "Totius in verba: rhetoric and Authority in the early royal Society." *Isis 76* (1985): 144–61.

DeJean, Joan. "Lafayette's ellipses: The Privileges of Anonymity." *PMLa 99* (1984): 884–902.

Delbourgo, James. "Listing People." *Isis 103* (2013): 735–42.

Delbourgo, James. "The Newtonian Slave Body: racial enlightenment in the Atlantic World." *atlantic studies 9* (2012): 185–208.

Delbourgo, James. "Sir Hans Sloane's Milk Chocolate and the Whole History of the Cacao." *social Text 29* (2010): 71–101.

Dietz, Bettina. "Mobile Objects: The Space of Shells in eighteenth-Century France." *British Journal for the history of science 39* (2006): 363–82.

Dijksterhuis, Fokko Jan. "'Will the eye Be the Sole Judge?' 'Science' and 'Art' in the Optical Inquiries of Lambert ten kate and Hendrik van Limborch around 1710." *Netherlands Yearbook of art history 61* (2011): 308–30.

Dijksterhuis, Fokko Jan. "Low Country Opticks: The Optical Pursuits of Lambert ten kate and Daniel Fahrenheit in early Dutch 'Newtonianism.'" In *Newton and the Netherlands: how Isaac Newton was Fashioned in the Dutch republic*, edited by eric Jorink and AdMaas, 159–83. Leiden: Leiden University Press, 2012.

Doherty, Francis. *a study in eighteenth-Century advertising Methods: The anodyne Necklace*. Lewiston: edwin Mellen Press, 1992.

Dongelmans, B. P. M. *Nil volentibus arduum: documenten en bronnen*. Utrecht: H & S, 1982.

Doorman, Gerard. *Octrooien voor uitvinding in de Nederlanden uit de 16e-18e eeuw*. The Hague: Martinus Nijhoff, 1940.

Douard, John W. "e.-J. Marey's visual rhetoric and the Graphic Decomposition of the Body." studies in history and Philosophy of science 26 (1995): 175–204.

Douglas, Mary, and Baron Isherwood. The World of Goods: Towards an anthropology of Consumption. New York: Basic Books, 1979.

Driessen-van hetreve,Jozien J. De Kunstkamera van Peter de Grote. De hollandshe inbreng gereconstrueerd uit brieven van albert seba en Johann Daniel schumacher uit dejaren 1711–1752. Hilversum: verloren, 2006.

Druce, George Claridge. The Dillenian herbaria. Oxford: Clarendon Press, 1907.

Dudok van Heel, S. A. C. "ruim honderd advertenties van kunstverkopingen uit de Amsterdamsche Courant, 1712–1725." Jaarboekvan het Genootschap amstelodamum 69 (1977): 107–22.

Dufour, Théophile. recherches bibliographiques sur les oeuvres imprimées de J.J. rousseau. 2 vols. Paris: Giraud-Badin, 1925.

Dumaitre, Paul. La curieuse destinée des planches anatomiques de Gérard de Lairesse, peintre en hollande. Amsterdam: rodopi, 1982.

Dupré, Sven, and Christoph Lüthy, eds. silent Messengers: The Circulation of Material Ob- jects of Knowledge in the early Modern Low Countries. Berlin: LIT Press, 2011.

Dúzs, Sándor. "Hogyan utazott 170 évvelezelőtt a magyar calvinista candidatus." Protes- tánsKépesNaptár (1884): 44–59.

Eamon, William. science and the secrets of Nature: Books of secrets in Medieval and early Modern Culture. Princeton: Princeton University Press, 1994.

Eddy, Matthew D. "Tools for reordering: Commonplacing and the Space of Words in Linnaeus' Philosophia Botanica." Intellectual history review 20 (2010): 227–52.

Egmond, Florike. "A Collection within a Collection: rediscovered Animal Drawings from the Collections of Conrad Gessner and Felix Platter." Journal of the history of Collections 25 (2013): 149–70.

Egmond, Florike. The World of Carolus Clusius: Natural history in the Making, 1550–1610. London: Pickering and Chatto, 2010.

Egmond, Florike, Paul G. Hoftijzer, and robert visser, eds. *Carolus Clusius: Toward a Cultural history of a renaissance Naturalist.* Amsterdam: kNAW, 2007.

Eichholtz, Piet M. A. "A Long run House Price Index: The herengracht Index, 1628 – 1973." *real estate economics* 25 (1997): 175–92.

Eisenstein, elizabeth. *The Printing Press as an agent of Change: Communications and Cul- tural Transformations in early Modern europe.* Cambridge: Cambridge University Press, 1979.

Elkins, James. "Two Conceptions of the Human Form: Bernard Siegfried Albinus and Andreas vesalius." *artibus et historiae* 7 (1986): 91–106.

Ellis, Sir Henry. *Original Letters of eminent Literary Men.* London: Camden Society, 1843.

Enenkel, karl A. e., and Paul J. Smith, eds. *early Modern Zoology: The Construction of animals in science, Literature and the Visualarts.* Leiden: Brill, 2007.

Engel, Hendrick. "The Life of Albert Seba." *svenska Linné-sällsk. Årsskrift* 20 (1937):75–100.

Engel, Hendrick. "The Sale-Catalogue of the Cabinets of Natural History of Albertus Seba (1752): A Curious Document from the Period of naturae curiosi." *Bulletin of the research Council of Israel section B: Zoology* 10 (1961): 119–31.

Epstein, Stephan r. "Craft Guilds, Apprenticeship, and Technological Change in Pre- industrial europe." *Journal of economic history* 58 (1998): 684–713.

Epstein, Stephan r. "Property rights to Technical knowledge in Premodern europe, 1300–1800." *american economic review* 94 (2004): 382–87.

Eskildsen, kasper risbjerg. "exploring the republic of Letters: German Travellers in the Dutch Underground, 1690–1720." In *scientists and scholars in the Field: studies in the history of Fieldwork and expeditions,* edited by kristian H.Ielsen, Michael Harbsmeier, and Christopher J. ries, 101–22. Aarhus: Aarhus University Press, 2012.

Evans,R.J. W., and Alexander Marr, eds. *Curiosity and Wonderfrom the renaissance to the enlightenment. Aldershot: Ashgate, 2006.*

*Fan,Fa-ti."The Global Turn in the History of Science." eastasian science, Technology and
society 6 (2012): 249–58.*

Faust, Ingrid. ZoologischeeinblattdruckeundFlugschriften vor 1800. Stuttgart: 283
Hiersemann,2003.

*Feather, John. Publishing, Piracy and Politics: an historical study of Copyright in Britain.
New York: Mansell, 1994.*

*Febvre, Lucien,and Henri-Jean Martin. The Coming of the Book: The Impact of Printing
1450–1800. London: verso, 1997.*

*Felton, Marie-Claude. "The enlightenment and the Modernization of Authorship." Pa-
pers of the Bibliographical society of america 105 (2011): 439–69.*

*Ferrari, Giovanna. "Public Anatomy Lessons and the Carnival: The Anatomy Theatre of
Bologna." Past and Present 117 (1987): 50–106.*

*Findlen, Paula. Possessing Nature: Museum, Collecting, and scientific Culture in early
Mod- ern Italy. Berkeley: University of California Press, 1994.*

*Fischel, Angela. "Collections, Images and Form in Sixteenth-Century Natural History:
The Case of Conrad Gessner." Intellectual history review 20 (2010): 147–64.*

*Fischel, Angela. Naturim Bild: Zeichnungund Naturerkenntnis bei Conrad Gessner und
ulisse aldrovandi. Berlin: Gebr. Mann, 2009.*

*Fock, Willemijn, ed. het Nederlandse interieur in beeld1600–1900. Zwolle: Waanders,
2001.*

*Fokker, A. A. "Louis de Bils en zijn tijd." Nederlands Tijdschrift voor Geneeskunde 9
(1865): 167–214.*

Foucault, Michel. The Order of Things. London: Tavistock, 2000.

*Fournier, Marian. The Fabric of Life: Microscopy in the seventeenth Century. Baltimore:
Johns Hopkins University Press, 1996.*

*Fournier, Marian. "De microscopische anatomie in Bidloo'sanatomia humani corporis."
Gewina 8 (1985): 187–208.*

Franssen, Maarten. "The Ocular Harpsichord of Louis-Bertrand Castel: The Science and Aesthetics of an eighteenth-Century Cause Célèbre." *Tractrix* 3 (1991): 15–78.

Frasca-Spada, Marina, and Nick Jardine, eds. *Books and the sciences in history.* Cambridge: Cambridge University Press, 2000.

Freedberg, David. *The eye of the Lynx: Galileo, his Friends, and the Beginnings of Modern Natural history.* Chicago: University of Chicago Press, 2002.

Freedberg, David. "Science, Commerce and Art: Neglected Topics at the Junction of History and Art History." *In art in history, history in art. studies in seventeenth-Century Dutch Culture,* edited by David Freedberg and Jan de vries, 377–428. Los Angeles: Getty Center, 1991.

French, roger. *harvey's Natural Philosophy.* Cambridge: Cambridge University Press, 1994.

Frumkin, M. "Les anciens brevets d'invention: Les pays du continent européen au XvIIe siècle." *archives internationales d'histoire des sciences* 7 (1954): 315–23.

Fuhring, Peter. "Gouden Pracht in de Gouden eeuw: een reclameprent voor Amsterdams goudleer." *Bulletin van het rijksmuseum* 49 (2001): 171–78.

Fumaroli, Marc. *La Querelle des anciens et des Modernes, XVIIe-XVIIIe siècles.* Paris: Gal- limard, 2001.

Gaastra, Femme S. *De geschiedenis van de VOC.* Leiden: Walburg Pers, 1991.

Galison, Peter. *how experiments end.* Chicago: University of Chicago Press, 1987.
Galison, Peter. "removing knowledge." *Critical Inquiry* 31 (2004): 145–64.

Garber, Daniel, and Sophie roux, eds. *The Mechanization of Natural Philosophy.* Dordrecht: Springer, 2013.

Gascoigne, Bamber. *Milestones in Colour Printing, 1457–1859.* Cambridge: Cambridge Uni- versity Press, 1997.

Gebhard, J. F., Jr. *het leven van Mr. Nicolaas Cornelisz. Witsen (1641–1717).* Utrecht: J. W. Leeflang, 1882.

Geertz, Clifford. *Local Knowledge: Further essays in Interpretive anthropology.* New

York: Basic Books, 1983.

Gelbart, Nina rattner. The King's Midwife: a history and Mystery of Madame du Coudray. Berkeley: University of California Press, 1998.

Gelderblom, Oscar."From Antwerp to Amsterdam: The Contribution of Merchants from the Southern Netherlands to the rise of the Amsterdam Market." review 26 (2003): 247–82.

Genette, Gérard. Paratexts: Thresholds of Interpretation. Cambridge: Cambridge University Press, 1997.

Givens, Jean Ann, karen reeds, and Alain Touwaide, eds. Visualizing Medieval Medicine and Natural history, 1200–1550. Aldershot: Ashgate, 2006.

Go, Sabine. Marine Insurance in the Netherlands 1600–1870. Amsterdam: Amsterdam Uni- versity Press, 2009.

Goey, Ferry de, and Jan Willem veluwenkamp, eds. entrepreneurs and Institutionsineurope and asia, 1500–2000. Amsterdam: Aksant, 2002.

Goldgar, Anne. Impolite Learning: Conduct and Community in the republic of Letters. New Haven: Yale University Press, 1995.

Goldgar, Anne. Tulipmania: Money, honor, and Knowledge in the Dutch Golden age. Chi- cago: University of Chicago Press, 2007.

Golinski,Jan. science as Public Culture: Chemistry and enlightenment in Britain, 1760–1820. Cambridge: Cambridge University Press, 1992.

Gooding, David, Trevor J. Pinch, and Simon Schaffer, eds. The uses of experiment: studies in the Natural sciences. Cambridge: Cambridge University Press, 1989.

Goodman, Dena. The republic of Letters: a Cultural history of the French enlightenment. Ithaca: Cornell University Press, 1994.

Goose, Nigel. "Immigrants and english economic Development in the Sixteenth and early Seventeenth Centuries." In Immigrants in Tudor and early stuart england, edited by Nigel Goos and Lien Luu, 136–60. Brighton: Sussex Academic Press, 2005.

Gordin, Michael D. "The Importation of Being earnest: The early St. Petersburg Academy of Sciences." *Isis 9 (2000): 1–31.*

Gotzche, Peter C., Jerome P. kassirer, karen L. Woolley, et al. "What Should Be Done to Tackle Ghostwriting in the Medical Literature?" PLOs Medicine 6/2 (2009),122–25.

Gould, Stephen Jay, androsamund Purcell. Finders, Keepers: eight Collectors. New York: W. W. Norton, 1994.

Graeber, David. Toward an anthropological Theory of Value: The False Coin of Our Own Dreams. New York: Palgrave, 2001.

Grafton, Anthony. The Culture of Correction in renaissance europe. London: British Library, 2011.

Grafton, Anthony. Forgers and Critics: Creativity and Duplicity in Western scholarship. Princeton: Princeton University Press, 1990.

Grafton, Anthony."A Sketch Map of a Lost Continent: The republic of Letters." repub- lic of Letters 1 (2009). http://rofl.stanford.edu/node/34.

Grasselli, Margaret Morgan. Colorful Impressions: The Printmaking revolution ineighteenth Century France. Washington: National Gallery of Art, 2003.

Grasseni, Cristina, ed. skilled Visions: Between apprenticeship and standards. Oxford: Berghahn, 2007.

Great Britain Patent Office. Printing Patents:abridgements of Patent specifications relating to Printing, 1617–1857. London: Printing Historical Society, 1969.

Griffiths, Antony. "early Mezzotint Publishing in england—II: Peter Lely, Tompson, and Brown." Print Quarterly 7 (1990): 130–45.

Griffiths, Antony. The Print in stuart Britain 1603–1689. London: British Museum Press, 1998.

Grosslight, Justin. "Small Skills, Big Networks: Marin Mersenne as Mathematical Intelligencer." history of science 51 (2013): 337–74.

Grote, Andreas, ed. Macrocosmos in Microcosmo, die Welt in der stube: zur Geschichte des sammelns, 1450 bis 1800. Opladen: Leske and Budrich, 1994.

Guerrini, Anita. *experimenting with humans and animals: From Galen toanimal rights.* Baltimore: Johns Hopkins University Press, 2003.

Guerrini, Anita. *"The king's Animals and the king's Books: The Illustration for the Paris Academy's histoire des animaux."* annals of science 67 (2010): 383–404.

Guerrini, Anita. *"Perrault,Buffon, and the Natural History of Animals."* Notes and records of the royal society 66 (2012): 393–409.

Guyer,Jane. *Marginal Gains: Monetary Transactions in atlantic africa.* Chicago: University of Chicago Press, 2004.

Haas, Martinus de. *Bossche scholen van 1629 tot 1795.* Den Bosch: Teulings, 1926.

Haase, Wolfgang, ed. *aufstieg und Niedergang der römischen Welt.* New York: W. de Gruyter, 1994.

Habermas, Jürgen. *The structural Transformation of the Public sphere.* Cambridge: MIT Press, 1989.

Hahn, roger. *The anatomy of a scientific Institution: The Paris academy of sciences, 1666– 1803.* Berkeley: University of California Press, 1971.

Hamer-van Duynen, Sophia Wilhelmina. *hieronymus David Gaubius (1705–1780):*   286
Zijn correspondentie met antonio Nunes ribeiro sanchesen andere tijdgenoten. Amsterdam: van Gorcum, 1978.

Hankins, James. *Plato in the renaissance.* Leiden: Brill, 1990.

Hankins,Thomas L., and robert J. Silverman. *Instruments and the Imagination.* Princeton: Princeton University Press, 1999.

Hankinson,r.J. *"Galen'sAnatomical Procedures: A Second-Century Debate in Medical epistemology."* In *aufstieg und Niedergang der römischen Welt,* edited by Wolfgang Haase, 1834–55. New York: W. de Gruyter, 1994.

Hansen,Julie v. *"Galleries of Life and Death: The Anatomy Lesson in Dutch Art, 1603– 1773."* PhD diss., Stanford University, 1996.

Hansen, Julie v. *"resurrecting Death: Anatomical Art in the Cabinet of Dr. Frederik ruysch."* art Bulletin 78 (1996): 663–79.

Harkness, Deborah. *The Jewel house: elizabethan London and the scientific revolution.* New Haven: Yale University Press, 2007.

Harris, Steven J. *"Mapping Jesuit Science: The role of Travel in the Geography of knowledge." In The Jesuits: Cultures, sciences and the arts, 1540–1773, edited by John W. O'Malley, Gauvin Alexander Bailey, and Steven J. Harris, 212–40.* Toronto: University of Toronto Press, 1999.

Hart, Marjolein 't, Joost Jonker, and Jan Luiten van Zanden, eds. a Financial history of the Netherlands. Cambridge: Cambridge University Press, 1997.

Haupt, Herbert, Thea Wilberg-vignau, eva Irblich, and Manfred Staudinger. *Le bestiaire de rodolphe II: Cod. min. 129 et 130 dela Bibliothèque nationaled'autriche.* Paris: Cita- delles, 1990.

Hayden, Cori. *When Nature Goes Public: The Making and unmaking of Bioprospecting in Mexico.* Princeton: Princeton University Press, 2003.

Hayden, ruth. *Mrs. Delany's Flower Collagesfrom the British Museum.* New York: Pierpont Morgan Library, 1986.

Heckscher, William S. *rembrandt's anatomy of Dr. Nicolaas Tulp: an Iconological study.* New York: New York University Press, 1958.

Heesen, Ankete. *"News, Paper, Scissors: Clippings in the Sciences and Arts around 1920." In Things that Talk: Object Lessons from art and science, edited by Lorraine Daston, 297–327.* New York: Zone Books, 2004.

Heijer, Henk den. *De geschiedenis vande WIC.* Zutphen: Walburg, 1994.

Heller, John L. *"The early History of Binomial Nomenclature." huntia 1 (1964): 33–70.*

Heller, John L. *"Linnaeus on Sumptuous Books." Taxon 25 (1976): 33–52.*

Henry, John. *"Occult Qualities and the experimental Philosophy: Active Principles in Pre-Newtonian Matter Theory." history of science 24 (1986): 335–81.*

Herrlinger, robert. *"Bidloo's 'Anatomia'—Prototyp Barocker Illustration?" Gesnerus 23 (1966): 40–47.*

287   Herzfeld, Michael. *The social Production of Indifference: exploring the symbolic roots of*

Western Bureaucracy. Chicago: University of Chicago Press, 1993.

Hilaire-Pérez, Liliane, ed. Les chemins de la nouveauté: Innover, inventer au regard de l'histoire. Paris: editions de CTHS, 2003.

Hilaire-Pérez, Liliane. "Diderot's views on Artists' and Inventors' rights: Invention, Imitation, and reputation." British Journal for the history of science 35 (2002): 129–50.

Hilaire-Pérez, Liliane. L'invention technique au siècle des Lumières. Paris: Albin Michel, 2000.

Hilaire-Pérez, Liliane. "Technology as Public Culture in the eighteenth Century: The Artisan's Legacy." history of science 45 (2007): 135–53.

Hilaire-Pérez, Liliane, and Anne-Françoise Garçon. "'Open Technique' between Community and Individuality in eighteenth-Century France." In entrepreneurs and Institutions in europe and asia, 1500–2000, edited by Ferry de Goey and Jan Willem veluwenkamp, 237–56. Amsterdam: Aksant, 2002.

Hilaire-Pérez, Liliane, and Marie Thébaud-Sorger. "Les techniques dans l'espace public. Publicité des inventions et littérature d'usage au XVIIIe siècle (France, Angleterre)." revue de synthèse 127 (2006): 393–428.

Hillis Miller, J. "The Critic as Host." Critical Inquiry 3 (1977): 439–47.

Hoftijzer, Paul G. engelse Boekverkopers bij de Beurs: De Geschiedenis van de amsterdamse Boekhandels Bruyningenswart, 1637–1724. Amsterdam: APA, 1987.

Hoftijzer, Paul G. "Metropolis of Print: The Amsterdam Book Trade in the Seven- teenth Century." In urban achievement in early Modern europe: Golden ages in an- twerp, amsterdam and London, edited by Patrick O'Brien, Derek keene, Marjolein 't Hart, and Harmen van der Wee, 249–63. Cambridge: Cambridge University Press, 2001.

Hoftijzer, Pail G. Pieter van deraa (1659–1733). Leids drukker en boekverkoper. Hilversum: verloren, 1999.

Holthuis, L. B. "Albert Seba's 'Locupletissimi rerum naturalium thesauri' (1734–1765) and the 'Planches de Seba' (1827–1831)." Zoologische mededelingen 43 (1969): 239–52.

Hopwood, Nick, Simon Schaffer, and Jim Secord, eds. "Seriality and Scientific Objects in the Nineteenth Century." Special issue, history of science 48 (2010).

Hughes, Lindsey. Peter the Great: a Biography. New Haven: Yale University Press, 2002.

Huigen, Siegfried, Jan L. de Jong, and elmer kolfin, eds. The Dutch Trading Companies as Knowledge Networks. Leiden: Brill, 2010.

Huisman, Gerda C. "Inservio studiis Antonii a Dorth vesaliensis: The Many Uses of a Seventeenth-Century Book Sales Catalogue." Quaerendo 41 (2011): 276–85.

Huisman, Tim. The Finger of God: anatomical Practice in 17th Century Leiden. Leiden: Primavera Pers, 2009.

Huisman, Tim. "Squares and Diopters: The Drawing System of a Famous Anatomical Atlas." Tractrix 4 (1992): 1–11.

Hunger, F. W.T. Charles del'escluse (Carolus Clusius): Nederlandsch kruidkundige, 1526– 1609. The Hague: Martinus Nijhoff, 1927.

Hunt, Lynn, Margaret C. Jacob, and Wijnand Mijnhardt. The Book that Changed europe: Picart and Bernard's religious Ceremonies of the World. Cambridge: Harvard Uni- versity Press, 2010.

Hunter, Matthew C. Wicked Intelligence: Visual art and the science of experiment in resto- ration London. Chicago: University of Chicago Press, 2013.

Hunter, Michael, ed. Printed Images in early Modern Britain: essays in Interpretation. Farnham: Ashgate, 2010.

Impey, Oliver, and Arthur Macgregor, eds. The Origins of Museums: The Cabinet of Curiosi- ties in sixteenth and seventeenth Century europe. Oxford: Clarendon Press, 1985.

Isoré, Jacques. "De l'existence des brevets d'invention endroit français avant 1791." revue historique dedroitfrançais et étranger (1937): 94–130.

Israel, Jonathan. Dutch Primacy in World Trade, 1585–1740. Oxford: Clarendon Press, 1989. Ivins, William, Jr. Prints and Visual Communication. Cambridge: Harvard

288

University Press,1953.

Jacob, Margaret. *The Newtonians and the english revolution 1689–1720*. Ithaca: Cornell University Press, 1976.

Jacob, Margaret, and Larry Stewart. *Practical Matter: Newton's science in the service of Industry and empire, 1687–1851*. Cambridge: Harvard University Press, 2006.

Jacobs, Adam, and elizabeth Wager. "european Medical Writers Association (eMWA) Guidelines on the role of Medical Writers in Peer-reviewed Publications." *Current Medical research and Opinion* 21 (2005): 317–21.

Jansma, Jan reinier. *Louis de Bils en de anatomievan zijn tijd*. Hoogeveen: n.p., 1912.

Jardine, Lisa. *Worldly Goods: a New history of the renaissance*. London: Macmillan, 1996.

Jardine, Lisa, and Anthony Grafton. "'Studied for action': How Gabriel Harvey read his Livy." *Past and Present* 129 (1990): 30–78.

Johns, Adrian. *The Nature of the Book: Print and Knowledge in the Making*. Chicago: Uni- versity of Chicago Press, 1998.

Johns, Adrian. *Piracy: The Intellectual Property Warsfrom Gutenberg to Gates*. Chicago: Uni- versity of Chicago Press, 2009.

Johnston, Stephen. "Making Mathematical Practice: Gentlemen, Practitioners and Arti-sans in elizabethan england." PhD diss., Cambridge University, 1994.

Jones, Colin. "The Great Chain of Buying: Medical Advertisement, the Bourgeois Public Sphere and the Origins of the French revolution." *american historical review* 101 (1996): 13–40.

Jones, Matthew. "Matters of Fact." *Modern Intellectual history* 7 (2010): 629–42.

Jones, Matthew. *reckoning with Matter: Calculating Machines, Innovation, and Thinking about Thinking from Pascal To Babbage*. Chicago: University of Chicago Press, forth- coming.

Jorink, eric. *het 'Boeck derNatuere.' Nederlandse geleerden ende wonderen van Gods schep- ping 1575–1715*. Leiden: Primavera Pers, 2006.

Jorink, eric. *reading the Book of Nature in the Dutch Golden age, 1575–1715.* Leiden: Brill, 2010.

Jorink, eric, and AdMaas, eds. *Newton and the Netherlands: how Isaac Newton Was Fash- ioned in the Dutch republic.* Leiden: Leiden University Press, 2012.

Joyce, kelly. "Appealing Images: Magnetic resonance Imaging and the Production of Authoritative knowledge." *social studies of science* 35 (2005): 437–62.

Kaiser, David, kenji Ito, and karl Hall. "Spreading the Tools of Theory: Feynman Diagrams in the United States, Japan, and the Soviet Union." *social studies of science* 34 (2004): 879–922.

Karr-Schmidt, Suzanne. *altered and adorned: using renaissance Prints in Daily Life.* New Haven: Yale University Press, 2011.

Karr-Schmidt, Suzanne. "Art—A User's Guide: Interactive and Sculptural Printmaking in the renaissance." PhD diss., Yale University, 2006.

Keblusek, Marika. *Boeken in dehofstad: haagse boekcultuur in de Gouden eeuw.* Hilversum: verloren, 1997.

Kessler, Herbert L., and Gerhard Wolf, eds. *The holy Face and the Paradox of representa- tion.* Bologna: Unova Alfa editoriale, 1998.

Kinukawa, Tomomi. *art Competes with Nature: Maria sibylla Merian (1647–1717) and the Culture of Natural history.* PhD diss., University of Wisconsin-Madison, 2001.

Kinukawa, Tomomi. "Natural History as entrepreneurship: Maria Sibylla Merian's Cor- respondence with J. G. volkamer II and James Petiver." *archives of Natural history* 28 (2011): 313–27.

Kistemaker, renée, and ellinoor Bergvelt, eds. *De wereld binnen handbereik: Nederlandse kunst- en rariteitenverzamelingen 1585–1735.* Zwolle: Waanders, 1992.

Kistemaker, renée, Natalja kopaneva, and Annemiek Overbeek, eds. *Peter de Groteen holland: Cultureleen wetenschappelijke betrekkingen tussen ruslanden Nederland ten tijde van tsaar Peter de Grote.* Amsterdam: Amsterdam Historisch Museum, 1997.

Kistemaker, renée, NataljaP. kopaneva,D.J. Meijers, and G.v. vilinbakhov, eds. The Paper Museum of the academy of science in st. Petersburg c. 1725–1760. Amsterdam: kNAW, 2004.

Klatte, Gerlinde. "New Documentation for the 'Tenture des Indes' Tapestries in Malta." Burlington Magazine 153 (2011): 464–69.

Klein, Ursula. experiments, Models, Paper Tools: Cultures of Organic Chemistry in the Nine- teenth Century. Stanford: Stanford University Press, 2003.

Klestinec, Cynthia. "Juan valverde de (H)Amusco and Print Culture: The editorial Apparatus in vernacular Anatomy Texts." Zeitsprünge 9 (2005): 78–94.

Klestinec, Cynthia. Theaters of anatomy: students, Teachers, and Traditions of Dissection in renaissance Venice. Baltimore: Johns Hopkins University Press, 2011.

Kloek, Joost, and Wijnand Mijnhardt, eds. Dutch Culture in a european Perspective: 1800, Blueprints for a National Community. Assen: van Gorcum, 2004.

Knaap, GerritJ. Kruidnagelen en Christenen. De Verenigde Oost-Indische Compagnie ende bevolking vanambon 1656–1696. Dordrecht: Foris, 1987.

Knoeff, rina. "Chemistry, Mechanics and the Making of Anatomical knowledge: Boerhaave vs. ruysch on the Nature of Glands." ambix 53 (2006): 201–19.

Knoeff, rina. hermann Boerhaave (1668–1738): Calvinist Chemist and Physician. Amster- dam: kNAW, 2002.

Knoeff, rina. "How Newtonian Was Hermann Boerhaave?" In Newton and the Netherlands: how Isaac Newton Was Fashioned in the Dutch republic, edited by eric Jorink and AdMaas, 93–112. Leiden: Leiden University Press, 2012.

Knoeff, rina. "Over 'het kunstige, toch verderfelyke gestel.'een cultuurhistorische interpretatie van Bidloos anatomische atlas." Gewina 26 (2003): 189–202.

Knoeff, rina. "The visitor's view: early Modern Tourism and the Polyvalence of Ana- tomical exhibits." In Centres and Cycles of accumulation in and around the Netherlands, edited by Lissa roberts, 155–76. Berlin: LIT Press, 2011.

Knoppers, Jake. "The visits of Peter the Great to the United Provinces in 1697–98 and

1716–17 as Seen in Light of the Dutch Sources." Master's thesis, McGill University, 1969.

Koerner, Joseph Leo. The Moment of self-Portraiture in German renaissance art. Chicago: University of Chicago Press, 1993.

Koerner, Lisbet. Linnaeus: Nature and Nation. Cambridge: Harvard University Press, 1999.

Koldeweij, e. F. "Goudleer in de republiek der zeven verenigde Provincien. Nationale ontwikkelingen ende europese context." PhD diss., Leiden University, 1996.

Koldeweij, e. F. "The Marketing of Gilt Leather in Seventeenth-Century Holland." Print Quarterly 13 (1996): 136–48.

Kooijmans, Luuc. Death Defied: The anatomy Lessons of Frederik ruysch. Leiden: Brill, 2011.

Kooijmans, Luuc. De doodskunstenaar. Amsterdam: Bert Bakker, 2004.

Kooijmans, Luuc. Gevaarlijke kennis. Inzichten angst in dedagen van Jan swammerdam. Amsterdam: Bert Bakker, 2007.

Kooijmans, Luuc. het orakel. De mandie de geneeskunde opnieuw uitvond: hermann Boer- haave (1668–1738). Amsterdam: Balans, 2011.

Kooijmans, Luuc. "rachel ruysch." In Digitaal Vrouwenlexicon van Nederland, 2004. http://www.inghist.nl/Onderzoek/Projecten/DvN/lemmata/data/ruysch%20rachel.

Kopytoff, Igor. "The Cultural Biography of Things: Commoditizationas Process." In The social Life of Things: Commodities in Cultural Perspective, edited by Arjun Appadurai, 64–94. Cambridge: Cambridge University Press, 1986.

Krivatsy, Peter. "Le Blon's Anatomical Color engravings." Journal of the history of Medicine and allied sciences 23 (1968): 153–58.

Krul,r. "Govard Bidloo." haagsch Jaarboekje 2 (1890): 49–75.

291 *Kuryluk,ewa. Veronica and her Cloth: history, symbolism, and structure of a "True" Image. Cambridge: B. Blackwell, 1991.*

Kusukawa, Sachiko. "The historia piscium (1686)." Notes and records of the royal society 54 (2000): 179–97.

Kusukawa, Sachiko. "Leonhard Fuchs on the Importance of Pictures." Journal of the history of Ideas 58 (1997): 403–27.

Kusukawa, Sachiko. Picturing the Book of Nature: Image, Text, and argument in human anatomy and Medical Botany. Chicago: University of Chicago Press, 2012.

Kusukawa, Sachiko. "The Sources of Gessner's Pictures for the historiae animalium." annals of science 67 (2010): 303–28.

Kusukawa, Sachiko. "The Uses of Pictures in Printed Books: The Case of Clusius' exoticorum libri decem." In Carolus Clusius: Toward a Cultural history of a renaissance Naturalist, edited by Florike egmond, Paul G. Hoftijzer, and robert visser, 221–46. Amsterdam: kNAW, 2007.

Kusukawa, Sachiko, and Ian Maclean, eds. Transmitting Knowledge: Words, Images, and Instruments. Oxford: Oxford University Press, 2006.

Laird, Mark. Mrs. Delany and her Circle. New Haven: Yale Center for British Art, 2009.

Landau, David, and Peter W. Parshall. The renaissance Print: 1470–1550. NewHaven: Yale University Press, 1996.

Landwehr, John. studies in Dutch Books with Coloured Plates Published 1662–1875. The Hague: Junk, 1976.

Lankester, edwin. The Correspondence of John ray. New York: Arno Press, 1975.

Latour, Bruno. "Drawing Things Together." In representations in scientific Practice, edited by Michael Lynch and Steve Woolgar, 20–69. Cambridge: MIT Press, 1990.

Latour, Bruno, and Steve Woolgar. Laboratory Life: The social Construction of scientific Facts. Beverly Hills: Sage, 1979.

Lavezzi, elisabeth. "Peinture etsavoirs scientifiques: lecas des Observations surlaPeinture (1753) de Jacques Gautier d'Agoty." Dix-huitièmesiècle 31 (1999): 233–47.

Law, John. "Notes on the Theory of the Actor-Network: Ordering, Strategy and Heterogeneity." systems Practice 5 (1992): 379–93.

Lederer, Susan e. Flesh and Blood: Organ Transplantation and Blood Transfusion in Twentieth-Century america. Oxford: Oxford University Press, 2008.

Lee, J. Patrick. "The Apocryphal voltaire: Problems in the voltairean Canon." In The enterprise of enlightenment: a Tribute to David Williams from his Friends, edited by Terry Pratt and David McCallam, 265–74. Bern: Peter Lang, 2004.

Lefèvre, Wolfgang, ed. Picturing Machines 1400–1700. Cambridge: MIT Press, 2004.

Lefèvre, Wolfgang, Jürgen renn, and Urs Schoepflin, eds. The Power of Images in early Modern science. Basel: Birkhäuser, 2003.

Lemmink,J. Ph. S., and J. S. A. M. van koningsbrugge, eds. Baltic affairs: relations between the Netherlands and North-eastern europe 1500–1800. Nijmegen: Instituut voor Noord- en Oosteuropese Studies, 1990.

Leonhard, karin. "Shell Collecting. On 17th-Century Conchology, Curiosity Cabinets and Still Life Painting." In early Modern Zoology: The Construction of animals in science, Literature and the Visual arts, edited by karl A. e. enenkel and Paul J. Smith, 177–214. Leiden: Brill, 2007.

Leonhard, karin, and robert Felfe. Lochmuster und Linienspiel: Überlegungen zur Druckgraphik des 17.Jahrhunderts. Freiburg: rombach, 2006.

Lesger, Clé. "The Printing Press and the rise of the Amsterdam Information exchange around 1600." In Creating Globalhistory from asian Perspectives: Proceedings of Global history Workshop: Cross-regional Chains in Globalhistory: europe-asia Interface through Commodity and Information Flows, edited S. Akita, 87–102. Osaka: Osaka University, 2006.

Lesger, Clé. The rise of the amsterdam Market and Information exchange: Merchants, Com- mercial expansion and Change in the spatial economy of the Low Countries,c. 1550–1630. Aldershot: Ashgate, 2006.

Levine,Joseph M. The Battle of the Books: history and Literature in the augustan age. Ithaca: Cornell University Press, 1991.

Licoppe, Christian. "The Crystallization of a New Narrative Form in experimental reports (1660–1690): The experimental evidence as a Transaction between Philosophical knowledge and Aristocratic Power." science in Context 7 (1994): 205–44.

Lilien, Otto M. Jacob Christoph Le Blon, 1667–1741: Inventor of Three- and Four-Colour Printing. Stuttgart: A. Hiersemann, 1985.

Lincoln, evelyn. The Invention of the Italian renaissance Printmaker. New Haven: Yale University Press, 2000.

Lindeboom, Gerrit A. "Boerhaave as Author and editor." Bulletin of the Medical Library association 62 (1974): 137–48.

Lindeboom, GerritA., ed. Boerhaave's Letters. Leiden: Brill, 1962.

Lindeboom, Gerrit A. Geschiedenis van de medische wetenschap in Nederland. Bussum: Fibula—van Dishoeck, 1972.

Lindeboom, Gerrit A. hermann Boerhaave: The Man and his Work. 2nd ed. rotterdam: erasmus, 2007.

Lindeboom, GerritA. het Cabinet van Jan swammerdam. Amsterdam: rodopi, 1980.

Lindeboom, Gerrit A., ed. The Letters of Jan swammerdam to Melchisedec Thévenot. Am- sterdam: Swets & Zeitlinger, 1975.

Linney, verna Lillian. "The Flora Delanica: Mary Delany and Women's Art, Science and Friendship in eighteenth- Century england." PhD diss., York University, 1999.

Little, Patrick. "Uncovering a Protectoral Stud: Horses and Horse-Breeding at the Court of Oliver Cromwell, 1653–8." historical research 82 (2009): 252–67.

Logdberg, L. "Being the Ghost in the Machine." PLOs Medicine 8/8 (2011): e1001071.

Long, Pamela O. "Invention, Secrecy, Theft: Meaning and Context in Late Medieval Technical Transmission." history and Technology 16 (2000): 223–41.

Long, Pamela O. Openness, secrecy, authorship: Technicalarts and the Culture of Knowledge from antiquity through renaissance. Baltimore: Johns Hopkins University Press, 2001.

Loveland, Jeff. rhetoric and Naturalhistory: Buffon in Polemical and Literary Context. Ox- ford: voltaire Foundation, 2001.

293

Lowengard, Sarah. *The Creation of Color in eighteenth Century europe*. New York: Gutenberg-e, 2006.

Lux, David S. *Patronage and royal science in seventeenth-Century France: The académie de Physique in Caen*. Ithaca: Cornell University Press, 1989.

Luyendijk-elshout,A. M."'Ander klaue erkennt mandenLöwen,'aus den Sammlungen des Frederik ruysch." In *Macrocosmos in Microcosmo, die Welt in der stube: zur Geschichte des sammelns, 1450 bis 1800*, edited by Andreas Grote, 643–60. Opladen: Leske and Budrich, 1994.

Maclean, Ian. *scholarship, Commerce, religion: The Learned Book in the age of Confessions, 1560–1630*. Cambridge: Harvard University Press, 2012.

MacLeod, Christine. *Inventing the Industrial revolution: The english Patent system, 1660 – 1800*. Cambridge: Cambridge University Press, 1988.

Mączak, Antoni. *Travel in early Modern europe*. Cambridge: Polity Press, 1995.

Maerker, Anna. "Handwerker, Wissenschaftler und die Produktion anatomischer Modelle in Florenz, 1775–1790." *Zeitsprünge* 9 (2005): 101–16.

Maerker, Anna. *Model experts: Waxanatomies and enlightenment in Florence and Vienna, 1775–1815*. Manchester: Manchester University Press, 2011.

Malinowski, Bronisław. *argonauts of the Western Pacific: an account of Native enterprise and adventure in the archipelagoes of Melanesian New Guinea*. London: routledge, 1922.

Marchand, Patrick. *Le maître de poste et le messager. une histoire du transport public en France au temps du cheval 1700 –1850*. Paris: Belin, 2006.

Margócsy, Dániel. "The Fuzzy Metrics of Money: The Finances of Travel and the reception of Curiosities in early Modern europe." *annals of science* 70 (2013).

Margócsy, Dániel. "A komáromi Csipkés Biblia Leidenben." *Magyar Könyvszemle* 124 (2008): 15–26.

Marr, Alexander. *Between raphael and Galileo: Mutio Oddi and the Mathematical Culture of the Late renaissance*. Chicago: University of Chicago Press, 2011.

Marx, karl. "Formal and real Subsumption of Labour under Capital. Transitional Forms." In The Production Process of Capital. economic Manuscripts of 1861–3, edited by karl Marx. 2002. www.marxists.org.

Mason, Peter. Infelicities: representations of the exotic. Baltimore: Johns Hopkins University Press, 1998.

Mauss, Marcel. essai sur ledon,forme et raison del'échangedans les sociétésarchaiques. Paris: Alcan, 1925.

Mazzolini, renato G. "Plastic Anatomies and Artificial Dissections." In Models: The Third Dimension of science, edited by Soraya de Chadarevian and Nick Hopwood, 43–70. Stanford: Stanford University Press, 2004.

McClellan,James e. science reorganized: scientific societies in the eighteenth Century, New York: Columbia University Press, 1985.

McGee, David. "The Origin of early Modern Machine Design." In Picturing Machines 1400–1700, edited by Wolfgang Lefèvre, 53–87. Cambridge: MIT Press, 2004.

Meli, Domenico Bertoloni. "Blood, Monsters and Necessity in Malpighi's De polypocordis." Medical history 45 (2001): 511–22.

Meli, Domenico Bertoloni, ed. Marcello Malpighi, anatomist and Physician. Florence: Olschki, 1997.

Meli, Domenico Bertoloni. Mechanism, experiment, Disease: Marcello Malpighi and seventeenth-Century anatomy. Baltimore: Johns Hopkins University Press, 2011.

Meli, Domenico Bertoloni. "The representation of Insects in the Seventeenth Century: A Comparative Approach." annals of science 67 (2010): 405–29.

Meli, Domenico Bertoloni, and Anita Guerrini, eds. "The representation of Animals in the early Modern Period." Special issue, annals of science 67/3 (2010).

Merriman, Daniel. "A rare Manuscript Addingto Our knowledge of the Work of Peter Artedi." Copeia 2 (1941): 66–69.

Merton, robert. "The reward System of Science." In On social structure and science, edited by Piotr Sztompka, 286–304. Chicago: University of Chicago Press, 1996.

294

Merton, robert. "Science and Technology in a Democratic Order." Journal of Legal and Political sociology 1 (1942): 115–26.

Messbarger, rebecca. The Lady anatomist: The Life and Work of anna MorandiManzolini. Chicago: University of Chicago Press, 2010.

Miedema,Hessel. Denkbeeldigschoon: Lambert ten Kates opvattingen over beeldende kunst. Leiden: Primavera Pers, 2006.

Miedema, Hessel. "Lambert ten kate in Correspondence with Hendrick van Limborch." simiolus 35 (2011): 174–87.

Miedema, Hessel. "Newtonismus und wissenschaftliches kunstideal." In holland nach rembrandt: Zur niederländischen Kunst zwischen 1670 und 1750, edited by ekkerhard Mai, 119–32. Cologne: Böhlau, 2006.

Miedema, Hessel. "een tienduizendstevan een rijnlandsevoet." In De verbeelde wereld. Liber amicorum voor Boudewijn Bakker, edited by Jaap evert Abrahamse, 199–202. Bus-sum: Thoth, 2008.

Mijnhardt, Wijnand. Tot heil van 't Menschdom. Culturele genootschappen in Nederland, 1750–1815. Amsterdam: rodopi, 1987.

Miller, Daniel.a Theory of shopping. Ithaca: Cornell University Press, 1998.

Miller, David Philip, and Peter Hans reill, eds. Visions of empire: Voyages, Botany, and representations of Nature. Cambridge: Cambridge University Press, 1996.

Miller, Peter N. Peiresc's europe: Learning and Virtue in the seventeenth Century. New Ha- ven: Yale University Press, 2000.

Mirto, Alfonso, and H.Th. van veen. Pieter Blaeu: Letters to Florentines. Amsterdam: APA, 1993.

Mokyr, Joel. The Gifts of athena: historical Origins of the Knowledge economy. Princeton: Princeton University Press, 2002.

Mokyr,Joel."The Intellectual Origins of Modern economic Growth."Journal of economic history 55 (2005): 285–351.

Mokyr, Joel. "knowledge, enlightenment, and the Industrial revolution: reflections on The

Gifts of athena." history of science 45 (2007): 185–96.

Mokyr, Joel. "The Market for Ideas and the Origins of economic Growth in eighteenth Century europe." Tijdschrift voor sociale eneconomische Geschiedenis 4 (2007): 1–39.

Molhuysen, Philip Christiaan. Bronnen tot de geschiedenis der Leidsche universiteit. 1574–1811.The Hague: Martinus Nijhoff, 1913–24.

Montias, John Michael. art at auction in 17th Century amsterdam. Amsterdam: Amsterdam University Press, 2003.

Montias, John Michael. artists and artisans in Delft: a socio-economic study of the seventeenth Century. Princeton: Princeton University Press, 2002.

Moran, Bruce T. Patronage andInstitutions: science, Technology, and Medicine at the euro- pean Court, 1500–1750. rochester: Boydell Press, 1991.

Müller-Wille, Staffan. "Collection and Collation: Theory and Practice of Linnaean Botany." studies in history and Philosophy of Biological and Biomedical sciences 38 (2007): 541–62.

Müller-Wille, Staffan. "Systems and How Linnaeus Looked at Them in retrospect." annals of science 70 (2013).

Müller-Wille, Staffan. "Walnut Trees in Hudson Bay, Coral reefs in Gotland: Linnean Botany and Its relation to Colonialism." In Colonial Botany: science, Commerce and Politics in the early Modern World, edited by Londa Schiebinger and Claudia Swan, 34–48. Philadelphia: University of Pennsylvania Press, 2005.

Myers, robin, Michael Harris, and Giles Mandelbrote, eds. Booksfor sale: Theadvertising and Promotion of Print since the Fifteenth Century. New Castle: Oak knoll Press, 2009.

Neri, Janice. The Insect and the Image: Visualizing Nature in early Modern europe, 1500 – 1700. Minneapolis: University of Minnesota Press, 2011.

Nickelsen, kärin. "The Challenge of Colour: eighteenth-Century Botanists and the Hand-Colouring of Illustrations." annals of science 63 (2006): 3–23.

Nickelsen, kärin. "Botanists, Draughtsmen and Nature: Constructing eighteenth-

Century Botanical Illustrations." studies in history and Philosophy of Biology and Bio-medical sciences 37 (2006): 1–25.

Niekrasz, Carmen. Woven Theaters of Nature: Flemish Tapestry and Natural history, 1550–1600. PhD diss., Northwestern University, 2007.

O'Brien, Patrick, Derek keene, Marjolein 't Hart, and Harmen van der Wee, eds. urban achievement in early Modern europe: Goldenages in antwerp, amsterdam and London. Cambridge: Cambridge University Press, 2001.

O'Connor, erin. "embodied knowledge: The experience of Meaning and the Struggle towards Proficiency in Glassblowing." ethnography 6 (2005): 183–204.

Ogilvie, Brian W. "encyclopaedism in renaissance Botany: From historia to Pinax." In Pre-Modern encyclopedic Texts: Proceedings of the second Comers Congress, edited by Peter Brinkley, 89–99. Leiden: Brill, 1997.

Ogilvie, Brian W. "Image and Text in Natural History, 1500–1700." In The Power of Images in early Modern science, edited by Wolfgang Lefèvre, Jürgen renn, and Urs Schoepflin, 141–66. Basel: Birkhäuser, 2003.

Ogilvie, Brian W. "Nature's Bible: Insects in Seventeenth-Century european Art and Science." Tidsskriftfor kulturforskning 7 (2008): 5–21.

Ogilvie, Brian W. The science of Describing: Natural history in renaissance europe. Chicago: University of Chicago Press, 2006.

O'Malley, Charles Donald. andreas Vesalius of Brussels, 1514–1564. Berkeley: University of California Press, 1964.

O'Neill, Jean. Peter Collinson and the eighteenth-Century Natural history exchange. Phila- delphia: American Philosophical Society, 2008.

Orenstein, Nadine M. hendrick hondius and the Business of Prints in seventeenth-Century holland. rotterdam: Sound & vision, 1996.

Oreskes, Naomi, and erik Conway. Merchants of Doubt: how ahandful of scientists Obscured the Truth on Issuesfrom Tobacco smoke to Global Warming. New York: Bloomsbury, 2010.

Otterspeer, Willem. *Groepsportret met dame II. De vesting vande macht: deLeidse univer- siteit, 1673–1775.* Amsterdam: Bert Bakker, 2002.

Overvoorde, J. C. *Geschiedenis van het postwezen in Nederland voor 1795.* Leiden: Sijthoff, 1902.

Palm, Lodewijk C., and H. A. M. Snelders, eds. *antonivan Leeuwenhoek 1632–1723: studies on the Life and Work of the Delft scientist.* Amsterdam: rodopi, 1982.

Panofsky, erwin. "The History of the Theory of Human Proportions as a reflection of the History of Styles." In *Meaning in the Visualarts,* edited by erwin Panofsky, 55–107. New York, Doubleday, 1955.

Park, katharine. *secrets of Women: Gender, Generation, and the Origins of human Dissection.* New York: Zone Books, 2006.

Parshall, Peter. "'Imago contrafacta.'Images and Facts in the Northern renaissance." *art history* 16 (1993): 554–79.

Paulmier, C. S. Le. *L'orviétan: histoire d'unefamille de charlatans duPont-Neuf auxXVIIe et XVIIIesiècles.* Paris: Librairie illustrée, 1893.

Peck, robert McCracken. "Alcohol and Arsenic, Pepper and Pitch: Brief Histories of Preservation Techniques." In *stuffing Birds, Pressing Plants, shaping Knowledge,* edited by Sue Ann Prince, 27–54. Philadelphia: American Philosophical Society, 2003.

Peck, robert McCracken. "Preserving Nature for Study and Display." In *stuffing Birds, Pressing Plants, shaping Knowledge,* edited by Sue Ann Prince, 11–26. Philadelphia: American Philosophical Society, 2003.

Pelling, Margaret. *Medical Conflicts in early Modern London: Patronage, Physicians, and Irregular Practitioners 1550–1640.* Oxford: Oxford University Press, 2003.

Peters, Marion. *De wijze koopman: het wereldwijde onderzoekvan Nicolaes Witsen (1641–1717), burgemeester en VOC-bewindhebber van amsterdam.* Amsterdam: Bakker, 2010.

Pettegree, Andrew. *The Book in the renaissance.* New Haven: Yale University Press,

2010.

Pettegree, Andrew. "'Thirty Years On': Progress towards Integration amongst the Immigrant Population of elizabethan London." In english rural society, 1500–1800: es- says in honour of Joan Thirsk, edited by J. Chartres and D. Hey, 297–312. Cambridge: Cambridge University Press, 1990.

Pieters, Florence F.J. M. "The Menagerie of 'the White elephant' in Amsterdam, with Some Notes on Other 17th and 18th Century Menageries in the Netherlands." In Die Kulturgeschicte des Zoos, edited by Lothar Dittrich, Dietrich von engelhardt, and An- nelorerieke-Müller, 47–66. Berlin: vMB, 2001.

Pieters, Florence F.J. M. "Natura artis magistra: Linnaeus en natuurhistorische prachtwerken." In aap, vis, boek: Linnaeus in de artis bibliotheek, edited by Pietverkruijsse and Chinglin kwa, 63–79. Zwolle: Waanders, 2007.

Piñon, Laurent. "Conrad Gessner and the Historical Depth of renaissance Natural History." In historia: empiricism and erudition in early Modern europe, edited by Gianna Pomataand Nancy Siraisi, 241–68. Cambridge: MIT Press, 2005.

Piñon, Laurent. Livres de zoologie. Paris: klincksieck, 2000.

Pissarro, Orovida C. "Prince rupert and the Invention of Mezzotint." Walpole society 36 (1956–58): 1–10.

Polányi,Michael. Personal Knowledge: Towards a Post-Critical Philosophy. Chicago: Uni- versity of Chicago Press, 1974.

Pomiań, krzysztof. Collectors and Curiosities: Paris and Venice, 1500–1800. London: Polity Press, 1990.

Pon, Lisa. raphael, Dürer, and Marcantonio raimondi: Copying and the Italian renaissance Print. New Haven: Yale University Press, 2004.

Poovey, Mary.a history of the Modern Fact: Problems of Knowledge in the sciences of Wealth and society. Chicago: University of Chicago Press, 1998.

Popplow, Marcus. "Why Draw Pictures of Machines: The Social Context of early Modern Machine Drawings." In Picturing Machines 1400–1700, edited by

Wolfgang Lefèvre, 17–48. Cambridge: MIT Press, 2004.

Postma, Johannes. The Dutch in the atlantic slave Trade. Cambridge: Cambridge Univer- sity Press, 1990.

Pottage, Alan, and Brad Sherman. Figures of Invention: a history of Modern Patent Law. Oxford: Oxford University Press, 2011.

Powers, John C. Inventing Chemistry: hermann Boerhaave and the reform of the Chemical arts. Chicago: University of Chicago Press, 2012.

Prak, Maarten. The Dutch republic in the seventeenth Century: The Goldenage. Cambridge: Cambridge University Press, 2005.

Prak, Maarten. Painters, Guilds, and the Art Market in the Dutch Golden Age." In   298 Guilds,Innovation, and the european economy, 1400–1800, edited by Maarten Prak and Stephan R. Epstein, 143–71 . Cambridge: Cambridge University Press,2008.

Prak, Maarten, and Stephan R. Epstein, eds. Guilds, Innovation, and the european econ- omy, 1400–1800. Cambridge: Cambridge University Press, 2008.

Pranghofer, Sebastian. It could be seen more clearly in Unreasonable Animals than in Humans :   e Representation of the Rete Mirabile in Early Modern Anatomy. Medi- cal history 53 (2009): 561–86.

Prince, Sue Ann, ed. stuffing Birds, Pressing Plants, shaping Knowledge. Philadelphia: American Philosophical Society, 2003.

Proctor, Robert N., and Londa Schiebinger, eds.agnotology: The Making and unmaking of Ignorance. Stanford: Stanford University Press, 2008.

Pumphrey, Stephen. Science and Patronage in England, 1570–1625: A Preliminary Study. History of science 42 (2004): 137–88.

Punt, Hendrick. Bernard siegfried albinus (1697–1770), "On human Nature": anatomical and Physiological Ideas in eighteenth Century Leiden. Amsterdam: B. M. Israel, 1983.

Quinn, Stephen, and William Roberds. An Economic Explanation of the Early Bank of Amsterdam: Debasement,Bills of Exchange, and the Emergence of the First Central

Bank. *In The Origin and Development of Financial Markets and Institutions from the seventeenth Century to the Present*, edited by Jeremy Atack and Larry Neal, 32–70. Cambridge: Cambridge University Press, 2009.

Rabinovitch, Oded. *Anonymat et carrières littéraires au XVIIe siècle : Charles Perrault entre anonymat et revendication. Littératures classiques* 80 (2013): 87–104.

Radin, Margaret Jane. *Contested Commodities*. Cambridge: Harvard University Press, 1996. Radnóti, Sándor. *The Fake: Forgery and Its Place in art*. Lanham: Rowman and Little eld, 1999.

Radzjoen, Anna. *De anatomische collectie van Frederik Ruysch in Sint-Petersburg. "In Peter de Grote en holland: Cultureleen wetenschappelijke betrekkingen tussen rusland en Nederland ten tijde van tsaar Peter de Grote*, edited by Renée Kistemaker, Natalja Kopa- neva, and Annemiek Overbeek, 47–54. Amsterdam: Amsterdam Historisch Museum, 1997.

Rafalska-Łasocha, Alicja, Wieslaw Łasocha, and Anna Jasińska. *"Cold Light in the Paint- ing Group Portrait in the Chemist's house. In The Global and the Local: The history of science and the Cultural Integration of europe*, edited by M. Kokowski, 969–72. Cracow: Polish Academy of Arts and Sciences, 2006.

Raj, Kapil. *relocating Modern science: Circulation and the Construction of Knowledge in south asia and europe, 1650–1900*. New York: Macmillan, 2007.

Rankin, Alisha. *Becoming an Expert Practitioner: Court Experimentalism and the Medical Skills of Anna of Saxony (1532–1585)." Isis* 98 (2007): 23–52.

Rankin, Alisha. *Panaceia's Daughters: Noblewomen as healers in early Modern Germany*. Chicago: University of Chicago Press, 2013.

Rankin, Alisha, and elaine Long, eds. *secrets and Knowledge in Medicine and science 1500 – 1800*. Aldershot: Ashgate, 2011.

Ratcliff, Marc. *"Abraham Trembley's Strategy of Generosity and the Scope of Celebrity in the Mid-eighteenth Century." Isis* 95 (2004): 555–75.

Ratcliff, Marc. *The Quest for the Invisible: Microscopy in the enlightenment*. Aldershot:

Ash- gate, 2009.

Raven, Charles e.John ray, Naturalist: his Life and Works. Cambridge: Cambridge University Press, 1942.

Reddy, William M. "The Structure of a Cultural Crisis: Thinking about Cloth in France before and after the revolution." In The social Life of Things: Commodities in Cultural Perspective, edited by Arjun Appadurai, 261–84. Cambridge: Cambridge University Press, 1988.

Reeds, karen. Botany in Medieval and renaissance universities. New York: Garland,1991.

Reeds, karen. "Leonardo da vinci and Botanical Illustration: Nature Prints, Drawings, and Woodcuts ca. 1500." In Visualizing Medieval Medicine and Naturalhistory, 1200 – 1550, edited by Jean Ann Givens, karen reeds, and Alain Touwaide, 205–38. Aldershot: Ashgate, 2006.

Reitsma,ella. Merian and Daughters: Women of art and science. Los Angeles: J. Paul Getty Museum, 2008.

Renn, Jürgen, ed. Galileo in Context. Cambridge: Cambridge University Press, 2001.

Rheinberger, Hans-Jörg. "Die evidenz des Präparates." In experimente: Praktiken der evidenzproduktion im 17.Jahrhundert, edited by Herlmar Schramm, Ludger Schwarte, and Jan Lazardzig, 1–17. Berlin: de Gruyter, 2006.

Rheinberger, Hans-Jörg. "Präparate—Bilder ihrer selbst. eine bildtheoretische Glosse." In Oberflächender Theorie, edited by Horst Bredekamp and G. Werner, 9–19. Berlin: Akademie verlag, 2003.

Ridley, Glynis, ed. "Animals in the eighteenth Century." Special issue, Journal for eighteenth-Century studies 33/4 (2010).

Ridley, Glynis. "Introduction: representing Animals." Journal for eighteenth-Century studies 33/4 (2010): 431–36.

Riskin, Jessica. "The Defecating Duck, or, the Ambiguous Origins of Artificial Life." Critical Inquiry 20 (2003): 599–633.

Robbins, Louise e. elephant slaves and Pampered Parrots: exotic animals in eighteenth-Century Paris. Baltimore: Johns Hopkins University Press, 2002.

Roberts, Lissa, ed. Centres and Cycles of accumulation in and around the Netherlands during the early Modern Period. Berlin: LIT Press, 2011.

Roberts, Lissa,Simon Schaffer, and Peter Dear, eds. The Mindful hand: Inquiry and Inven- tion from the Late renaissance to early Industrialization. Amsterdam: kNAW, 2007.

Roche, Daniel.humeurs vagabondes. De la circulation des hommes et del'utilité des voyages. Paris: Fayard, 2003.

300 Roche, Daniel. Le siècle des Lumières en province: académies et académiciens provinciaux, 1680–1789. Paris: Mouton, 1978.

Rodari, Florian. anatomie dela couleur: l'invention del'estampeen couleurs. Paris: Bibliothèque nationale de France, 1996.

Roger, Jacques. Buffon: a Life in Naturalhistory. Ithaca: Cornell University Press, 1997. ronell,Avital. Dictations: haunted Writing. Bloomington: Indiana University Press, 1986.

Roos, Anna Marie."The Art of Science: A rediscovery of the Lister Copperplates." Notes and records of the royal society 60 (2012): 19–40.

Roos, Anna Marie. Web of Nature: Martin Lister (1639–1712): The First arachnologist. Leiden: Brill, 2011.

Rose, Mark. authors and Owners: The Invention of Copyright. Cambridge: Harvard Uni- versity Press, 1993.

Ross, Joseph S., kevin P. Hill, David S. egilman, and Harlan M. krumholz. "Guest Authorship and Ghostwriting in Publications related to rofecoxib." Journal of the american Medicalassociation 299 (2008): 1800–1812.

Rowell, Margery. "Linnaeus and Botanists in eighteenth-Century russia." Taxon 29 (1980): 15–26.

Rudwick, Martin J. S. Bursting the Limits of Time: The reconstruction of Geohistory in the age of revolution. Chicago: University of Chicago Press, 2005.

Ruestow, edgar. The Microscope in the Dutch republic: The shaping of Discovery. Cambridge: Cambridge University Press, 1996.

Rupp,Jan C. C. "The New Science and the Public Sphere in the Premodern era." science in Context 8 (1995): 487–507.

Rupp,Jan C. C."Theatra anatomica: culturele centrain het Nederland van dezeventiende eeuw." In De productie, distributie enconsumptie van cultuur, edited by Wijnand Mijn- hardt and Joost kloek, 13–36. Amsterdam: rodopi, 1991.

Schaffer, Simon. "enlightened Automata." In The sciences in enlightened europe, edited by William Clark, Jan Golinski, and Simon Schaffer, 126–68. Chicago: University of Chicago Press, 1999.

Schaffer, Simon. "Glass Works: Newton's Prisms and the Uses of experiment." In The uses of experiment: studies in the Naturalsciences, edited by David Gooding,Trevor J. Pinch, and Simon Schaffer, 67–104. Cambridge: Cambridge University Press, 1989.

Schaffer, Simon. "A Science Whose Business Is Bursting: Soap Bubbles as Commodities in Classical Physics." In Things that Talk: Object Lessons from art and science, edited by Lorraine Daston, 147–92. New York: Zone Books, 2004.

Schaffer, Simon, Lissa roberts, kapil raj, and James Delbourgo, eds. The Brokered World: Go-Betweens and Global Intelligence, 1770–1820. Sagamore Beach: Science History Publications, 2009.

Scharf, SaraT. "Identification keys, the 'Natural Method,'and the Development of Plant Identification Manuals." Journal of the history of Biology 42 (2009): 73–117.

Scheller, r. W. "rembrandt ende encyclopedische kunstkamer." Oud-holland 84 (1969): 301 81–147.

Scheltema, Peter. het leven van Frederik ruysch. Sliedrecht: Gebroeders Luijt, 1886.

Schiebinger, Londa. Plants and empire: Colonial Bioprospecting in the atlantic World. Cam- bridge: Harvard University Press, 2004.

Schiebinger, Londa, and Claudia Swan, eds. Colonial Botany: science, Commerce, and

Poli- tics in the early Modern World. Philadelphia: University of Pennsylvania Press, 2005.

Schmidt, Benjamin. "Inventing exoticism: The Project of Dutch Geography and the Marketing of the World, circa 1700." In Merchants and Marvels: Commerce, science and art in early Modern europe, edited by Pamela Smith and Paula Findlen, 347–70. New York: routledge, 2002.

Schmidt, Benjamin. "Mapping an exotic World: The Global Project of Geography, circa 1700." In The Globaleighteenth Century, edited by Felicity Nussbaum, 19–37. Baltimore: Johns Hopkins University Press, 2003.

Schmitt, Charles B. aristotle and the renaissance. Cambridge: Harvard University Press, 1983.

Schnapper, Antoine. Collections et collectionneurs dans la France du XVIIesiècle. Paris: Flam- marion, 1988–1994.

Scholten, Frits. "Frans Hemsterhuis's Memorial to Herman Boerhaave." simiolus 35 (2011): 199–217.

Schriks, Christiaan F.J. hetKopijrecht. Zutphen: Walburg Pers, 2004.

Scott, katie. "The Colour of Justice. Invention and Privilege in the French enlighten- ment: The Case of Colour." In Les chemins dela nouveauté: Innover, inventer au regard del'histoire, edited by Liliane Hilaire-Pérez, 167–86. Paris: editions de CTHS, 2003.

Segal, Sam. De tulp verbeeld: hollandse tulpenhandel in de 17de eeuw. Hillegom: Museum voor de Bloembollenstreek, 1992.

Shank,J. B. The Newton Wars and the Beginning of the French enlightenment. Chicago: University of Chicago Press, 2008.

Shapin, Steven. "Here and everywhere: Sociology of Scientific knowledge." annual re- view of sociology 21 (1996): 289–321.

Shapin, Steven. "The Invisible Technician." american scientist 77 (1989): 554–63.

Shapin, Steven. "Pump and Circumstance: robert Boyle's Literary Technology." social studies of science 14 (1984): 481–520.

Shapin, Steven. *The scientific Life: a Moral history of a Late Modern Vocation*. Chicago: University of Chicago Press, 2008.

Shapin, Steven. *a social history of Truth: Civility and science in seventeenth-Century england*. Chicago: University of Chicago Press, 1995.

Shapin, Steven, and Simon Schaffer. *Leviathan and the air Pump: hobbes, Boyle and ex- perimental Life*. Princeton: Princeton University Press, 1985.

Shapiro, Alan e. "Artists' Colors and Newton's Colors." *Isis* 85 (1994): 600–630.

Shapiro, Barbara. *a Culture of Fact: england, 1550–1720*. Ithaca: Cornell University Press, 2003. ³⁰²

Shapiro, D. W., N. S. Wenger, and M. F. Shapiro. "The Contributions of Authors to Multiauthored Biomedical research Papers." *Journal of the american Medicalassociation* (1994): 438–42.

Sher, richard B. *The enlightenment and the Book: scottish authors and Their Publishers in eighteenth-Century Britain, Ireland, and america*. Chicago: University of Chicago Press, 2006.

Shesgreen, Sean, ed. *The Criers and hawkers of London. engravings and Drawings by Mar- cellusLaroon*. Stanford: Stanford University Press, 1990.

Siegert, Bernhard. *relays: Literature as an epoch of the Postal system*. Stanford: Stanford University Press, 1999.

Sigaud, Lygia. "The vicissitudes of The Gift." *social anthropology* 10 (2002): 335–58.

Singer, Hans Wolfgang. "Jakob Christoffel LeBlon." *Mitteilungender Gesellschaftfür vervielfältigende Kunst* (1901): 1–21.

Slenders, J. A. M. *het theatrum anatomicum in de noordelijke Nederlanden, 1555–1800*. Nij- megen: Instituut voor Geschiedenis der Geneeskunde, 1989.

Sliggers, Bert C. *een vorstelijke dierentuin: de menagerie van Willem V*. Zutphen: Walburg Pers, 1992.

Sloan, Phillip. "The Buffon-Linnaeus Controversy." *Isis* 67 (1976): 356–75.

Sloan, Phillip. "John Locke, John ray, and the Problem of the Natural System." *Journal of* the history of Biology 5 (1972): 1–53.

Smith,Justine. H. "Language, Bipedalism, and the Mind-Body Problem in edward Tyson's Orang-Outang (1699)." Intellectual history review 17 (2007): 291–304.

Smith, Pamela. The Body of the artisan: art and experience in the scientific revolution. Chi- cago: University of Chicago Press, 2004.

Smith, Pamela. The Business of alchemy: science and Culture in the holy roman empire. Princeton: Princeton University Press, 1994.

Smith, Pamela, and Tonny Beentjes. "Nature and Art, Making and knowing: reconstructing Sixteenth-Century Lifecasting Techniques." renaissance Quarterly 63/1 (2010): 128–79.

Smith, Pamela, and Paula Findlen, eds. Merchants and Marvels: Commerce, science and art in early Modern europe. New York: routledge, 2002.

Smith, Pamela, and Benjamin Schmidt, eds. Making Knowledge in early Modern europe: Practices, Objects, and Texts, 1400–1800. Chicago: University of Chicago Press, 2008.

Soliday, Gerald Lyman.a Community in Conflict: Frankfurt society in the seventeenth and eighteenth Centuries. Hanover: Brandeis University Press, 1974.

Soll, Jacob. The Information Master: Jean-Baptiste Colbert's secret state Intelligence system. Ann Arbor: University of Michigan Press, 2009.

Soltow, Lee, and Jan Luiten van Zanden. Income and Wealth Inequality in the Netherlands 16th-20th Century. Amsterdam: Het Spinhuis, 1998.

303 Sorabji, richard. "Aristotle, Mathematics, and Colour." Classical Quarterly 22 (1972): 293–308.

Spary, emma. "Botanical Networks revisited." In Wissen im Netz. Botanik und Pflanzentransfer in europäischen Korrespondenznetzendes 18. Jahrhunderts, edited by regina Dauser, Stefan Hächler, Michael kempe, Franz Mauelshagen, and Martin Stuber, 47–64. Berlin: Akademie verlag, 2008.

Spary, emma.eating the enlightenment: Food and the sciences in Paris, 1670–1760.

Chicago: University of Chicago Press, 2012.

Spary, emma. "Scientific Symmetries." history of science 62 (2004): 1–46.

Spufford, Peter. "Access to Credit and Capital in the Commercial Centres of europe." In aMiracle Mirrored: The Dutch republic in european Perspective, edited by karel Davids and Jan Lucassen, 303–38. Cambridge: Cambridge University Press, 1995.

Stafford, Barbara. artful science: enlightenment, entertainment and the eclipse of Visual education. Cambridge: MIT Press, 1994.

Stearn, William T. "The Background of Linnaeus's Contributions to the Nomenclature and Methods of Systematic Biology." systematic Zoology 8 (1959): 4–22.

Stearns, raymond Phineas. "James Petiver: Promoter of Natural Science, c. 1663–1718." Proceedings of the american antiquarian society, New series 62 (1952): 243–365.

Steingart, Alma. "A Group Theory of Group Theory: Collaborative Mathematics and the 'Uninvention'of a 1000-Page Proof." social studies of science 42 (2012): 185–213.

Stewart, Larry, and John Gascoigne. The rise of Public science: rhetoric, Technology, and Natural Philosophy in Newtonian Britain, 1660–1750. Cambridge: Cambridge Univer- sity Press, 1992.

Stoffele, Bram. "Christiaan Huygens—A Family Affair: Fashioning a Family in early Modern Court Culture." Master's thesis, Utrecht University, 2006.

Stoye, John. Marsigli's europe (1680–1730): The Life and Times of Luigi Ferdinando Marsigli, soldier and Virtuoso. New Haven: Yale University Press, 1994.

Stroup, Alice. a Company of scientists: Botany, Patronage, and Community at the Parisian royal academy of sciences. Berkeley: University of California Press, 1990.

Sutton, Peter C.Jan van der heyden: 1637–1712. New Haven: Yale University Press, 2006.

Swan, Claudia. "Ad vivum,naer hetleven, from the life. Defining a Mode or representa-tion." Word and Image 2 (1995): 353–72.

Swan, Claudia. art, science and Witchcraft in early Modern holland. Jacques de Gheyn II (1565–1629). Cambridge: Cambridge University Press, 2005.

Swan, Claudia. "Collecting Naturaliain the Shadow of the early Modern Dutch Trade."
    In Colonial Botany: science, Commerce, and Politics in the early Modern World,
    edited by Londa Schiebinger and Claudia Swan, 223–36. Philadelphia: University
    of Pennsyl- vania Press, 2005.

Swann, Marjorie. Curiosities and Texts: The Culture of Collecting in early Modern
    england. Philadelphia: University of Pennsylvania Press, 2001.

Swart, Sandra. "riding High—Horses, Power and Settler Society in Southern Africa, c.
    1654–1684." In Breeds of empire: The 'Invention' of the horse in southeast asia and
    southern africa, 1500–1950, edited by Greg Bankoff and Sandra Swart, 123–40.
    Co- penhagen: NIAS Press, 2007.

Teensma, B. N. "Abraham Idaña's beschrijving van Amsterdam, 1685." Jaarboek
    amstelo- damum 84 (1991): 113–38.

Terrall, Mary. The Man Who Flattened the earth: Maupertuis and the sciences in the
    enlight- enment. Chicago: University of Chicago Press, 2002.

Terrall, Mary. "Public Science in the enlightenment." Modern Intellectual history 2
    (2005): 265–76.

Terrall, Mary. "The Uses of Anonymity in the Age of reason." In scientific authorship:
    Credit and Intellectual Property in science, edited by Mario Biagioli and Peter
    Galison, 91–112. New York: routledge, 2003.

Thijssen, W.T. "Some New Data Concerning the Publication of'L'homme machine' and
    'L'homme plus que machine.'" Janus 64 (1977): 160–77.

Thomas, Ben. "Noble or Commercial? The early History of Mezzotint in Britain." In
    Printed Images in early Modern Britain: essays in Interpretation, edited by Michael
    Hunter, 279–96. Farnham: Ashgate, 2010.

Tongiorgio Tomasi, Lucia, and Gretchen A. Hirschauer. The Flowering of Florence:
    Botani- cal artfor the Medici. Washington: National Gallery of Art, 2002.

Turner, Dawson. extracts from the Literary and scientific Correspondence of richard rich-
    ardson. Yarmouth: C. Sloman, 1835.

Unverfehrt, Gerd. *Zeichnungen von Meisterhand: Die sammlung uffenbachaus der Kunst- sammlung der universitätGöttingen.* Göttingen: vandenhoeck & ruprecht, 2000.

Unwin, robert W. "A Provincial Man of Science at Work: Martin Lister, F.r.S., and His Illustrators 1670–1683." *Notes and records of the royal society* 49 (1995): 209–30.

Van Berkel, klaas, ed. *Citaten uithet boekder natuur. Opstellen over Nederlandse weten-schapsgeschiedenis.* Amsterdam: Bert Bakker, 1998.

Van Berkel, klaas. "'Cornelius Meijer inventor et fecit': On the representation of Science in Late Seventeenth-Century rome." In *Merchants and Marvels: Commerce, science and art in early Modern europe,* edited by Pamela Smith and Paula Findlen, 277–96. New York: routledge, 2002.

Van Berkel, klaas. "The Dutch republic: Laboratory of the Scientific revolution." *BMGN—Low Countries historical review* 125 (2010): 81–105.

Van Berkel, klaas."De illusies van MartinusHortensius: Natuurwetenschapen patronage in de republiek." In: *Citatenuithet boekder natuur: Opstellen over Nederlandse weten- schapsgeschiedenis,* edited by klaas van Berkel, 63–85. Amsterdam: Bert Bakker, 1998.

Van Berkel, klaas. "een onwillige Mecenas? De vOC en het Indische natuuronderzoek." In *Citaten uithet boek der natuur: Opstellen over Nederlandse wetenschapsgeschiedenis,* edited by klaas van Berkel, 131–46. Amsterdam: Bert Bakker, 1998.

Van Binsbergen,Wim, and Peter Geschiere, eds. *Commodification: Things,agency and Iden- tities: The social Life of Things revisited.* Münster: LIT, 2005.

Van de roemer, Bert. "From vanitas to veneration: The embellishments in the Anatomi-cal Cabinet of Frederik ruysch." *Journal of the history of Collections* 22 (2010): 169–86.

Van de roemer, Bert. "De geschikte natuur: theoriën over natuur en kunst in deverza-meling van zeldzaamheden van Simon Schijnvoet (1652–1727)." PhD diss., University of Amsterdam, 2005.

305

Van de roemer, Bert. "Het lichaam als borduursel: kunst en kennis in het anatomisch kabinet van Frederik ruysch." Nederlands Kunsthistorisch Jaarboek 58 (2008): 216–40.

Van de roemer, Bert. "Neat Nature: The relation between Nature and Art in a Dutch Cabinet of Curiosities from the early eighteenth Century." history of science 42 (2004): 47–84.

Van de roemer, Bert. "regulating the Arts. Willem Goeree versus Samuel van Hoog-straten." Netherlands Yearbook of art history 61 (2011): 184–206.

Van eeghen, I. H. De amsterdamse boekhandel 1680–1725. Amsterdam: Scheltema & Holkema, 1960–78.

Van eeghen, I. H. "Leidse professoren en het auteursrecht in de achttiende eeuw." economisch-historisch jaarboek 24 (1950): 179–208.

Van Gelder, esther. Bloeiende kennis. Groene ontdekkingen in de Gouden eeuw. Hilversum: verloren, 2012.

Van Gelder, esther. "Tussen hof enkeizerskroon: Carolus Clusiusende ontwikkeling van de botanie aan Midden-europese hoven (1574–1593)." PhD diss., Leiden University, 2011.

Van Gelder, J. G. "Lambert ten kate als kunstverzamelaar." Netherlands Yearbook of art history 21 (1970): 139–86.

Van Gelder, roelof. "Arken van Noach: Dieren op deschepen vande vOC." In Kometen, monsters en muilezels: het veranderende natuurbeeldende natuurwetenschapin dezeven- tiendeeeuw, edited by Florike egmond, eric Jorink, and rienkvermij, 35–51. Haarlem: Arcadia, 1999.

Van Gelder, roelof. het Oost-Indischavontuur: Duitsers in dienst vande VOC. Nijmegen: SUN, 1997.

Van Gelder, roelof. "De wereld binnen handbereik. Nederlandse kunst- en rariteitenver-zamelingen, 1585–1735." In De wereld binnen handbereik: Nederlandse kunst- en raritei- tenverzamelingen 1585–1735, edited by renéekistemakerandellinoor Bergvelt,

15–38. Zwolle: Waanders, 1992.

Vanhaelen, Angela. "Iconoclasm and the Creation of Images in emanuel deWitte's 'Old Church in Amsterdam.'" art Bulletin 87 (2005): 249–64.

Vanhaelen, Angela. "Local Sites, Foreign Sights: A Sailor's Sketchbook of Human and Animal Curiosities in early Modern Amsterdam." res: Journal of anthropology and aesthetics 45 (2004): 256–72.

Van Helden, Albert, Sven Dupré, rob van Gent, and Huib Zuidervaart, eds. The Origins of the Telescope. Amsterdam: kNAW, 2010.

Van Hout, Nico, and Paul Huvenne, eds. rubens et l'art dela gravure. Gent: Ludion, 2004.

Van Miert, Dirk. Illuster onderwijs. het amsterdamseathenaeum in de Gouden eeuw, 1632 – 1704. Amsterdam: Bert Bakker, 2005. 306

Van Seters,W. H. "Oud-Nederlandse Parelmoerkunst. Het werk van leden der familie Belquin, parelmoergraveurs en schilders in the 17e eeuw." Nederlands Kunsthistorisch Jaarboek 9 (1958): 173–237.

Van Seters,W. H. Pierre Lyonet (1706–1789). sa vie, ses collections decoquillages et de tab- leaux, ses recherches entomologiques. The Hague: Martinus Nijhoff, 1962.

Van Strien, kees. Touring the Low Countries: accounts of British Travelers, 1660–1720. Am- sterdam: Amsterdam University Press, 1998.

Van Vliet, rietje. elie Luzac (1721–1796): Boekverkoper vande Verlichting. Nijmegen: van- tilt, 2005.

Van Vliet, rietje. "Leiden and Censorship during the 1780s. The Overraam Affair and elie Luzacon the Freedom of the Press." In News and Politics in early Modern europe (1500–1800), edited by J. W. koopmans, 203–18. Leuven: Dudley, 2005.

Vasbinder, W. "Govard BidlooenW. Cowper." PhD diss., Utrecht University, 1948.

Veluwenkamp,Jan Willem.archangel: Nederlandse ondernemers in rusland, 1550–1785. Am- sterdam: Balans, 2000.

Veluwenkamp, Jan Willem. "Schémas de communication internationaleet système com-

mercial néerlandais, 1500–1800." In Les Circulations internationalesen europe, années 1680—années 1780, edited by Pierre-Yves Beaurepaire and Pierrick Pourchasse, 83–98. rennes: Presses universitaires de rennes, 2010.

Venema, Janny. *Kiliaen van rensselaer (1586–1643): Designing a New World.* Hilversum: verloren, 2010.

Verhoeven, Gerrit. *anders reizen: evoluties in vroegmoderne reiservaringen van hollandse en Brabantse elites (1600–1750).* Hilversum: verloren, 2009.

Vérin, Hélène. *La gloire des ingénieurs. L'intelligence technique du XVIeau XVIIIesiècle.* Paris: Albin Michel, 1993.

Verkruijsse, Piet, and Chinglin kwa, eds. *aap, vis, boek: Linnaeus in de artis bibliotheek.* Zwolle: Waanders, 2007.

Vermeir, koen, and Dániel Margócsy. "States of Secrecy: An Introduction." *British Journal for the history of science* 45 (2012): 153–64.

Vermij, Irene, and Jelle W. F. reumer. *Opreis met Clara: De geschiedenis vaneen beziens-waardigeneushoorn.* rotterdam: Natuurmuseum, 1992.

Vermij, rienk. "The Formation of the Newtonian Philosophy: The Case of the Amsterdam Mathematical Amateurs." *British Journalfor the history of science* 36 (2003): 183–200.

Voskuhl, Adelheid. *androids in the enlightenment: Mechanics, artisans, and Cultures of the self.* Chicago: University of Chicago Press, 2013.

Vreeken, H. "Parelmoeren plaque met mythologische voorstelling." *Bulletin vande Vereniging rembrandt* 12 (2002): 17–19.

307 Vries, Jan de. *Barges and Capitalism: Passenger Transportation in the Dutch economy, 1632 – 1839.* Wageningen: A. A. G. Bijdragen, 1978.

Vries, Jan de. *The Industrious revolution: Consumer Behavior and the household economy, 1650 to the Present.* Cambridge: Cambridge University Press, 2008.

Vries, Jan de, and Ad vanderWoude. *The First Modern economy: success, Failure, and Perse- verance of the Dutch economy, 1500–1815.* Cambridge: Cambridge University

Press, 1997.

Vries, Lyckle de.Jan van der heyden. Amsterdam: Meulenhoff, 1984.

Waegemans, emmanuel. De tsaar van Groot rusland in de republiek. De tweede reis van
Peter de Grotenaar Nederland, 1716–1717. Groningen: Instituut voor Noord- en
Oos- teuropese Studies, 2013.

Wallach, van. "Synonymy and Preliminary Identifications of the Snake Illustrations of
Albertus Seba's Thesaurus (1734–1735)." hamadryad35 (2011): 1–190.

Wax, Carol. The Mezzotint: history and Technique. New York: Harry N. Abrams,
1990.

Weale,John. "Progress of Machinery and Manufactures in Great Britain, from the Saxon
era to the reign of Queen Anne." Quarterly Papers on engineering 5 (1846): 1–234.

Weiss, Brad. "Coffee, Cowries, and Currencies: Transforming Material Wealth in North-
west Tanzania." In Commodification: Things, agency and Identities: The social Life
of Things revisited, edited by Wim van Binsbergen and Peter Geschiere, 175–200.
Mün- ster: LIT, 2005.

Werrett, Simon. "An Odd Sort of exhibition: The St. Petersburg Academy of Sciences in
enlightened russia." PhD diss., Cambridge University, 2000.

Weststeijn, Thijs. The Visible World: samuel van hoogstraten'sart Theory and the
Legitima- tion of Painting in the Dutch Golden age. Amsterdam: Amsterdam
University Press, 2008.

Wettengl, kurt, ed. Maria sibylla Merian, 1647–1717: artist and Naturalist. Ostfildern:
G. Hatje, 1998.

Wigelsworth,Jeffrey r. selling science in the age of Newton: advertising and the Commod-
itization of Knowledge. Farnham: Ashgate, 2010.

Wijnands, Onno. een sieraadvoor de stad. De amsterdamse hortus Botanicus
1683–1983. Amsterdam: Amsterdam University Press, 1994.

Wilson, Catherine. The Invisible World: early Modern Philosophy and the Invention of
the Microscope. Princeton: Princeton University Press, 1996.

Winterbottom, Anna. "Company Culture: Information, Scholarship, and the east India Company Settlements, 1660–1720." PhD diss., University of London, 2011.

Winterbottom, Anna. "Using the hortus malabaricus in Seventeenth-Century Madras." In Plant Diversity, Morphology, Taxonomy & ethnobotany: an Introspection, edited by Muktesh kumar. Calicut: University of Calicut Press, in press.

Witcombe, Christopher L. C. e. Copyright in the renaissance: Prints and the Privilegio in sixteenth-Century Venice and rome. Leiden: Brill, 2004.

Witt, H. C. D. de, ed. rumphius Memorial Volume. Baarn: Hollandia, 1969.

Wladimiroff, Igor. Dekaart vaneenverzwegen vriendschap: Nicolaes Witsen en andrej Wi- niusende Nederlandse cartografievan rusland. PhD diss., rijksuniversiteit Groningen, 2008.

Wolf, Gerhard. "From Mandylion to veronica: Picturing the 'Disembodied' Face and Disseminating the True Images of Christ in the Latin West." In The holy Face and the Paradox of representation, edited by Herbert L. kessler and Gerhard Wolf, 153–80. Bologna: Nuova Alfa editoriale, 1998.

Wolters van der Wey, Beatrijs. "A New Attribution for the Antwerp Anatomy Lesson of Dr. Joannes van Buyten." Journal of historians of Netherlandishart 1 (2009). http://www.jhna.org/index.php/past-issues/volume-1-issue-2/108-antwerp-anatomy-lesson.

Wood, Christopher S. Forgery, replica, Fiction: Temporalities of German renaissance art. Chicago: University of Chicago Press, 2008.

Woodmansee, Martha. The author, art, and the Market: rereading the history of aesthetics. New York: Columbia University Press, 1994.

Wragge-Morley, Alexander. "Connoisseurship and the Making of Medical knowledge: The Case of William Cheselden's Osteographia (1733)." Unpublished research article, 2013.

Wragge-Morley, Alexander. "knowledge and ethics in the Work of representing Natural Things, 1650–1720." PhD diss., University of Cambridge, 2011.

Wuestman, Gerdien. "The Mezzotint in Holland: 'easily learned, neat and convenient.'" *simiolus* 23 (1995): 63–89.

Yale, elizabeth. *script, Print, speech, Mail: Communicating science in early Modern Britain.* Philadelphia: University of Pennsylvania Press, forthcoming in 2015.

Zandvliet, kees. *De 250 rijksten vande Goudeneeuw.* Amsterdam: rijksmuseum, 2006.

Zilsel, edgar. "The Sociological roots of Science." *american Journal of sociology* 47 (1942): 544–62.

Zuidervaart, Huib. "Hetin 1658 opgerichte theatrumanatomicum te Middelburg." *archief* (2009): 74–140.

索 引

（索引页码为原著页码，即本书边码）

311

elephant, 35

Ellis, John, 101

embodied knowledge: anatomy, 124, 131; art, 187–88; artisans, 176–77; communi-

cability, 169, 208; publications, 133

emulation, 132, 188–89, 194

encyclopedias, 32; alphabetical order, 45; botany, 45–54, 54–65; conchology, criticism of illustrations in, 71; natural history, 25, 112, 203, 212; quadrupeds, 70; universal language, 40–42

Enlightenment: encylopédie, 190; letter writing, 171; mechanical worldview, 189–90; philosophy, 175–77; radical, 79; visual culture, 27, 153

entomology, development of, 54–65

entrepreneurial science, 6

epistemic shifts, 32, 44–45, 198, 212

Euler, Leonhard, 87

Evelyn, John, 174

Fahrenheit, Daniel Gabriel, 159, 201

Faithorne, William, 174

Farrington, John, 117, 157

Félibien, André, 145

Ferro, Giovanni Maria, 51

fetus, 158

fire engines, 121–23

Fontana, Felice, wax models, 20

forgery, 76, 96–107

fossils, 83

Foucault, Michel, Les mots es les choses, 44–45, 212

Frankfurt am Main, 10; fair, 48, 77; print-making, 177; publishing, 81

Franklin, Benjamin, 107

Franzius, Wolfgang, historia animalium sacra, 65

Frederick Hendrick, Prince of Orange, 66

Freedberg, David, 27, 44

Frobisher, Martin, 44

Fuchs, Leonhart, 81; historia stirpium, 45–47

Funck, Johannes, 45

Galen, 45, 66

Galilei, Galileo, 27, 214; forgery, 87; social status, 82

Galison, Peter, 21, 27, 139, 150–51, 211–12 Gallon, Jean-Gaffin, 193

Gart der Gesundheit, 42

Gaubius, Hieronymus, 96–99, 104, 128, 131

Gaubius, Johannes, 127–28

Geoffroy, Jean-etienne, histoire des

314

315

316

317

Raphael, 176, 188; hampton Court
Cartoons, 188–89

Ratcliff, Marc, 164

Rau, Johannes: collection, 4, 159–60,
205; debate with ruysch, 5, 19, 128,
140, 144; preservation techniques, 18,
117; teach- ing, 129, 140

Ray, John, 93; disagreement with
Plukenet, 52–53; historia plantarum,
50–51; synopsis methodica
animalium, 70; synopsis methodica
stirpium, 53; and Wilkins, 40

recursive series, 184–85, 187

relics, 113, 129, 167–68

Rembrandt van rijn, 176; anatomy
of Tulp, 3–4; collection of, 3; an
elephant, 35

Renard, Louis, 93; Histoire des poissons,
96 replicability, 24, 131, 139, 167,
169–70, 193, 208; fear of, 186

representation: allegory of, 208–11; com-
merce, 6, 28, 210–13; copying, 102–4;
dimensionality, 24, 136, 147, 160–61,
215; first-hand observation, 143,
213; functionalism, 150, 154, 212;
imagination, 139, 153; multiplicity
of, 19–21, 137, 147–48, 150,
170–72, 210–14; natural history, 5;

naturalism, 27, 153; particularity,
146, 153; and reality, 17–18, 127,
165–66, 168–69

Republic of Letters: commercialization,
6–11, 38–40, 133–34, 204–8;
debate, 161, 163–64; friendship, 33,
208; globaliza- tion of, 8; politeness,
18

Residenzpflicht, 119

rete mirabile, 137

rhetorics of science: advertising, 116,
121–23; description, 99, 105; natural
history, 67; patent description, 193;
and style, 97–99, 104–6; theory, 169

rhinoceros, 35–37, 44

Richardson, richard, 75

risk-sharing, 12, 88, 161, 214

Robinson, Tancred, 51

Rösel von rosenhof, August Johann

Rotispen, Arnold, 171

Rousseau, Jean-Jacques, 107

Royal Prussian Academy of Sciences, 87;
zoology, 70

Royal Society, 22, 120, 132, 186, 215;
botany, 50–51; prints, 174, 189–90;
as repository of secrets, 174; virtual
witnessing, 23; zoology, 70

Rubens, Peter Paul, 171; hippopotamus,

37 rudolph II, 35

Rumphius, Georgeberhard: *amboinsche rariteit-kamer*, 2–3, 7, 59–65, 71; collec-tion, 3; *herbarium amboinense*, 15, 77

Rupert, Prince of rhine, 172, 174–75

Russian Academy of Sciences, 29, 95, 201

Ruysch, Frederik: biography, 117–18; cabinet, 4–5, 26, 38, 135, 155, 189, 201–2; color prints, 178; epistemology, 138–40; income, 129–32, 206–7; injection technique, 26, 111, 193, 195; lacework, 21; private lessons, 4, 129–30; and Seba, 98, 109–11, 134; specimens, 124–29

Ruysch, rachel, 4, 119

Ruysch Pool, Frederik, 120–21, 132, 248n41

Ryff, Walther, 81

Saint-Hilaire, Geoffroy, 108

sales catalogues, 64–65

Sandrart, Georg, 177

Schaffer, Simon, 21, 23, 27, 66, 123, 214

Schamberger, Casper, 9

Scheid, Balthasar, 10

Scheuchzer, Johannes, 60

Schijnvoet, Simon: collection, 3, 201; and rumphius, 60

Schmidt, Benjamin, 15

Schumacher, elizabeth, 29

Schumacher, Johann Daniel, 30, 202

science, use of term, 225n4

scientific societies: consensus, 22, 215; Netherlands, 3

Seba, Albertus: biography, 88–89; inheri-tance, 93–94; as merchant of curiosi-ties, 40, 60, 203; pharmacy, 88, 104, 130, 201; plant injections, 92; sale of collection, 30, 89, 109–11, 130, 155, 202; *Thesaurus*, 25, 73–76, 87–108, 112, 115–16, 118, 206; wedding song, 240n55

Seba, elisabeth, 94

Seba, Margaretha, 94

secrets, 6; and art, 198; intellectual property, 23, 27, 167, 186; monopoly, 26, 116–17, 133, 170, 183, 215; publications, 121, 134, 187–89; written down, 124, 131, 174, 191, 193, 259n8

self-publishing, 82, 85, 90

Shakespeare, William, 107

Shank, J. B., 175

Shapin, Steven, 21, 23, 27, 66, 123, 214

318

319

tulipmania, 15, 33, 48–50

Tulp, Nicolaes, 3; Observationes medicae, 66–67

Tyson, edward: anatomy of a Porpess, 66; Ourangoutang sive homo sylvestris, 67

Uffenbach, Johann Friedrich Armand von: interest in color printing, 5, 177, 197; visit to the Netherlands, 1

Uffenbach, Zacharias Conrad von: library, 10–11; visit to england, 7, 22, 171; visit to the Netherlands, 1–7, 9–10, 39, 117, 128, 159, 186, 206–8

Unwin, robert, 56

Vaillant, Sebastien, Botanicon parisiense, 41

Valentini, Michael Bernhard, 55, 64; Amphitheatrum zootomicum, 70; Musaeum musaeorum, 128

Van derAa, Pieter, 20

Van der Goes, Johannes Antonides, 156

Van der Heyden, Jan,a Description of Fire engines, 121–23

Van de Roemer, Bert, 21

Van Homrigh,r. W., 94, 96–105

Van Idaña,Abraham, 11

Van Limborch, Hendrick, 178–86

Van Limburg, Abraham, 132, 159

Van rheede tot Drakensteyn, Hendrick, 93; hortus malabaricus, 88

Van riebeeck, Jan, 37

Van royen, Adrian, 94, 96, 98, 101–2

Varro, 42

Vaucanson, Jacques, de, 176

Verheyen, Philip, Corporis humani anatomia, 88

Verstegen, Jacob Stevensz, 172

Vesalius, Andreas, 66; De humani corporis fabrica, 81, 114, 135–37, 161

Vincent, Levinus; collection, 38, 208–11; Wondertooneelder Natuure, 208–11

Virginia, state of, 33–34

virtual windowshopping, 123

virtual witnessing, 23, 122–23; anatomy, 128; natural history, 66–70, 90

Visscher, Nicolaes, 1

visual epistemology: anatomy, 137, 154; blind spots, 212; lack of images, 211; philosophical debate, 6, 16–19, 136–37, 164–65, 194–97, 208–13; transformation of, 27, 32, 71

visual facts, 17, 18–21, 23–24, 27, 210–12

Von Siegen, Ludwig, 172–73

Vosmaer, Arnout, 35, 93; editing